奪われたくらし

――原発被害の検証と共感共苦(コンパッション)

髙橋若菜 編著

日本経済評論社

まえがき

髙橋若菜

一一年続く緊急事態宣言

二〇一一年の東日本大震災から、一〇年の月日が過ぎた。地震・津波・原子力事故という多重苦・未曾有の激甚災害であったが、「原発事故関連地域の復興はなお途上であるが、それ以外の復興事業の多くが完了しつつある」［ひょうご震災記念二一世紀研究機構編、二〇二一、v頁］。東日本大震災以降も、御嶽山噴火（二〇一四年）、熊本地震（二〇一六年）、広島市の豪雨災害（二〇一四年）、西日本豪雨（二〇一八年）、東日本の流域型洪水（二〇一九年）など、日本列島では災害が相次いだ。そして二〇二〇年からの新型コロナウイルスのパンデミックである。緊急事態宣言が繰り返し出されるなか、我々の生活は一変した。経済は傷み、非正規雇用者、女性、学生などの困窮や困難は、いっそう深刻になっている。

こうしたなか、東日本大震災は、「終わったこと」という空気感が支配的になるのも無理からぬことかもしれない。しかし、東京電力福島第一原子力発電所事故（福島原発事故）からの回復の道のりは果てしない。明治時代の随筆家で、震災研究の第一人者としても知られる寺田寅彦は、「文明が進めば進むほど天然の暴威による災害がその劇烈の度を増す」［寺田、一九三四、一二頁］と警告していた。それが世界史レベルで、現実のものとなり、今日にいたるまで続いている。

福島原発の事故現場では、一〇年経った今日でも数千人もの作業員たちが、過酷な環境で危険と隣り合わせに、廃炉作業に立ち向かっている。燃料デブリ取り出しに向けた調査は高い放射線量に阻まれ、原子炉内の全体像の把握もままならず、廃炉作業は数十年もしくは百年単位で続くかもわからない。将来にわたり作業員を確保できるかも危うい［片山、二〇二〇］。廃炉費用は四〇年の間に三五～八一兆円と試算されるが(1)、廃炉技術も開発中で未だ存在せず、実質的には青天井である。行き場がないのは、毎日約一七〇トン増えつづける汚染水である。地元漁民の強い反発にもかかわらず、二〇二一年四月に処理水の海洋放出が決まった。大気環境中に飛散した放射性物質により汚染された農産物や土壌など、膨大な放射性廃棄物処理もしかりである。福島県では大熊町が苦渋の決断で中間処分地を受け入れ、毎日平均二四〇〇台の車両が除去土壌等の運送を続けている(2)。他県では中間処分地も決まらず、最終処分地については議論もはじまっていない。

こうした状態に鑑みれば、「原子力緊急事態宣言」が二〇一一年三月一一日に発令されたまま、解除に至っていないのは、当然であろう。一般の人々の被ばく線量限度の法定基準も、事故前の年間一ミリシーベルトから二〇ミリシーベルトに緩められたままである。しかしながら、緊急時の暫定値として定められたはずの基準値をベースに、この一〇年もの間、復興支援、避難者支援、避難解除や帰還促進、福島イノベーション・コースト政策など、あらゆる復興政策が作られてきた。実はこれこそが、人々に苦悩や不理解をもたらし、分断や差別、政策からこぼれ落ちる人々の経済的困窮や社会的疎外を招いた根幹にある。原発事故後、生活再建もままならず、不遇の中で亡くなった人もおられる。震災関連死と認定された人は、この一〇年で三七七五名にのぼる(3)。先述の作業員のなかでは二〇一九年までに二〇名が、尊い命を落とされたという［片山、二〇二〇］。こうした事態に、事故責任を問う刑事裁判も、原子力被害をめぐる民事訴訟も、全国各地で進行中である。

事故を知らない大学生たち

ひとたび原子力災害が起きれば、人々の暮らしは根こそぎ奪われる。甚大な被害やツケは、後世へと引き継がれることになる。しかし、被害や後世への負の遺産は世の中にどれほど伝わっているだろうか。被害がメディアの俎上にのぼらないままに、「なかったこと」にされていないだろうか。そのような危惧を近年強めるようになったのは、大学生の多くが、原発事故やその後の社会的事象について、これまでほぼ何も習ってきていないと気づいたことにもよる。

大学の授業では、福島原発事故当時、政府や電力事業者の危機管理体制が機能しなかったこと、放射性物質拡散情報は十分に届かず、避難指示も二転三転したこと、それらに起因する大変な混乱の中で、被災地は翻弄されたこと、結果として福島第一原発を中心とした広域の住民は放射能にさらされ、避難指示がなかりせば救えたはずの尊い命も失われ、その後の長期にわたる健康被害への不安や混乱、生活破壊を招いていることなど、事故の社会的影響の側面について取り扱っている。

出席する学生たちの多くは、福島県をはじめ東北地方出身の学生である。しかし、多くは原発事故のあらましや被害の内容について、ほぼ学習する機会をもってこなかった。むしろ韓国や中国からの留学生の方が、事故についてよく知っていた。日本の学生たちの半数以上は、二〇一一年の野田佳彦首相（当時）の「冷温停止状態」による「収束」宣言や、二〇一三年の安倍晋三首相（当時）による「アンダーコントロール」を額面通りに受けとった。「事故が起こったことでさらなる安全性を求めて対策がなされているであろう」「他のエネルギーより安い」「原子力に代わる発電方法はない」との言説を疑いもなく信じ、脱炭素社会に向けて原発再稼働に賛成する学生も一定数いた。(4) 当時の原子力規制委員長が、最悪の場合東日本は人が住めない状態になるとのシミュレーションを出していたことも、二〇一三年九月から一五年八月までの二年近く、日本では原発が全て停止していたが電力不足は起きていなかったことも、その時期五年間で八％も最終エネルギー消費の削減が進み[5]、再生可能エネルギーも急増していたことなども、ほとんどの学生たちは知らなかった。

このような状況であるから、広域避難者が置かれた窮状について知っている学生はほとんど見当たらなかった。子どもの被ばくを心配して実に多くの母子が避難をしたことも、全国で数万の人々が今なお支援が打ち切られる中で、忸怩たる思いを抱えながら避難を続行していることも、母子避難をしていた女性が二〇一七年に命を絶ったことも、衝撃をもって受けとめられた。概して、「原発事故や放射能汚染について知らなかったことばかりだった」との感想は実に多く、「震災をほとんど知らない今の小中学生にはどのような教育がされているのか心配になった」との声もあがった。

以上に見たような学生たちの感想は、事故被害が過小評価され、放置され、不可視化されてきていることを如実に物語っている。二〇一五年に民間の研究者たちの手により刊行された『原発避難白書』の帯には、「なぜ国は、調べないのか。ならば調べる、私たちが」という文言があるが［関西学院大学災害復興制度研究所他編、二〇一五年］、まさしく調べない、公表しない、という事実が、急速な風化をもたらしている。正確には、被災者の苦境を物語る数多の著作がある。様々なグループのニュースレターであったり、講演会であったり、記録を継承し被害救済を進めようとする社会的な動きはある。しかし、それは三・一一の前後を除き、メディアに登場することはほとんどない。一握りの敏感な人々によるものと片付けられ、不可視化が進行している。その状況下で、声をあげられないまま苦境にいる人々が、今この瞬間にも数多くいる。

歴史的な失敗

このように、国レベルでの事故検証がおざなりになっているなかで、総括的な検証に着手した自治体もある。新潟県は、福島第一原発と同様に、東京電力の原発を柏崎市と刈羽村に擁し、福島原発事故直後より多くの広域避難者を受け入れた。県民の過半数が原発再稼働に反対している同県では、二〇一七年には再稼働をめぐる事故検証が、知事選挙の争点ともなった。そのようななか、当時の米山隆一知事のリーダーシップにより県が二〇一八年一月に設置したのが、新潟県原子力発電所事故に関する検証総括委員会である。原発の安全管理、事故による健康・生活影響の検証、原子力災害時の避難方法、の三点について多くの研究者たちが参加して、検証が進められた(6)。このうち、健康・生活および避難経路についての検証は、日本では初めて本格的に行われる検証と位置付けられた。同生活分科会（松井克浩座長、新潟大学教授）では、調査会社と新潟県による総合的調査と、研究機関委託による二つのテーマ別調査が行われた。

本書の著者グループは、テーマ別調査のうち、「子育て世帯の避難生活に関する質的・量的調査」を請け負った。ここで著者グループとは、環境政治学（髙橋若菜）、環境社会学（関礼子、藤川賢、高木竜輔）、児童福祉学（小池由佳）、国際関係論（清水奈名子）、地域社会学（阪本公美子）を専門とする七名である。事故後それぞれに被災者支援や研究に従事してきていた。七名は共同で、原発避難者新潟訴訟の陳述書を基に作成した量的データを解析し、専門性や経験をそれぞれに活かしたインタビューにより、できるだけ多様な当事者（避難指示区域内外、母子避難や世帯避難、帰還世帯など、大人一七名、子ども一一名）の声を多角的に拾い上げ、事故前から事故後七年の時の流れの中での子育て世帯の避難生活の実情を浮き彫りにした。甚大な生活被害が多様に生じていながら、不可視化が進んでいるという深刻な事態を明るみにしたその報告書は、他調査とともに新潟県のホームページに掲載された(7)。

筆者らの調査だけでない。生活分科会は、これらに加え、複数の研究者や支援者の報告を吟味し、九回にわたる専門家の検証を重ねていた。これら全てをふまえて生活分科会座長の松井は、「結果をみて驚くのは、調査の対象者や切り口が異なっても、ほぼ同様の結論に至っていることだ」と総括した［松井、二〇二一、一九九］。

空間的・時間的にどのような切り口から見ても、依然として被害が深刻で、回復が難しいことが明らかになっている。被災者の生活再建は思うように進まず、故郷や人生の喪失、人間関係の分断に苦しみ、現状にも将来にも多くの不安を抱えたままである。その上、こうした被害は周囲から理解されず、自己責任で抱え込まされる傾向にある。そのため被害の不可視化も進む。［松井、二〇二一、二〇五頁］

このように、深刻で不可逆的な被害がありながら、「記憶を被災者の中に封じ込めて「他人ごと」とみなし、心地よい忘却に身を任せることは、理不尽であるばかりでなく社会全体のリスクを高めることになるだろう」［松井、二〇二一、二二一頁］と松井は警告する。

福島第一原発事故は、どこをどう見ても歴史的な失敗である。私たちの社会は失敗から学ぶことがとりわけ下手だったために、これまでも同じようなことが何度も繰り返されてきた。誰も責任を取らないことが常態化し、いつの間にか手痛い失敗も「過去のこと」として忘れ去られてきた。しかし犠牲の大きさを考えると、今回と「同じこと」は絶対に許されない。そのためには、たとえ大きな痛みをともなっても、失敗の軌跡を丹念に記録し、徹底的に検証することが不可欠なのである。［松井、二〇二一、二四九頁］

本書のねらいと構成

二〇一八年に新潟県へ委託報告書を提出して以来、著者グループの中から、被害の実情をより広く世間に知らせる必要があるとの声が自然とあがっていた。とりわけ耳に残っていたのは、幼子を連れて避難した女性が呟いた、「なんでこうなっちゃったかな」という問いだった。この問いに、我々はどのように応えられるのだろうか。普通に子育てをして暮らしていたはずの母親が、なぜ生活破壊の憂き目にあい、苦しみつづけねばならないのか。被害はなぜ増幅しているのか。このような社会正義が損なわれるような事態はなぜ深刻化しているのか。深刻な現状から、どのように脱していけるのだろうか。その後数回の研究会で議論を重ねることになった。そうして、なぜ起きているのか、何が起きているのか、そこからどのように脱していけるのか、という三つのアングルから、原発避難を照らし出すことを目的として、本書を作成することとなった。

本書は、三部により構成されている。第一部は、なぜ、という問いを起点に、多くの避難者を苦境へと追いやり声を奪った構造的要因を探ることからはじめている。序章は、国際・日本社会における放射能リスクの過小評価、多重基準、隠蔽体質といった問題点が、事故以前から原子力業界に内在しているという後景を照射する（藤川賢）。第一章では、より具体的に、核エネルギー利用に関わる国際政治が、放射線被ばく防護基準へ影響を与えてきた歴史を概観し、現在日本政府に採用されている放射線防護基準の問題点を抉り出す（清水奈名子）。第二章では、放射能への恐怖と核兵器への拒絶感が強いはずの日本が、原子力の平和利用を肯定的に受け入れてきた経緯を検証し、地域格差、差別などの感覚とつながる多重基準がどう形成されたのかを探る（藤川賢）。

第二部は、以上の構造的要因を後景に、福島原発事故による生活剥奪、被害がどのように増幅し悲劇的な状況を生んでいるのかを可視化させていく。福島原発事故一〇年を節目に、先述の松井［二〇二一］を含め、多様な被災者を描いた書物や研究書が、数多く刊行されている。(8) 世界史レベルの原子力災害が、長期にわたり地域を蹂躙し、人々の「暮らし」そのものを奪いつづけている、その悲劇性を後世へ記録継承する重要性が深く認識されてきたのであろう。本書もこの流れに与しつつ、特徴的であるのは、個人の研究者が個々に集めたヒアリング録だけでなく、公的にあるいは組織的に展開され収集された調査データをふんだんに取り入れている点である。この中には、先述の新潟県に提出した報告書内で活用されたデータや、新潟県と研究機関による総合的調査などのデータ、そして全国各地で進行中

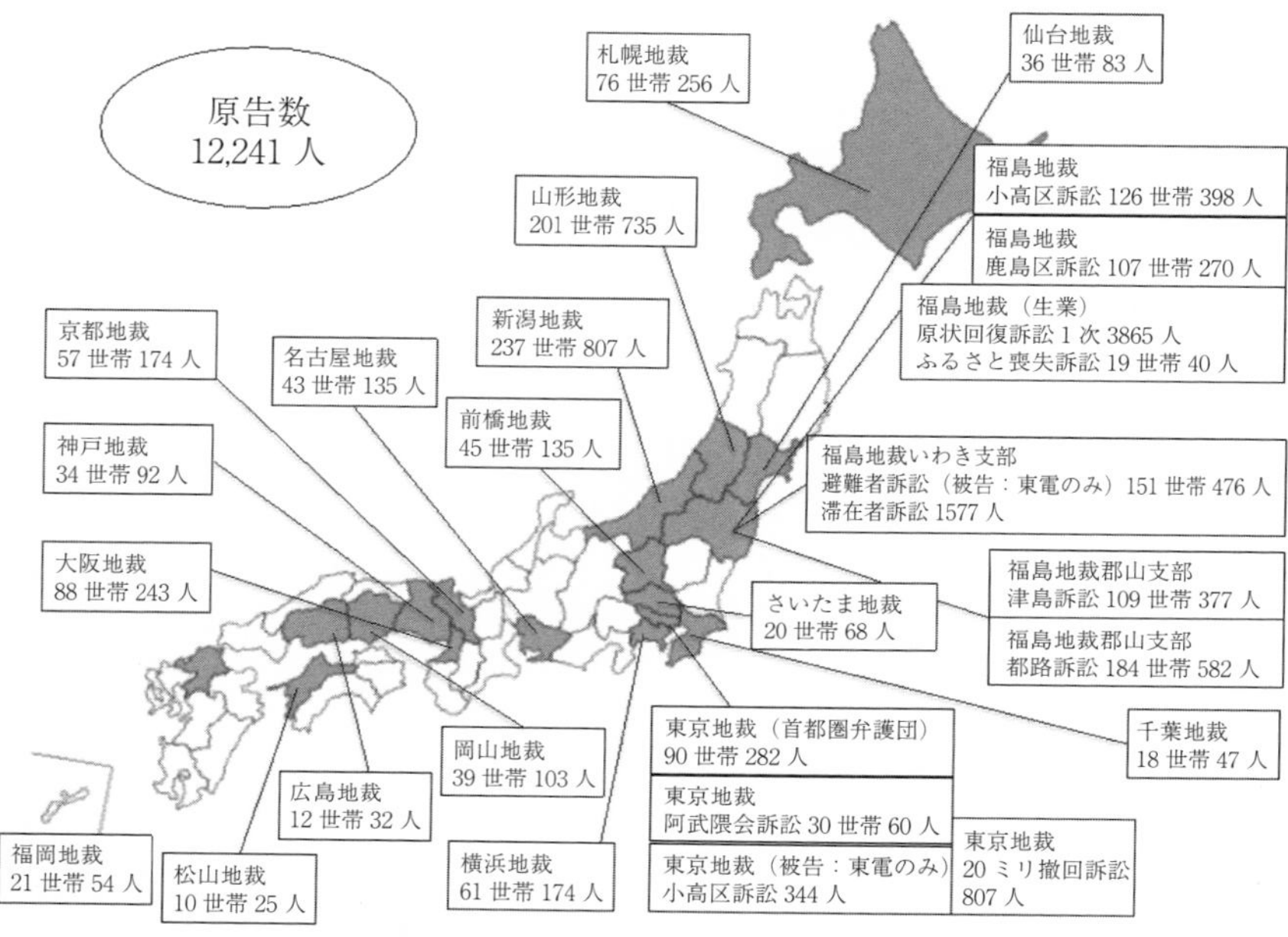

図　原発損害賠償訴訟の広がり（～ 2016.9）

出所：髙橋他［2018］51 頁、図 1。福島原発ひろしま訴訟避難者弁護団、および、原発事故被災者支援関西弁護団事務局長の白倉典武氏による作成地図を、日本弁護士連合会による資料 2-2-6-4「福島第一原子力発電所事故被災者に関する主たる集団訴訟の訴訟提訴状況（2017 年 3 月 31 日）」に基づき更新した。

の原発訴訟の中でも（次頁の図参照）、原告数が日本最大級である新潟避難者訴訟における裁判資料も含まれる(9)。このような多種多様なデータを取り入れることで、より包括的に普遍性を持って実態に迫ることをめざした。具体的には、第三章では、平穏な普通の暮らしをしていた人々の生活が、事故により放射能被ばくリスクに晒され、避難、帰還をめぐり、踏み絵のような決断を幾度も迫られ、生活の根っこが失われていく混乱の一年を描く（高橋若菜）。第三章後のコラム１では福島県内での事故後の不安と避難をめぐる葛藤を描く。第四章では、避難が長期化する中で、原発事故以前の生活、仕事、人間関係の喪失に加えて、避難先での孤立と精神的、経済的な苦境がもたらされてきたことを、新潟県への避難者を中心に明らかにしていく（清水奈名子）。コラム２では、福島県外においても被災しながら、あまりよく知られていない低認知被災地としての栃木県内の様相を描く。第五章では、第三・四章で描かれた甚大な被害がなぜ不可視化していくのかを、避難者であるがゆえの差別やいじめに着目して描く（清水奈名子）。第六章では、原発事故が、生活が根付いていた「場所」を汚染し人々を追い立てた点に着目し、避難者たちが経験した（現在進行中で経験している）「ふるさと剥奪」「ふるさと疎外」について、新潟を事例に論じる（関礼子）。

第三部は、こうした構造的に引き起こされた悲劇的な現実から、いかに脱することができるかについて、考察することを目指す。我々は、その手がかりを、避難者を多く迎え入れた新潟県内の行政や市民社会等による複数の事例から見出す。第七章では、新潟県新潟市で、苦境に陥る母親たちを受け入れ支えてきた子育て支援者たちの実践の経緯から、バルネラブル（脆弱）な状況にある人々へ寄り添う重要性について提起する（小池由佳）。第八章では、震災と東京電力の原発事故を経験した新潟県民がどのようにして避難者を受け入れ、何を発信したのかをふりかえり、社会正義を底上げしていく支援の来し方について考える（関礼子）。第九章では、国レベルでの支援や調査が打ち切られるなかで、自治体が、幅広く避難者状況に関するデータを集め、避難者の長期化する苦境を可視化させていることに着目し、エビデンスを取りつづける意義を考察する（髙橋若菜）。なお、コラム３・４においては、新潟県と同様に避難者への調査や手厚い支援を提供しつづけた自治体の事例として、山形県（清水奈名子）、秋田県（高橋知花）もとりあげる。第十章では、広島・長崎から、水俣から、福島原発事故には早い段階からメッセージが寄せられていたことに着目し、異なる問題の当事者たちがいかに「共感共苦」を寄せてきたかを考察する（関礼子）。

原発事故以降、避難者への支援とフィールドワークを行ってきた、医師で医療人類学者の辻内［辻内・増田編、二〇一九、二二三頁］は、原発事故災害による格差や切り捨て、分断を、ガルトゥング［一九九一］のいう「構造的暴力」と重ね合わせている。(10)「不平等や貧困を作り続けている社会的暴力の、基礎となっている構造を見抜き、自分たちもその構造に加担していることに気づき、そして、少しでも問題を解決する方法を模索していかなければならない」と辻内［辻内・増田編、二〇一九、三〇六頁］は述べている。本書が、その一つの応答となり、より平和で多様性が尊重される「生きやすい社会」への道標の一つになればと、深く願っている。

付記　本稿の記述は、髙橋若菜［二〇二一］「解消されない広域原発避難――民間借上げ仮設住宅停止以降、何が起きているのか」『環境経済・政策研究』第一四巻第二号、五八～六三頁、髙橋若菜・清水奈名子・髙橋知花［二〇二〇］「看過された広域避難者の意向（一）――新潟・山形・秋田県自治体調査に実在したエビデンス」『宇都宮大学国際学部研究論集』第五〇号、四三～六二頁、髙橋若菜・清水奈名子・髙橋知花［二〇二一］「看過された広域避難者の意向（二）――福島県全国調査と新潟・山形・秋田県調査の比較から」『宇都宮大学国際学部研究論集』第五一号、四三～六四頁と一部重複する内容がある。また本稿は、JSPS科研費（一八KT〇〇〇一、一七KT〇〇六三）による助成研究の成果の一部である。

注

（1）日本経済研究センターが二〇一九年に公表した資料による。日本経済研究センター「事故処理費用、四〇年間に三五兆～八〇兆円に」政策提言（二〇一九年三月七日）［https://www.jcer.or.jp/policy-proposals/2019037.html］（最終閲覧日二〇二一年八月四日）。

（2）環境省［二〇二一］「東日本大震災からの被災地の復興・再生に向けた環境省の取組について」中央環境審議会循環型社会部会（第三七回、二〇二一年四月六日）参考資料九。二〇一九年度実績。

（3）復興庁は、「全国避難者の数（所在都道府県別・所在施設別の数）」を平成二三年八月三日以降、ほぼ毎月一度公表しつづけている。復興庁［二〇一一～二〇二一］「全国避難者等の数（所在都道府県別・所在施設の数）」［https://reconstruction.go.jp/topics/nain-cat2/sub-cat2-1/hinanghasuu.html］（最終閲覧日二〇二一年八月二八日）。

（4）編者が勤務する宇都宮大学の、複数の授業内で実施したアンケート結果による。

（5）経済産業省資源エネルギー庁の『総合エネルギー統計（一九九〇～二〇二〇年速報）』によれば、二〇一五年の最終エネルギー消費は二〇一〇年比で約八％減であった。［https://www.enecho.meti.go.jp/statistics/total_energy/xls/2020fy/stte_jikeiretu2020fry.xlsx］（最終閲覧日二〇二二年二月一五日）。

（6）第一の検証委員会は、「新潟県原子力発電所の安全管理に関する技術委員会」である。福島第一原発事故原因の検証を引き続き徹底して実施するとともに、東京電力と県による合同検証委員会において、東京電力のメルトダウン公表等に関する問題を検証することとされた。第二は、「新潟県原子力発電所事故による健康と生活への影響に関する検証委員会」である。この委員会は、さらに健康分科会と生活分科会に分けられ、前者は事故による健康影響を徹底的に検証すること、後者は事故による避難者数の推移や避難生活の状況などに関する調査を実施することとした。第三は、「新潟県原子力災害時の避難方法に関する検証委員会」である。避難計画の実効性等を徹底的に検証し、原子力防災訓練も踏まえることとされた。

（7）三五〇頁にわたる報告書の全文や概要は、新潟県のホームページに掲載されている。新潟県「新潟県原子力発電所による健康と生活への影響に関する検証委員会（生活分科会）」［https://www.pref.niigata.lg.jp/sec/kenminseikatsu/1356877762498.html］（最終閲覧日二〇二二年八月四日）。

（8）青木［二〇二二］、今井［二〇一四］、今井・朝日新聞福島総局編［二〇一二］、森松［二〇一三、二〇二一］、吉田［二〇一六、二〇一八］などを参照されたい。

（9）原発避難者新潟訴訟では、原告の全世帯の方々が、避難に伴って並々ならぬ不安と喪失を経験していることを述べた「陳述書」が、裁判資料として提示されている。「陳述書」は、ほぼ共通の質問項目に基づいて作成されており、避難世帯の実情を詳細かつ包括的に示すものとなっている。具体的には、原告の家族構成や居住地域、勤務状況など従前の居住状況からはじまり、事故後の避難状況、避難の理由、被害状況（人格権侵害、人格発達権侵害、居住・移転の自由、ふるさと喪失）に至るまでが含まれる。このデータを、新潟弁護団事務局と、筆者髙橋・小池の間で協議を重ね、個人情報を特定せずに陳述書の内容を可能な限り詳しく知ることができる量的データに変換し分析したデータを、第三章、第四章で用いている。ただし、このデータは統計的には、若干の留保が必要である。第一に、記述はあくまでも裁判に参加した避難世帯についてのものであり、新潟への避難世帯全体を代表するものではないということである。第二に、同データは、調査対象者に対して同一条件の調査によって集められたわけではないということである。あくまでも陳述書に書かれている内容をもとに、調査票の各項目に該当するかどうかを陳述書作成を担当した弁護士が入力する形式をとっている。この際、作成されている陳述書に、調査項目のすべてが網羅されている保証はない。つまり、ある被害に関するデータがないのは、その項目に当てはまらないからかもしれないし、尋ねられていないだけかもしれない。しかし、両者を分別することはできないのである。このようなデータ収集の特性を踏まえると、それぞれの項目において、該当する割合が全体的に低く析出される可能性が生ずる。以上のような留保を踏まえ、同データの利用は、具体的な数値を厳密に出すというよりは、全体的な傾向を示すことに主眼をおいていることを、断りおく［髙橋・小池、二〇一八］。

（10） 社会関係の非対称性を介して間接的に生命や人間の可能性を奪い去るような状況を、ガルトゥングは「構造的暴力」と呼んでいる［ガルトゥング、一九九一］。

参考文献

青木美希［二〇二一］『いないことにされる私たち――福島第一原発事故一〇年目の「言ってはいけない真実」』朝日新聞出版。

今井昭［二〇一四］『自治体再建――原発避難と「移動する村」』ちくま書房。

今井照・朝日新聞福島総局編［二〇二一］『原発避難者「心の軌跡」実態調査一〇年の〈全〉記録』公人の友社。

片山夏子［二〇二〇］『ふくしま原発作業員日誌――イチエフの真実、九年間の記録』朝日新聞出版。

ガルトゥング、ヨハン（Johan Galtung）高柳先男・塩屋保・酒井由美子訳［一九九一］『構造的暴力と平和』中央大学出版部。

関西学院大学災害復興制度研究所・東日本大震災支援ネットワーク・福島の子どもたちを守る法律家ネットワーク編［二〇一五］『原発避難白書』人文書院。

髙橋若菜［二〇二二］「解消されない広域原発避難――民間借上げ仮設住宅停止以降、何が起きているのか」『環境経済・政策研究』第一四巻第二号、五八～六三頁。

髙橋若菜・清水奈名子・髙橋知花［二〇二〇］「看過された広域避難者の意向（一）――新潟・山形・秋田県自治体調査に実在したエビデンス」『宇都宮大学国際学部研究論集』第五〇号、四三～六二頁。

髙橋若菜・清水奈名子・髙橋知花［二〇二一］「看過された広域避難者の意向（二）――福島県全国調査と新潟・山形・秋田県調査の比較から」『宇都宮大学国際学部研究論集』第五一号、四三～六四頁。

髙橋若菜・小池由佳［二〇一八］「原発避難生活史（一）事故から本避難に至る道――原発避難者新潟訴訟・原告二三七世帯の陳述書をもととした量的考察」『宇都宮大学国際学部研究論集』第四六号、五一～七一頁。

辻内琢也・増田和高編著［二〇一九］『フクシマの医療人類学――原発事故・支援のフィールドワーク』遠見書房。

寺田寅彦［一九三四］『天災と国防』講談社、二〇一一年版。

ひょうご震災記念二一世紀研究機構編［二〇二二］『総合検証 東日本大震災からの復興』岩波書店。

松井克浩［二〇二一］『原発避難と再生への模索――「自分ごと」として考える』東信堂。

森松明希子［二〇一三］『母子避難、心の軌跡――家族で訴訟を決意するまで』かもがわ出版。

――――［二〇二一］『災害からの命の守り方――私が避難できたわけ』文芸社。

吉田千亜［二〇一六］『ルポ母子避難――消されゆく原発事故被害者』岩波書店。

――――［二〇一八］『その後の福島――原発事故後を生きる人々』人文書院。

目　次

第Ⅰ部　過小評価された放射線被ばく

第Ⅱ部　福島原発事故による生活剥奪

第Ⅲ部　社会正義の底上げを目指して――新潟県内の営みを中心として

＊　参考文献中のＵＲＬのあるものは、冊子にもなっているもの。注のＵＲＬはウェブページのみのもの。引用文中の〔　〕は引用者による補足。

序章　累積する課題の解決に向けて――福島原発事故被害の一〇年を通して

藤川　賢

1　不透明な未来に向かうために――問いの出発点

なんでこうなっちゃったかなって。守りたいものを守るだけだったのに、と思って。壊したくはなかったんですけど。(1)

母子避難を続ける過程で離婚にいたった女性の言葉である。東京電力福島第一原発事故（福島原発事故）以前には仲のよい家族で、夫は県外避難についても協力してくれていたが、離れて暮らす間に無理が重なってしまい、夫婦の関係を修復できなくなった。さらに避難者への住宅支援も打ち切りになり、自分が来月どうしているかさえわからない状況に追い込まれていた時期のヒアリングだった。その後、離婚が成立して二〇二一年現在も避難先で子育てを続けているが、生活を継続できているからもう大丈夫というものではないだろう。その間には多くの苦労があり、失ったものも少なくない。

福島原発事故から一〇年余を経て、政治的には「復興」が強調され、被害は終息しつつあるようにも見える。だが、原発事故の被害を強く受けた人たちにとっては、(2)時間とともに癒えていった傷の一方で、指示や政策の変遷に翻弄されたために受けた新たな苦痛も少なくない。そして、風化が進む中で自己責任にされていくことが増えた。新潟への避難者を追いつづけている松井克浩は次のようにまとめる。

　被災者の生活再建は思うように進まず、ふるさとや人生の喪失、人間関係の分断に苦しみ、現状にも将来にも多くの不安を抱えたままである。その上、こうした被害は周囲から理解されず、自己責任で抱え込まされる傾向にある。そのため被害の不可視化も進む。［松井、二〇二一、二一一頁］

　松井が指摘するように、自己責任化、分断、孤立化は原発事故と避難でたまたま顕在化したものだが、日本社会の構造的な問題でもある［松井、二〇二一、二四五頁］。構造的な課題であるということは、時間とともに回復するものよりも拡大する問題が多い可能性を示唆する。原発被害からの「復興」が強調される背景にも、理由や責任の所在をはっきりさせないまま、当事者にしわ寄せが向かうことで、避難の継続と避難元との人間関係の間での葛藤が深まり、選択が求められることで何かをあきらめさせようとする力があるように見える。

「なんでこうなってしまったのか」という問いは、日本社会が全体として考えるべき課題であるにもかかわらず、いつの間にか、それを一部の敏感な人たちに委ねてしまっている。その無責任さが原発事故の一因でもあり、他の課題にもつながっているのではないだろうか。原発避難を中心に原発事故後をめぐる課題を整理しながら、この問いを共有できる社会をめざすことが本書の先にある目標である。

2　福島原発事故をめぐる「分断」の継続

(1)　後発型の避難が示す分断の多様性

福島原発事故をめぐっては物理的にも心理的にも多くの分断が生じたが、その特徴の一つは、避難経験の有無といった単純な二分ではすまない多重性にある。

それは後発型の避難をめぐる動きにも現われている。一度は放射線のリスクとともに生活しようと考えたにもかかわらず、数か月後に自主避難を選択した人たちが少なくない。次の二つの発言は、どちらも二〇一一年の夏に避難した母親の言葉である。どういうリスクを重視するかはまったく異なるが、いずれも子どもが通う学校での不信から県外避難を選択している。

　学校側にも子どもを守るために、協力してほしいと何度かお願いしたのですが、学校側から逆に「もっと勉強してください」と言われ、後日学校で、放射能についての勉強会を開催しました。だけど、呼ぶのは推進派の学者（御用学者）です。「気をつけて生活すれば大丈夫」「生活に気をつければ、ここで生活できます」としか言いません。気をつけるという事は、危ないから気をつけるという意味なのに。〔髙橋他、二〇一八、一二四頁〕

　一学期は、運動会や体育などの屋外活動も中止となりました。七月の小学校の授業参観に行ったところ、窓も開けず、冷房もない教室で蒸し風呂状態の中、子どもたちは授業をしていました。大人は暑くて教室にいられませんでした。近所の子どもが不登校になった理由がわかりました。先生に聞くと、「〝窓を開けないで下さい〟というお母さんがいる限り、窓は開けられない」とのことでした。〔髙橋他、二〇一八、一二五頁〕

平常時であれば、リスクに対する意識の異なる保護者の間で対応策を話しあい、よりよい方法を話しあうことも可能かもしれない。だが、この時期の中通り地方では放射線リスクが重要かつ敏感な課題だったからこそ、話しあいを求めることすら難しかった。全国的な大問題だった原発事故が徐々に「福島の問題」へと地域ニュース化したことも議論の困難を助長した。

二〇一一年度の新学期には、福島県外では微量の放射性物質が検出されても大騒ぎしているのに、福島県内では避難指示の目安に近い線量でも「子どもが校庭で遊べる」と説得された。放射能による「汚染地域」が画定されていく時期でもあったために、議論はさらに複雑になり、行政や専門家の間でも意見が分かれ、放射線リスクを語ることが学校・行政・専門家などへの信頼感と結びつけられることもあり、何が事実かさえ、時には混乱した。

(2) 反復する選択の中で重なる分断

正解がないにもかかわらず常に正しい選択を求められる状況では、自分と異なる選択をした人の存在が、自分の迷いを深めるものになる。同じ選択と行動をしている人でさえ、政策などの外部的な変化によって違う存在になり、わずかな違いにも敏感に反応してしまう緊張感が続くのである。

〔自主避難への住宅支援とその打ち切り後の経過措置など〕必ず線引きがあって、〔補助や支援金などを〕もらえる人、もらえない人っていうのが出てきて……もらえるの？　もらえないの？　っていう会話になったときに、お互いに傷つくというか、〔中略〕支援を受けることがここ何年かないので、今はほとんどないですけど、何か支援されたり、補償されたりっていうときに、必ず差が出てきたりして……(3)

こうした政策は外部から来るものだが、それによって問われるのは避難者自身の判断である。実際、支援打ち切りによって帰還せざるを得なかった人がいるように、支援対象などを定める区分がくりかえされることで孤立が進んできた。

もちろん、これは避難者にかぎったことではない。放射線を気にしながら生活している人たちは学校の方針転換や、あるいは衣替えのシーズンといった節目などに、自身の選択を問い直されるように感じる。周囲の保護者が洗濯物をどう干しているか、干し方がどう変わったかが保護者同士の話題になることもある。

放射能リスクへの不安やこれまでの傷が癒える時間にも個人差があるため、さまざまな形で残る気遣いや遠慮も、場合によっては親しさを取り戻す上での障壁になるし、無理に本音で話しあおうとすることによる傷も多くの人が知っている。

これらには終わりがないのかもしれない。だが、「きりがないから」とそれを打ち切ろうとするのは外部からの乱暴さである。とくに賠償や復興などをめぐる「終期」が政府や企業によって決められたことは、被害を抱える人たちの孤立を深めた。それに対して、原発事故問題は長く続くのだという認識を共有し、ある意味では分断も抱えつづける方が楽かもしれない、という見方も生まれている。

(3)　迷いの受容

「いつ帰るのか」という問いを断ち切るために「帰らない」と決めることが、逆に迷いを深める例もある。福島に自宅を残している避難者は、次のように語る。

〔福島に戻った方が〕幸せな生活があるのかなっていう思いが強くなるときが、多くはなってきてますね。薄れるんじゃなくて、濃くなる、帰りたいって気持ちが。それまでは、だから二度と帰らないとか、帰れないんだ、戻れないんだから仕方ないって思ってたけど、いつか帰れるかもしれないっていう部分に気持ちをシフトしたときがあったんですよ。絶対帰れないとか思ってるから苦しいんだと思って。だから、いつか帰れるかもしれない、いつかあの家に住めるかもしれないって思ったときに、すごく気が楽になった瞬間があって。だから、二度と帰らないとか、帰れない、二度と住めないとか思うのはやめようとは思いました(4)。

こうした心境には、一〇年間の変化も大きな役割を果たしている。この避難者の場合、子どもたちが就職・進学の時期を迎えて、一人になった時にどこに住むのかも考えはじめたという。いずれにしても簡単ではないが、避難したことが正解だったかどうかに「こだわらないことにしよう」と思っている。子どもたちも成長してそれぞれの思いも見えてくる中で、不確かさを受容する方法が模索されていると言えるかもしれない。

(4) 迷いと揺らぎをめぐる共通性

迷いへの受容は、避難指示などによる影響が大きい地域や、そこに帰還した人たちの間でも見られる。帰還によって原発事故に終止符が打たれ、将来を見すえた生活を送れるようになるわけではないことが、明らかになってきたからである。子どもや孫と分離する形で戻った高齢者世帯では、老後もふるさとでの暮らしを続けていけるのか、子どもの世帯や施設などに再転出することになるのか、という問いが現実味を増してきている。帰還者数が伸びない自治体や集落でも、「つながり」や「交流人口」などを見直し、戻った人たちだけではない新たな枠組みでの地域づくりが検討されている。

避難指示解除後、大半の人が戻らない集落に帰ることを決めた人は次のように語る。

見通しはまったくないんです。〔中略〕じゃあ、見通しがないのに何で戻ってくるのって新聞社の人にきかれたこともあるけど、見通しがなければ戻ってきちゃダメなのか、ということもできるけど、まあ、わかんないです。時間がかかるということなんでしょうね。時間がかかるから多くの人は戻ってこない。(5)

避難している人に、地域をどうするのか、残っている土地や家屋をどうするのかと迫れば、話は分断を深める方向にしか進まない。だから時間をかけて、地元から離れた人たちの避難先での生活が落ち着くのを待って「残しておきたいつながり」をともに探ろうということである。

避難も帰還も、あたかも個人ごとの選択のように見られてきたが、現実には周囲の人たちの動きに制約された中でしか考えられない。それを無視して最終決断を急ごうとすれば、人間関係を分断させ、将来の可能性を狭めるだけかもしれない。避難開始の初期から懸念されてきたことが現実になる中で、長期的な迷いと揺らぎが見直されている。(6)

(5)　尊厳を承認する場の回復

見てきたように、避難・帰還をめぐって選択をくりかえしてきた人々の間で、その選択結果にかかわらず、生活の回復には時間がかかり、揺らぎの余地があることが認められている。ただし、それらが互いに認識され、共有されているとはかぎらない。地理的に分離したままの関係も多いし、同じ地域に住んでいても、悩みや迷いを抱えている（かもしれない）ので、腹を割った話を遠慮する場合がある。福島にかかわる人たちが「ふるさと」や「地元」として大事にしてきたのは、豊かな自然環境などとともに、話しあいや協力ができる家族や地域の関係であった。だからこそ、それを壊すかもしれない話しあいには慎重にならざるを得ない。

「復興」などを急ぐ政策は、こうした関係を尊重するように見えつつ、それを表面的なものに限定することで、「分断」を招いたのではないだろうか。避難・帰還などの選択肢だけが与えられて、その後の関係性をどう守るかが当事者努力に任せられては、選択にも迷わざるを得ない。その中で、原発事故からの「復興」や生活再建が一方向的なものであるかのように施策を進め、そこから遅れるのは当事者の責任だと切り捨てることは、ある種の追加的加害につながる。「復興の成功例」だけに注目し、被害の訴えに耳を貸さないことも同様である。

松井克浩が避難者の〈尊厳の承認〉に関して論じるように、人間の「生」には、生活の次元とともに人生の次元があり、人生は、過去と未来の連続の中にある。それを支える人生の「根っこ」は場所と深く関わり、家族や地域の中で「承認」されてきたものである。したがって原発被害を受けてきた人の〈尊厳の承認〉の回復には、迷いや不安を含めた周囲からの理解と支えが求められる［松井、二〇一七、二六四～二七一頁］。そして、当然のことながら、承認の場としての家族や地域も、外部の社会との関係において尊厳を承認されて成立していた。

その意味でも、原発事故によって顕在化した「自己責任化、分断、孤立化」は、個人の内面からと同時に、被害地域の外からもたらされた一面がある。放射能汚染地域の〈尊厳の承認〉は、なぜ傷つけられるのだろうか、その回復にはどうすればよいのだろうか。この状況が福島原発事故において初めて生じたことでないとすれば、原子力と放射能をめぐる立地地域への外部からの視点について、歴史を確認する意味があるだろう。

3　原子力をめぐる期待と不安

(1)　放射能のリスク評価と不安の政治化

福島原発事故後の情報の混乱が「エリートパニック」として論じられたように[7]、原子力を推進する政治家などには、一般市民はマス・メディアなどに踊らされやすいという不信があると言われる［吉川、二〇一三、一〇七～一〇八頁］。

この「不信」の源流は、原子力開発の初期までたどることができる。最初の核兵器開発であるアメリカのマンハッタン計画では徹底的な知識と情報の抑圧が行われ、科学的な研究成果だけでなく、漫画やＳＦの記述さえ規制を受けた［Szasz, 2012: pp. 25-32］。プルトニウムの製造拠点となったアメリカ・ワシントン州のハンフォード・サイトでは、ウランやプルトニウムが取り扱われていることさえ現場の労働者に知らされていなかった。軍事機密の保持が最大の目的であることは言うまでもないが、原子力や放射能への不安をあおることへの抑制もあったと考えられる。現場責任者であったＦ・マティアス技術将校は、それらの情報によって「労働者たちが放射線の危険に関心をもつようになり、その結果、大量の離職者が出てプロジェクトに打撃を与えるのではないか」という懸念をもっていたという［Gerber, 2007: pp. 49-50］。

放射能と健康に関する情報統制や口に出せない不安は、第二次大戦後の冷戦下でも続いた。プルトニウムの存在は明らかになったものの放射線リスクについての情報は統制され、不安を口にすることも抑圧された。ハンフォード・サイトをめぐる健康被害への訴えは、一九八〇年代末に膨大な資料が公開されて初めて広がることになる。その後、二〇〇〇年に連邦政府は「エネルギー従業員労働災害補償法（The Energy Employees, Occupational Illness Compensation Act）」を成立させて、ハンフォードに限らず原子力施設での健康被害にたいする救済の道を制度化したが［Gerber, 2007: p. 270］、被災者が過去の労働状況を立証することは必ずしも簡単ではなく、また、被雇用者以外の健康被害についての立証はさらに難しいという(8)。

放射能に関してはよくわからないリスクがあるので「安全」だといわれているものでも単純には信用できないという思いは、原子力の平和的利用にももちこされた。そこでは、原子力への期待も不安も曖昧さを示している。

原発に関する世論は、事故などのたびに反対に大きく傾き、時間がたつとある程度回復する。他方で、エネルギー政策における原子力の位置づけはあまり変わっていない。このことは、原子力・放射能に関する被害の軽視と問題の再発に深く関わる。利点や利益（ベネフィット）はみんなのものとして語られやすいのに対して、被害は一部に限定されていく。その中でリスクへの不安は一時的なものとされ、政策としてはベネフィットへの期待を優先する、という論理が成り立ちやすくなるのである。

(2) リスクとベネフィットの狭間

原子力開発が進んだ一九五〇年代において、エネルギー源としての期待と放射能への不安とはどのように考えられていたのだろうか。詳しく見る余裕はないが、原子力と放射能にかんするリスクの受容にかぎると、その受容の論理は三種類に大別できるように思われる。一つは、そのリスクを低く評価し、自然放射線などと変わらないとする見方である。放射線医療などでの健康被害は明らかになっていたものの、一九五〇年に国際X線ラジウム防護委員会が国際放射線防護委員会（ＩＣＲＰ）に改組された頃には、一般公衆のリスクや許容量などは大きな議論になっていなかった。ラジウムなどが健康によいものと考えられていた時代やＤＤＴなど他の物質へのリスク評価を見ても、リスクを低く認識する意見はあったと考えられる。

その延長として第二に、リスクに比べてベネフィットの方が大きいという比較衡量の論理がある。レントゲン治療の例のようにベネフィットとリスクを同一人物が受ける場合から、職業（収入）によって分ける場合、原発立地のように地域を単位とする比較など、比較の方法は多様である。関連して「みんなが負っている避けがたいリスク」という説明もありえる。極端な例になるが、一九五〇年前後のアメリカでは核攻撃を受けることを前提とした核シェルター設置も市民防衛の一部とみなされていた。これらは前記の「リスク評価」に関する説明と重なる部分がある。

これらと並んで、第三にリスクを負う側への見方がある。典型的には核兵器による攻撃を戦争や敵という文脈で正当化するものである。また、広島・長崎への原爆投下についてはアメリカによる日本人への憎悪と差別も指摘される

〔ストーン・カズニック、二〇一五、三四一～三八七頁〕。これは敵対的な関係ばかりでなく、核兵器工場や核実験場所の選定にもつながり、原発立地にもかかわる。リスクとベネフィットとの比較衡量だけでは、どちらにも不確定要素があって、どこでどのように暫定的判断をくだすかが、難しい問いになる。それを割り切るためにも他者化された存在が用いられるのである。核をめぐるアメリカの「犠牲区域」を調べる石山徳子は次のように述べる。

　当時の連邦政府は、核実験はすべての人民の幸福につながるのだから、マーシャル諸島の人々の犠牲はやむを得ないという立場をとっていた。しかし、エネルギー省が二〇〇〇年に発行した「ネバダ実験場の起源」と題された報告書は、強制移住が内包していた倫理的な問題を指摘している。〔中略〕報告書には冷戦期の政策に関して批判的な記述が含まれるが、一九六四年に連邦政府が正式に認めた、島民の間に広がる健康被害や、一九五四年に起きた日本のマグロ漁船、第五福竜丸の被爆と日本人船員の死亡には言及していない。「犠牲」を正当化することは難しいが、冷戦期の状況を鑑みれば致し方ないというのが、連邦政府機関の本音だった。〔石山、二〇二〇、一四五～一四六頁〕

(3)　不可視化と無関心

石山が指摘するように「犠牲」を正当化することは、実は難しい。「犠牲」には、論理的な正当化というより、戦争（冷戦）の特殊事情を強調することによって何のために犠牲が必要なのかという問いを打ち切る意味が込められているように見える。同様に、核実験場などの選定に当たっては「誰も住まない」「不毛の地」などの強調も見られた。ハンフォード・サイトや現在のマーシャル諸島共和国の一部であるビキニ環礁などは先住民・島民を追いやってつくりだした土地であり、放射能汚染後の被ばく者について、治療や情報伝達がなされずモルモット扱いだったという記録は多いが、それを隠すために先住民などの存在や文化の多くが否定された。

不可視化された存在であることは、事後の健康被害の評価にもつながる。つとに指摘されるとおり第五福龍丸乗務員の健康被害と核実験との因果関係は公式に認められていない。マーシャル諸島でも健康被害の報告が存在していたものの公開はされていない。被ばくの事実を隠そうとする姿勢は、補償をけずる動きとも連動する［前田、一九七九］。一九八六年のマーシャル諸島共和国独立の際に、アメリカ政府は核実験に関する損害に対する補償として一億五千万ドルをマーシャル諸島政府に支払ったが、それはマーシャル諸島の政府と市民に関する「過去・現在・未来にわたるすべての賠償請求に対し完全決着」と定められた［竹峰、二〇一五、一四一頁］。それに先立って配布された核実験と放射能汚染への説明ブックレットでは、死産や先天性障害などは通常に起こり得るノーマルなことだと書かれていた［Johnson & Barker, 2017: photo essay 25］。無害の自然放射線と核実験の放射性降下物との区別の曖昧さを説得しようとする言葉遣いにはエネルギー省の住民にたいする父権的な姿勢が示されているという［Barker, 2013: p. 79］。

竹峰などが示すように、これらは過去の傷跡ではなく、現在の被害であり「核の正義」を問うための課題でもある。だが、アメリカにとっても日本にとっても、マーシャル諸島の人たちやアメリカの先住民は不可視化された存在でありつづけている。

このことは、福島原発事故を含めた日本の原発立地をめぐる課題につながる。原発は立地の段階から「犠牲のシステム」にあると指摘される［高橋、二〇一二］。平和利用としての日本の原子力開発では、冷戦下の「犠牲」として立地が進められたわけではない。にもかかわらずそれに似た不可視化が存在した。立地地域は他に産業基盤のない土地であり、原発によるメリットは大きく、地元が受け入れを決めたのだから、外部からリスクを論じる必要はないという感覚が地域の内外に存在した。

この感覚は福島原発事故後にも影響を与え、福島にかかわる風評や自己責任論などのもとになっている。犠牲区域と同様に、福島原発事故をめぐる被害が不可視化され、原子力と放射能に関する議論も再び判断停止になるのだろうか。発言への抑制に抗うようにあがりつづける被害や不安の声は、そうした分断への対抗の意味を含んでいるように見える。

4　原発事故避難からの課題提起――原子力をめぐる正義

(1)　原因究明への問いから広がる課題提起

福島原発事故に関しては多くの分断が指摘されるが、「福島（フクシマ、ＦＵＫＵＳＨＩＭＡ）」の強調もその一つだろう。その裏返しとして、福島原発事故は「福島」だけの問題なのかという問いが成り立つ。

この原発事故って、自分が当事者になってみて初めて、当事者の苦しみっていうんですかね、本当、わかったんで。私も水俣病なんていうのは学校では習ってはいたけど、遠い昔で遠い所で起こったものとしか思ってなかったし、チェルノブイリ〔原発事故〕も本当、同様でね。〔二〇〇七年中越沖地震による〕新潟の柏崎〔刈羽原発の津波被災〕ですら、〔中略〕隣〔の県〕でなってたにもかかわらず、もう全くといっていいほど興味ないって言ったらあれですけどね「大変だね」くらいにしか正直思わなかったんで、本当、当事者になんないとわからないんだな。(9)

広島・長崎など多くの被ばく者が核兵器廃絶を訴え、水俣から水銀の生産・利用などの廃止を求める声があがるように、近代的技術にかかわる災害の被害を受けた人は同じ災害が再発しないことを強く願う。問題の再発はトラウマを増幅させ、問題原因となるリスクの存続は自分たちの経験と願いが理解されていないという断絶感をもたらす。この方も新潟県への避難後に新潟水俣病や柏崎刈羽原発にかかわるようになったという。実際、事故後に福島県内ではとくに原発反対の声が高まって、福島第二原発も二〇一九年に廃炉が決定した。

こうした声は分断への対抗でもある。原発事故後、避難・帰還・復興などが争点になる中で、被害者の側が選択を迫られ、当事者とされてきた。他方で、原発事故は「起きたこと」として事故処理や賠償などでは対応を迫られるものの、原因に関する責任追及は逆に曖昧にされていく。政府や国会の事故調査委員会では人災と指摘されたが、その細部にも、したがって再発の予防策にも疑問が残る。環境汚染などの現代的な災害を専門とする社会学者K・エリクソンは次のように指摘する。

> 技術的災害は人間の手によるものであり、少なくとも原則的には予防可能なものである。したがって、技術的災害については、語るべきストーリーがあり、引き出されるべきモラルがあり、原因への責任が問われるべき領域がある。大規模産業災害の原因を探る事故調査委員会が「単なる発生」という結論を出すなど考えられない。
> [Erikson, 1994: p. 142]

これについて、福島原発事故の調査結果は、「人災の発生」という以上のものに進んでいるだろうか。原因究明が不十分に終わることは次なる災害へのリスクを高め、被害者はその不安を抱え、かつ、その不安が理解されなければそれによってさらに苦しみを深めることになる。(10) 理解されない苦しみを自身の内部に引き受ければ孤立が進む。原因究明を曖昧にする動きと、被害者に自己責任と分断を押しつけようとする動きとが連動するのであれば、それを逆転させる必要性は大きい。

(2)　原発事故被害からのリスク社会再考

科学技術における安全と失敗には相互的な関係があり、失敗の経験が安全性を高める技術を生む。ただし、失敗によって想定されるリスクがきわめて大きい時には、次なる技術への経験として失敗を許容できるかや、激甚な被害を避けるために科学技術の開発を制御する方法なども問われることになる。原子力はこれらの問いとともに歩んできたが、アメリカ・ペンシルベニア州のスリーマイル島、旧ソ連（現、ウクライナ）のチェルノブイリなどの原発事故を経て、その関係はさらに困難を増している。

原発事故のリスクが「あり得るもの」であり、かつ、原子力社会が今後も持続するのであれば、再発を前提とした上で「許容可能な被害」と「失敗の結果をその範囲に抑えるための、技術以外の方法」そして「この両者のバランスをとるしくみ」などが必要になる。

だが、原発事故にかかわる分断は、日本におけるその話しあいの難しさを反映している。断片的には新たな議論への動きがあり、たとえば原発再稼働にあたっては三〇キロ圏内の避難経路の計画策定が義務化され、事故のリスクと被害を低減する小型原子炉の実用化への提言なども見られる[11]。ただし、それが必ずしも結論にまで至らないのである。避難計画にしてもどこまで長期の避難なら許容されるのかはほとんど問われていないし、リスク評価に関する混乱も想定されない[12]。福島原発事故ではこれらについて科学者間でも多様な見解があったにもかかわらず、科学と正しさとの結びつきも前提のままである。

それは、話しあいから一部の人たちを排除することにつながる。原発事故後の動きが身体的その他の弱さを抱える弱い人たちをなおざりにしてきたことへの疑問について、避難を経験した中学生（ヒアリング時）は、次のように語る。

放射能への体の反応って人によるから。特に政治家たちは絶対、体力とかすごい強いからわからないんだと思います。〔中略〕体が弱いつらさとか全然、わからないみたい。〔髙橋他、二〇一八、一六七頁〕

被害も失敗も現実には多様であり、個別的な事情が思わぬ結果をもたらすこともある。それを少数の例外として片付けてしまえば、対処としては簡単かもしれないが、十分に経験を活かして再発予防につなげることにはならない。例外や想定外への注目は科学的発展の足がかりであり、これは科学技術分野だけの課題ではなく、社会全体で問うべき点でもある。前節で原子力にかかわる地域の不可視化に触れたように、多様性を切り捨てる姿勢は分断をもたらすからである。

(3) 多様性を認めあう正義の意味

福島原発事故の被害の多様性を考えるにあたっては、被害を評価する基準も重要な意味をもつ。なかでも重視する人が多いのは地域社会における「つながり」であろう。避難などは物理的にも精神的にも「つながり」を失わせたが、それだけでなく補償をめぐる議論の中で「つながり」の価値も見失われていった。

自分たちのこれからを考えたときに、賠償っていうのはもちろん非常に大事だし、必要なことだし、お金も大事だと。だけども、私は、お金に頼るというふうな姿勢が、みんな非常に多くなったな、自分たちで汗を流して何とかしようっていうのが、非常になくなってしまったな、って感じがしています。(13)

失われていくものの価値が貶められる経緯は、「犠牲区域」の先住民の置かれた状況に通じる。アメリカなど植民地の先住民たちは滅びるべき人たちであるという差別的認識のもとで土地や文化を奪われ、リスクと被害を押しつけられたが、原発事故の被害者は、リスクと被害にともなって傷つけられた土地や文化の価値をその喪失後に否定されるのである。(14)

差別と環境被害との結びつきは、環境正義をめぐる中心的な論点である。環境正義をめぐる議論は、有害廃棄物施設などが有色人種の多い地域に集中することへの抵抗的運動として一九八〇年代のアメリカ南部に始まり、実践的にも理論的にも多様な展開を示している。犠牲区域の先住民たちの主張もその一つとしてみることができる［石山、二〇〇四、二〇二〇など］。

シュロスバーグは、環境正義には「配分の正義」「過程の正義」「正義としての認知」の三つの概念が含まれていると指摘する［Schloeberg, 2007, Walker, 2012: p.10］。それぞれ、資源やリスクなどがどう配置されるか、それがどのように決定されたか、そして、その際、誰が（何が）重視されたかにかかわるものである。言うまでもなく、これらは互いにかかわりあうものだが、福島原発事故から原子力とリスクをめぐる議論の経緯をふりかえる時、「正義としての認知」を問い直す意味が大きいのではないだろうか。

原発の立地も原発避難も、議論の中心をリスクの配分に置いてきた。そこでは科学的なリスク評価と、選択の自由・自己責任の強調とが混在し、議論の過程が見えにくい。そのために多様性が分断され、価値観をめぐる葛藤は個人がそれぞれ抱えこむしかなくなっている。迷いや多面性をもった議論がしにくい感覚は、発言を抑制させやすく、立地計画などの争点をかかえる地域では多数派を争う分断が、それ以外の地域では無関心がもたらされる。当事者自身も、また社会的な議論も閉塞感を増すのである。多様性を認めあうためには、「正しさ」を固定的な基盤とするのではなく、互いに多様性があることを前提とした共感や会話の場も求められる。それが傷つけられてきたところでは、地域内でも外部からも、多様な存在を認め、それを確認した上で話しあえる土台が求められるだろう。そこで大事になるのは、傷つけられてきた価値を修復する手がかりである。

5　わからないことの共有から始めるために

未知なるエネルギーへの期待と不安が並行した原子力開発の初期と、福島原発事故からしばらくの動きには、いくつかの共通点がある。たとえば、わからないことが多いにもかかわらず科学的見解が重視されたこと、そのために科学と政治との関係が深まり科学者の間でも対立や混乱が見られたこと、などである。見てきたように、これらのしわ寄せを受ける形で被災した地域の人・もの・価値などが各地で不可視化されてきた。ある意味では国や社会体制を越えて見られる多重基準と不可視化は[15]、環境正義の問題として指摘される課題にもつながる。

福島原発事故後の避難をめぐっても「正しく恐れよ」という言説の背後で、事実上はそれぞれの当事者が制約と混乱と限られた選択肢の中で選択をせざるを得ず、多くは自己決定や自己責任として片付けられた。生活再建・地域再建についても確固とした話し合いや方向性は見えないままなんとなく進み、少数派の選択や迷いなどの声は届きにくいままである。事故後の「避難、帰還、復興」などの経緯は正しく、同様の事故が発生した際には同じ対応をくりかえしてもよい、と言えるのだろうか。

福島原発事故の教訓を活かしていくためには、事故発生への経緯だけでなく、事故後の現状を見直す必要があるだろう。それをふりかえる際に重要なのは、科学では「わからない」部分をどう考慮にいれられるか、ではないだろうか。

福島原発事故では短期間に膨大なものが失われたが、その価値も「計りようがない」「補償されている」などの言説のかげで曖昧にされたままである。それは、今も悩み・不安・迷いを抱える人たちを認知の枠から外すことにもつながる。

生活再建や「復興」を急ぐためには、わかりにくいものや評価しにくいものを削って暫定的な結論を許容する方法もあり得るだろう。だが、原子力に関する歴史をふまえて福島原発事故被害の現状を考えた時、不可視化されるものに目を向ける意味は小さくないように見える。「わからないことの共有」への姿勢は、過去を見直し、未来を考えることに役立つだけでなく、現在の課題に向き合う決意にもつながる。本書の執筆者でもある小池由佳は、母子避難の子育て支援について次のように述べている。

〔母子避難する母親が線量について〕気になることは気になるとしか言いようがないのです。子育て支援者はその思いも含めて、母親そのひとを全面的に受け止め続けていきます。〔中略〕その価値観は、時に社会とそぐわなかったり、支援者の価値観と合わなかったりもします。社会福祉は、価値の実践です。相手を否定するのではなく、その価値観を尊重しながら、互いに支え合うこと。今回の子育て支援から学ぶべきは、そのような姿勢なのではないでしょうか。〔小池、二〇一四、五八～六〇頁〕

この指摘は、前節で触れた「正義としての認知」にも通じる「正しさ」への問いである。「わからない」ことを捨象することによって急いで「正解」を決めようとする方向に対して、多様性を尊重する「正しさ」はどのように存在できるのだろうか。本書では、原発事故避難を経験してきた人たちの言葉を通じて、それを追究しようとしている。

注

（1）二〇一七年一一月一七日新潟県への避難者のヒアリング。
（2）原発事故と放射能汚染の被害は行政区分や避難指示などにかかわらず広がり、被害の内容や程度も多様である。本章では、福島を中心とする地域（ないし「ふるさと」）への思いを重視する意味も込めて、福島原発事故の影響を受けた人たちを「福島にかかわる人」あるいは原発事故の「被害者」などと表記している。
（3）二〇二一年一月九日オンラインでの避難者ヒアリング。
（4）二〇二一年一月九日オンラインでの避難者ヒアリング。注(3)とは別の方。
（5）二〇一五年六月二六日福島県でのヒアリング。
（6）避難の長期化が明らかになりはじめたころから、「二重の住民票」「仮の町」など、避難元と避難先の両方に属し得る「第三の選択肢」への提言が明確化した［舩橋、二〇一三］。避難者の中からも「あえて避難者であり続ける」という発言がみられる［山下他、二〇一三］。避難指示解除後、富岡町などは、帰還か避難先定住かを決めない、という選択を尊重する方針を示した。避難を続ける人による「宙づり」などの表現には、迷いとそれを肯定する感覚との両方が含意されているように見える。
（7）ここでの「エリートパニック」には、「エリートがパニックを恐れる」「エリートがパニックを引き起こす」「エリートがパニックになる」の三通りがあるという［吉川、二〇一三、一〇七～一〇八頁］。
（8）ハンフォード周辺でも補償請求が個人単位で、それにかんする情報やニュースがほとんどない状況は今日も続いているという。二〇一九年シアトルのＮＰＯへのヒアリングによる。関連して原口弥生氏（茨城大学）からご教示をいただいた。
（9）二〇二一年一月九日オンラインでの避難者ヒアリング。注(3)、(4)とは別の方。
（10）これは公害による被害の社会的拡大として指摘されることに通じる［飯島、一九九三］。周囲の無理解や追加的被害のかかわりも同様である。
（11）「適正技術」「Ｅ・シューマッハ」や予防原則の主張のように技術開発に歯止めをかけようとする議論は、一九七〇年ごろのリスク社会への推移の中で生まれた。その現実味が再び大きくなってきたとも言えるだろう。ただし、この間の経緯をあわせてみれば、適正規模をどこに置くかの議論は難しく、新たなリスクも生じ得る。原子炉の小型化はリスクを縮小して安全管理もしやすくする一方で、普及によってリスク源の数は増えるかもしれない、といった想定である。

(12)　この議論の趣旨からは少し外れるが、原発事故被害の観点から付言するならば、リスク管理のコストの視点も重要である。被害者から見れば、福島原発事故以前の「トラブル隠し」「津波防護壁の高さ」、事故後の賠償金支払い、柏崎刈羽原発再稼働などをめぐる東京電力の姿勢はコスト重視という点で共通する。安全最優先というエネルギー政策の基本は、この複雑さのかげに隠れることになる。

(13)　注(5)に同じ。

(14)　賠償を受けとったことに対する差別や「羨望」などもこれに関連し、被害にかかわる差別や分断を助長することになる。

(15)　歴史学者のケイト・ブラウンは、初期のプルトニウム生産に関するアメリカとソ連との共通性を、その生産地における社会状況から詳述する［ブラウン、二〇一六］。

参考文献

飯島伸子［一九九三］『環境問題と被害者運動　改訂版』学文社。

石山徳子［二〇〇四］『米国先住民族と核廃棄物――環境正義をめぐる闘争』明石書店。

――――［二〇二〇］『「犠牲区域」のアメリカ――核開発と先住民族』岩波書店。

吉川肇子［二〇一三］「リスク・コミュニケーションのあり方」尾内隆之・調麻佐志編『科学者に委ねてはいけないこと――科学から「生」をとりもどす』岩波書店、一〇四～一一一頁。

小池由佳［二〇一四］「思いに寄り添い、力を取り戻す――子育て支援で大切なこと」髙橋若菜・田口卓臣編『お母さんを支えつづけたい――原発避難と新潟の地域社会』本の泉社、五五～六〇頁。

シューマッハー、E・F（E. F. Schumacher）、小島慶三・酒井懋訳［一九八六］『スモール イズ ビューティフル――人間中心の経済学』講談社。

ストーン、オリバー（Oliver Stone）・カズニック、ピーター（Peter Kuznick）、大田直子・鍛原多恵子・梶山あゆみ訳［二〇一五］『オリバー・ストーンが語るもうひとつのアメリカ史1——二つの世界大戦と原爆投下』早川書房。

高橋哲哉［二〇一二］『犠牲のシステム 福島・沖縄』集英社。

髙橋若菜・清水奈名子・阪本公美子・小池由佳・関礼子・高木竜輔・藤川賢［二〇一八］『二〇一七年度 新潟県委託 福島第一原発事故による避難生活に関するテーマ別調査業務 調査研究報告書 子育て世帯の避難生活に関する量的・質的調査』（研究代表者・髙橋若菜）［https://www.pref.niigata.lg.jp/uploaded/attachment/93784.pdf］（最終閲覧日二〇二一年一二月二二日）。

竹峰誠一郎［二〇一五］『マーシャル諸島——終わりなき核被害を生きる』新泉社。

船橋晴俊［二〇一三］「震災問題対処のために必要な政策議題設定と日本社会における制御能力の欠陥」『社会学評論』第六四巻第三号、三四二～三六五頁。

ブラウン、ケイト（Kate Brown）、高山祥子訳［二〇一六］『プルートピア——原子力村が生みだす悲劇の連鎖』講談社。

前田哲男［一九七九］『棄民の群島——ミクロネシア被爆民の記録』時事通信社。

松井克浩［二〇一七］『故郷喪失と再生への時間——新潟県への原発避難と支援の社会学』東信堂。

——［二〇二一］『原発避難と再生への模索——「自分ごと」として考える』東信堂。

山下祐介・市村高志・佐藤彰彦［二〇一三］『人間なき復興——原発避難と国民の「不理解」をめぐって』明石書店。

Barker, Holly M. [2013] *Bravo for the Marshallese: Regaining control in a post-nuclear, post-colonial world*, Cambridge University Press.

Erikson, Kai [1994] *A New Species of Trouble: The Human Experience of Modern Disasters*, Norton Press.

Gerber, Michele Stenehjem [2007] *On the Home Front: The Cold War Legacy of the Hanford Nuclear Site*, Bison Books.

Johnston, Barbara Rose & Holly M. Barker [2017] *Consequential Damages of Nuclear War: The Rongelap Report*, Routledge.

Schlosberg, David [2007] *Defining Environmental Justice: Theories, Movements, and Nature*, Oxford University Press.

Szasz, Ferenc Morton [2012] *Atomic Comics: Cartoonists Confront the Nuclear World*, University of Nevada Press.

Walker, Gordon [2012] *Environmental Justice: Concepts, Evidence and Politics*, Routledge.

第Ⅰ部　過小評価された放射線被ばく

第一章　国際的な放射線被ばく防護基準と日本政府の対応をめぐる課題

清水奈名子

1　はじめに――被ばく防護の基準と原発避難

二〇一一年三月一一日に発生した東日本大震災は、地震、津波、そして東京電力福島第一原子力発電所事故（東電福島原発事故）という三つの災害が同時発生したという意味で、日本だけでなく、世界史上に残る大災害となった。特に原発事故は、七段階ある国際原子力事象評価尺度（ＩＮＥＳ）[1]のなかで最も深刻なレベル7として位置づけられたことからも、その深刻さは明らかだろう。一九八六年に発生したチェルノブイリ原発事故に次ぐ規模で、大量の放射性物質が放出される事態を招いたことは、国内外に大きな衝撃を与えることになった。

東電福島原発事故の被害の特徴は、事故自体がもたらした広域にわたる放射能汚染による直接的な被害に加えて、事故直後から現在に至るまで政府や自治体、東京電力による事故への対策がもたらす二次的な被害もまた、多様な分野で問題となっている点である。なかでも本章が注目するのは、被ばくから人々を守るための被ばく防護の基準や、防護のための措置をめぐる政府の対応である。具体的には、学校の校舎・校庭の利用判断や避難指示の発出ならびにその解除の基準とされた、年間追加被ばく線量二〇ミリシーベルトという数値である[2]。防護基準に関して、日本政府が事故発生以前から参照してきたのは国際放射線防護委員会（ＩＣＲＰ）による勧告であるが、そこでは公衆の年間追加被ばく線量は年間一ミリシーベルトであることから、その二〇倍にものぼる値が採用されたことになる。ＩＣＲ

Ｐが放射線作業従事者のために設定した職業被ばくの線量限度（五年間の平均として、年間二〇ミリシーベルト）と同等の高い基準であった［ICRP, 2007: pp. 243-251］(3)。

さらに被災地の住民を混乱させたのが、政府や福島県に協力した専門家の一部が、「一〇〇ミリシーベルト以下は明らかな発がんリスクはない」といった発言を続けたことであった。放射線防護基準に関して、二〇から一〇〇倍もの幅のある数字が提示されたのである。同時に、福島県内外で高い放射線量が計測されていたにも拘らず、避難指示が出ない地域が多数生まれたことから、避難をすべきか否か、日々の生活のなかで何をどこまで注意するのかなどの放射線防護対策は、住民の「自己責任」とされていった。

国際的に定められているはずの放射線防護基準をめぐって、なぜこのように混乱をきたす状況が発生したのだろうか。また日本政府が設定した二〇ミリシーベルトや、健康被害の発生と結びつけられてきた一〇〇ミリシーベルトという基準を、今回の原発事故の文脈においてどのように評価すればよいのだろうか。これらの論点に注目する理由は、原発事故に伴う避難の必要性、正当性を議論するうえで、政府が設定した二〇ミリシーベルトの基準が裁判や行政交渉の場で採用されてきたからである。被ばく防護基準は現在に至るまで、原発事故に由来する人々の権利侵害の有無を判断する一つの重要な要素として機能しているのだ。

政府が設定した年間二〇ミリシーベルトという基準には達しないものの、事故以前よりも十分に高い値が測定された地域に暮らす人々の一部は、避難指示区域外からの避難（区域外避難）を余儀なくされたにも拘らず、「自主避難」と言われた。または年間二〇ミリシーベルトの基準に照らして、避難指示が解除された地域からの避難者も、避難を継続する必要性や正当性を認められないといった問題に直面している。またこれらの地域で暮らしつづけてきた人々、帰還した人々のなかにも、放射能汚染の残る地域で生活することに不安を抱きながら、衣食住をめぐる多様な活動において制約を受けてきた。

本章では、被ばく防護基準を評価する際の手がかりを得るために、基準をめぐる国際的な議論と基準値の変遷を辿ることで、核エネルギー利用をめぐる国際政治が基準値の設定に大きな影響を与えてきたこと、また核開発の過程で発生したグローバルな核被害における放射線被ばくの健康影響が過小評価されてきた歴史を概観する。すでに多数の先行研究が指摘してきたように、核エネルギー利用を支える世界的な政官財学の関係者が関与しつつ、国際的な放射線防護の基準値は設定されてきた。すなわち、被ばく防護基準の設定とその運用は極めて政治的な課題でありつづけてきた。こうした基準をめぐる議論の政治性を理解しないまま、一律に「国際機関が設定したから」「政府が採用しているから」という正当化根拠だけで無批判に基準を受容することは、原発事故被害の対策を講じるうえで果たして適切なのだろうか。この問いを、東電福島原発事故の文脈で発生した被ばく防護をめぐる問題と関連づけながら考察していくことが、本章の目的である。

2　ＩＣＲＰ勧告による放射線防護基準の変遷とグローバルな核被害

国際的な放射線防護基準の歴史をたどる作業は、必然的に人類の放射線被ばくの歴史を振り返る作業となる。本節では先行研究を整理しながら、世界各国に放射線防護基準を勧告してきたＩＣＲＰが設立された経緯と、同時代に進行したグローバルな核被害の歴史を概観する。その流れを要約すれば、放射線、放射性物質の利用が進むにしたがって国際的な放射線防護基準の整備が進んだが、核エネルギー利用を推進する各国の利害を反映して当初はかなり高い数値が基準として採用されたものの、その後多様な核被害が世界で確認されるにしたがって基準は引き下げられてきたという流れが確認できる。

放射線の利用が始まったのは一九世紀末であったが、被ばくによる健康影響が問題となったのは二〇世紀に入ってからである。一八九五年にウィルヘルム・レントゲン（Wilhelm Conrad Röntgen）がＸ線を、一八九六年にはアントワーヌ・ベクレル（Antoine Henri Becquerel）がウラン放射線を発見し、その研究を引き継いだマリー・キュリー（Marie Curie）は被ばく影響と考えられる再生不良性貧血によって亡くなったと記録されている。その後、医学や産業分野での放射線や放射性物質の利用が進み、一九一〇年代以降には時計の文字盤にラジウムの入った蛍光塗料を塗る作業をしていた女性労働者が、骨肉腫で死亡することが欧米各国で社会問題化しはじめた。これらの被害を受けて放射線防護対策を進めるために、一九二八年に国際Ｘ線およびラジウム防護委員会（ＩＸＲＰＣ）が結成され、一九三四年には放射線従事者等の「耐容線量（tolerable dose）」として一日当たり〇・二レントゲン（一日七時間、週五日労働で年間約五〇〇ミリシーベルト）とすることを勧告した。耐容線量とは、「ある線量値以下であれば放射線はなんらの生物・医学的悪影響をおよぼさない」と考えられた被ばくの防護基準である［中川、二〇一一、二六〜二七、一八五頁］。

このように二〇世紀前半には、現在の基準からすると非常に高い基準が設定されていたが、第二次世界大戦末期の一九四五年にはアメリカによって核兵器が実践使用され、一九四九年にはソ連による核実験が成功すると、国際的な放射線防護基準づくりが急がれることになった。核エネルギー利用を協力して進めてきたアメリカ・イギリス・カナダの三か国の協議を経て、開店休業状態にあったＩＸＲＰＣは同三か国が中心となって再建され、一九五〇年にロンドンで開催された戦後初の公式会合において、その名称がＩＣＲＰへと変更されることになったのである。ＩＣＲＰのメンバーは科学者をはじめとする専門家が中心となり、人および環境の放射線防護に関する勧告を行う非営利の国際学術組織として、放射線防護の基準を提示してきた。

表1-1には、ＩＣＲＰによって勧告された基準の変遷と、核エネルギー利用に関わる事象をまとめている。この表からも明らかなように、放射線防護基準とは不変の原則なのではなく、時代を追うにつれて徐々に数値が引き下げ

られていることがわかる。被ばくによる健康影響に関する研究が蓄積するにつれて、より厳しい基準の必要性が認識された結果、公衆の年間追加被ばく線量一ミリシーベルトという現在の基準となったのである。

ＩＣＲＰが活動を始めた一九五〇年代以降は、世界中で軍事、民間の双方での核エネルギー利用が急速に進んだ時代であった。またその結果としてウラン採掘現場や核関連産業、核実験に参加した兵士や実験地周辺の住民をはじめとした多くの関係者が深刻な被ばくを受け、グローバルな核被害が人間と環境に甚大な影響を与えることになった。しかし米ソ冷戦下においてはいずれの国も国益に直結する核エネルギー開発を優先し、その被害は過小評価または放置され、むしろ放射線は危険ではないとするプロパガンダが関係各国で用いられた。冷戦中にプルトニウム生産を担っていた米ソ両国の都市の比較研究を行ったケイト・ブラウン（Kate Brown）がその著書『プルートピア』［二〇一六］において明らかにしたように、これらの工場はチェルノブイリ原発が放出した放射性物質の二倍の量を放出し、住民と環境に深刻な被害を与えたものの、その被害者は長年放置されてきたことはその一例である。

ＩＣＲＰの議論においても、国内外での核実験や、核爆発を伴う軍事演習を強行していた米国関係者が厳しい基準設定には慎重であった一方で、設立当初は独自の核・原子力開発政策をまだ持っていなかった多くの欧州諸国との間には、温度差があったと言われている［中川、二〇一一、四一～四八頁］。また被ばくによる遺伝的影響に関する研究が進み、低線量であっても突然変異などの影響が線量に比例して現われることが明らかになったことも、基準の引き下げを求める一部の諸国の主張を支えることになった。さらに一九五四年に第五福龍丸事件を引き起こしたビキニ環礁でのアメリカによるブラボー水爆実験をはじめ、米ソによる大気中核実験が繰り返されるようになると、環境中に放射性物質が大量に放出されるようになった。こうした放射性降下物による環境や健康への影響について懸念する世論が増大したことを受けて、ＩＣＲＰ一九五八年勧告では初めて公衆の線量限度が年間五ミリシーベルトに設定されている。その後一九八五年のパリ声明を受けて、一九九〇年勧告においてはじめて公衆の線量限度は年間一ミリシー

放射線防護基準の変遷

関連する事象
1950年　核兵器禁止を求めるストックホルム・アピール 1951年　米国の実験炉で初の原子力発電 1952年　英国が初めての核実験 　　　　米国が初めての水爆実験 1953年　ソ連が初めての水爆実験 　　　　米国「原子力の平和利用」計画発表 1954年　世界初の原子力潜水艦ノーチラス号が米国で竣工 　　　　米国によるビキニ環礁でのブラボー水爆実験により第五福龍丸が被ばく 　　　　世界初の原子力発電所がソ連で運転開始 1955年　ラッセル＝アインシュタイン宣言 　　　　UNSCEAR設立 1956年　英国で初の原子力発電所運転開始 1957年　第1回パグウォッシュ会議 　　　　IAEA設立 　　　　米国で初の原子力発電所運転開始
1960年　仏国が初めての核実験 1962年　キューバ危機 1963年　部分的核実験禁止条約調印・発効 1964年　仏国で初の原子力発電所運転開始 　　　　中国が初めての核実験
1966年　日本で初の原子力発電所運転開始 1967年　ラテンアメリカ核兵器禁止条約調印（1968年発効） 1968年　核不拡散防止条約調印 1974年　インドが初めての核実験　原子力商船むつ事故
1979年　スリーマイル島原発事故 1979～80年代　欧州での反核運動の高まり
1985年　南太平洋非核地帯条約調印（1986年発効） 1986年　チェルノブイリ原発事故 1987年　米ソ中距離核戦力全廃条約調印
1991年　ソ連崩壊　中国で初の原子力発電所運転開始 1995年　東南アジア非核兵器地帯条約調印（1997年発効） 1996年　アフリカ非核兵器地帯条約調印（2009年発効） 　　　　包括的核実験禁止条約が国連総会で採択（未発効） 1998年　パキスタンが初めての核実験 1999年　東海村JCO臨界事故 2006年　中央アジア非核兵器地帯条約調印（2009年発効） 　　　　北朝鮮が初めての核実験
2011年　東京電力福島第一原発事故 2017年　核兵器禁止条約が国連総会で採択 2021年　同条約発効

表 1-1　ICRP 勧告・声明における

勧告・声明の年度 （ICRP Publication No.）	基準と指針 （今中（2020）を参考に線量の単位は mSv に換算して表示）
1950 年勧告	作業者：1 週間あたり 5mSv（皮膚線量） 〃　　3mSv（空中線量） （いずれも最大許容線量・勧告中の単位はレントゲン） 可能な限り低く（to the lowest level） （公衆の基準は設定されず）
1958 年勧告 （Publication 1）	職業人：1 週あたり 1mSv（最大許容線量） 公衆：年間 5mSv（最大許容線量） （勧告中の単位はレム） 実行可能な限り低く（as low as practicable）
1965 年勧告 （Publication 9）	職業人：年間 50mSv（最大許容線量・生殖腺・赤色骨髄） 公衆：年間 5mSv（線量限度） （勧告中の単位はレム） 容易に達成できる範囲で低く（as low as readily achievable）
1977 年勧告 （Publication 26）	職業人：年間 50mSv（線量限度） 公衆：年間 5mSv（線量限度） 合理的に達成できる範囲で低く（as low as reasonably achievable）
1985 年パリ声明	公衆：年間 1mSv（線量限度）
1990 年勧告 （Publication 60）	職業人：5 年間の平均として年間 20mSv（年 50mSv 以下）（線量限度） 公衆：年間 1mSv（線量限度）
2007 年勧告 （Publication 103）	［計画的被ばく状況］ 職業人：5 年間の平均として年間 20mSv（年 50mSv 以下）（線量限度） 公衆：年間 1mSv（線量限度） ［緊急時被ばく状況の参考レベル］ 年間 20～100mSv ［現存被ばく状況の参考レベル］ 年間 1～20mSv

出所：今中［2020］、調［2016］、ICRP 勧告本文を参考にして筆者作成。

ベルトとされたのである。こうした一連の引き下げは、広島と長崎の原爆被爆者の寿命調査研究から推定された確率的影響に関するリスクを加味したためであると説明されてきた［ICRP, 2007: p. 36, 今中、二〇二〇、五二～五五頁］。

現時点で発表されている最も新しい勧告は、二〇〇七年のものである。この勧告では新たに三つの「被ばく状況」に場合分けをして、事故などが発生していない「計画的被ばく状況」では一九九〇年勧告を踏襲し、公衆の年間一ミリシーベルトの基準が維持された一方で、事故時のように緊急の対策が必要とされる「緊急時被ばく状況」においては、指標となる参考レベルを年間二〇から一〇〇ミリシーベルトの間に、事故からの復旧時期などを想定した「現存被ばく状況」においては、一から二〇ミリシーベルトの間に参考レベルが設定されることになった［ICRP, 2007: pp. 103-115］。

以上のように複雑な構造をもつ放射線防護基準をＩＣＲＰが設定する際には、医学、生物学、物理学、疫学等の所見を参照しつつも、基本的には政治的、社会的な利益や価値を勘案したうえで決定されてきたという点にも注意が必要である。日本政府が採用しているＩＣＲＰの放射線防護の「最適化」原則は、経済的＝社会的要因を考慮して、「合理的に達成できる限り」被ばくを低く抑えなければならないとする考え方を採用している［ICRP, 2007: p. 28］。言い換えれば、設定される線量限度とは、あくまで経済・社会的なコスト計算に基づいて選択された数値なのである。

3　核エネルギー利用に関わる国際政治

こうした一連の国際的な放射線防護の基準を設定しているＩＣＲＰは民間機関ではあるが、核エネルギー利用をめぐる国際政治とはどのような関係にあるのだろうか。ＩＣＲＰの説明によれば、同委員会はあくまで民間の非営利機関であり、その委員は放射線防護分野の科学者、政策立案者、実践者、その他の専門家から構成されている。委員は

ＩＣＲＰからは報酬や経費を受け取っておらず、所属機関が経費を支出しているという。実際に委員の一覧を見ると、大学や研究機関、政府系機関に属する（退職者を含む）専門家の名が並んでいる。(4)

その一方で、二〇〇七年勧告の冒頭にはＩＣＲＰの説明として、原子放射線の影響に関する国連科学委員（ＵＮＳＣＥＡＲ）、世界保健機関（ＷＨＯ）および国際原子力機関（ＩＡＥＡ）と公的な関係を持っていると記している［ICRP, 2007: p. 35］。これらはいずれも国連システムに属する政府間国際機構であり、放射線の健康影響評価に関わってきた。しかし他の国際機構と同様に、核保有国をはじめとする核エネルギー利用を進めてきた各国や関連企業の利害関係から自由ではないことに、留意する必要がある。

特に、東電福島原発事故処理に度々関与してきたＩＡＥＡは、一九五七年に米国の主導のもとに設立されたが、その憲章には「平和、保健及び繁栄に対する原子力の貢献を促進し、及び増大する」として、原子力の民事利用から軍事利用への転用を防止することが目的とされている。(5)その任務の中には、「国際連合の権限のある機関及び関係専門機関と協議し、かつ、適当な場合にはそれらと協力して、健康を保護し、並びに人命及び財産に対する危険を最小にするための安全上の基準（労働条件のための基準を含む）を設定し、又は採用」することも含まれている。その一方で、「平和的目的のための原子力の研究、開発又は実用化に役だつ活動又は役務を行う」とも規定されていることから、(6)原子力エネルギーの活用を前提とする国際機関が、同時に安全基準の設定や核関連物質の管理を行うことには矛盾があると指摘されてきた［ルノワール、二〇一四］。そもそもＩＡＥＡ設立の起源は、一九五三年一二月の国連総会におけるドワイト・アイゼンハワー（Dwight David Eisenhower）米大統領による「平和のための原子力（Atoms for Peace）」提案にあることが知られている。(7)この提案は、ソ連による急速な核開発を受けて、米国は従来の核独占戦略の見直しを迫られた結果、原子炉輸出による原子力産業振興へと政策を転換したことを意味していた［クック、二〇一一、一〇五～一二〇頁］。ＩＡＥＡの通常予算は加盟国の分担金によって賄われているが、米国は二〇二一年も予算総額約三億九千万ユーロのうちの約二五％を拠出する最大出資国であり、その影響力は大きい(8)。

その後現在に至るまでＩＡＥＡは、一方で核燃料や技術の軍事転用を防ぐ役割を果たしつつも、他方では原子力産業振興の国際的展開を支える役割をも担ってきた。その事務局職員は、各国の原子力産業と原子力関連政府機関からの出向者を受け入れてきたことで知られる。実際に日本では二〇一〇年に、原子力産業関係者がつくる日本原子力産業協会の提言を受けて、内閣府、文部科学省、経済産業省、外務省の呼びかけにより、大学、電力会社、原発産業関連企業、研究所等の関係機関の相互協力に基づく「原子力人材育成ネットワーク」が設立され、ＩＡＥＡを含めた原子力関連機関への就職を産学官連携の体制で組織的に支援している。同ネットワークの立ち上げに際しては、アメリカ、フランス、韓国、ロシア、中国、インドといった核エネルギーの軍事、民事利用の両面で積極的な国々における原子力分野での人材育成事業を参照しつつ、国を挙げて人材育成を進める必要性が訴えられていた(9)。

ＩＡＥＡに関連してさらに問題とされてきたのが、一九五九年にＩＡＥＡとＷＨＯの間で締結された「ＷＨＡ12-40」と呼ばれる協定である。この協定の第一条三項は「一方の機関が、もう一方の機関が関心を有しているか、有している可能性のある分野でプログラムに着手する場合は、相互合意にもとづき調整を図るために、常に、前者は後者の意見を求めるものとする」と規定しているのである［WHO and IAEA, 1959］。この結果、ＷＨＯはＩＡＥＡの許可なしにはその調査結果を公表できず、放射線の健康影響調査に関してその独立性を失うことになった。国連機関がチェルノブイリ事故被害を小児甲状腺がんのみとして、他の独立した報告書よりも過小に見積もっている問題は長年指摘されてきたが、この協定によってＷＨＯが独立した調査結果を報告、公表することができないことが、過小評価の原因であるとして批判を受けてきた［ヤブロコフ他、二〇一三、二八六、二八七頁など］(10)。

さらに核エネルギーをめぐる「原子力外交」［加納、二〇一七］の舞台となるＩＡＥＡで各国代表を務める人物の経歴を確認すると、各国政府の原子力機関の職を経て、ＩＡＥＡ、ＵＮＳＣＥＡＲ、ＩＣＲＰの委員を歴任していることとが少なくない(11)。原子力産業に関わる同一の関係者が、放射線防護基準の設定に大きな影響力を持つこれらの国際機関を渡り歩いているのである。

日本国内においても、原子力産業がＩＣＲＰ委員への利益供与を続けてきたことが知られている。国会東京電力福島原子力発電所事故調査委員会（以下、国会事故調と表記）報告書によれば、電気事業連合は、公益財団法人放射線影響協会が一九八六年に開始した「ＩＣＲＰ調査・研究連絡会」事業への費用負担という名目で、ＩＣＲＰの日本出身の主委員会および専門委員会委員の国際会議出席のための旅費などについて、長年にわたって費用負担していたという［国会事故調、二〇一二、五二三頁］。

こうした国際的な政治構造と利害関係を踏まえるならば、現在日本政府が採用している基準に関して、単に「国際機関が決めた基準であるから」という理由だけで、その正当性を無批判に認めることは問題である。むしろ、核エネルギー利用の促進に利益を見出す利害関係者や政府の影響を強く受けた基準として、批判的に検証する必要がある。グローバルな核被害が過小評価されてきた歴史を踏まえるならば、国際的な基準設定にまつわる政治性を抜きにして、放射線防護に関する問題を議論することはできないからである。

4　東電福島原発事故後の放射線防護基準をめぐる課題

これまで概観してきたように、国際的な放射線防護の基準は、グローバルな核被害の実態やその健康影響に関する研究成果と、時代ごとの各国政府や原子力産業の利害関係の影響を受けつつ変化しつづけてきた。原発事故後の日本政府に突き付けられた放射線防護の課題は、ＩＣＲＰの勧告を参照しつつも、最終的に誰のどのような利益や権利を優先しつつ、いかなる基準を設定するのか、という極めて政治的・社会的な課題であった。しかし日本政府による説明は、常に「ＩＣＲＰの防護基準を採用した」という理由でその政策が正当化され、事故による放射能汚染の影響を受ける人々の権利保障に基づいた合意形成という観点は欠落してきた。

実際に、二〇一一年四月に文部科学省が学校施設の利用再開の判断基準として年間二〇ミリシーベルトの追加被ばく線量を採用すると発表すると、子どもをもつ保護者を中心に多くの批判が寄せられた。ＩＣＲＰの委員歴を持つ放射線防護の専門家であり、事故後に内閣官房参与となっていた小佐古敏荘は、「年間二〇ミリシーベルト近い被ばくは原発の放射線業務従事者でも極めて少ない」「この数値を乳児・幼児・小学生に求めることは、学問上の見地からのみならず、私のヒューマニズムからしても受け入れ難い[12]」と訴えて辞任したことから、人々の政府の判断に対する不信感が高まることになった。

また前述したように、「一〇〇ミリシーベルト以下は安全」であるかのような印象を与える議論も、その後やはり批判を浴びることになった。日本政府機関である原子力委員会等の要職を歴任し、事故当時長崎大学教授であった山下俊一は、事故後に福島県の放射線健康リスク管理アドバイザーに就任した。山下が監修した福島県立医科大学の資料『山下先生が答える放射線Ｑ＆Ａ』には、「健康への不安を訴える人も多いが、専門家として、どう伝えているか」という質問に対し、「現時点で、健康に影響を与える年間一〇〇ミリシーベルトという被ばく線量にまったく達していない。不安を感じるのは理解できるが、正しく恐がって」と記載されている。また「一時間当たりの環境線量が一〇マイクロシーベルト（その後三・八マイクロシーベルト）以下であれば、もう外で遊ばせて大丈夫です」との記載も見られるなど、非常に高い線量であっても子どもには健康影響が出ないと受け取ることのできる記述が見られる［山下、二〇一一］。

こうした一〇〇ミリシーベルトを健康影響が出る「しきい値」のように見なす見解は、すでに多くの専門家から批判されてきている。各国の政治的影響力を受けていると批判されてきたＩＣＲＰでさえ、しきい値なし直線仮説（Ｌ

NT仮説)、すなわち放射線の被ばく線量と影響の間には、しきい値がなく直線的な関係が成り立つという考え方を採用してきた[今中、二〇二〇、五六～五九頁、藤岡、二〇二一、二八二～二八六頁]。低線量被ばくによる健康影響評価については対立する議論が認められるものの、核関連施設の労働者の追跡データやCTスキャンと小児がんの関連性を示すデータ、自然放射線による被ばくの影響を調べた最近の研究データから、低線量被ばくの健康影響が認められるという見解は注目に値する[Abbott, 2015: pp. 17-18, Spycher et al, 2015: pp. 622-628, Kendall et al, 2013: pp. 3-9, Mathews et al, 2013: p. 346]。一方で、日本政府が採用している健康影響を低く見積もる議論に対しては、多くの反論が国内外で展開されてきた[カルディコット、二〇一五、ｓｔｕｄｙ２００７、二〇一五]。

被ばくの健康影響に関して多くの住民が懸念しているのが、事故直後の初期被ばくである。最も放射線量の高い時期に、事故や放射性物質拡散に関する情報が政府や自治体から住民に伝えられず、避けることのできたはずの被ばくを強いられる事態が発生した。広域に被害をもたらす原発事故の発生が想定されていなかった日本では、過酷事故への迅速な対応能力を行政機関が持ち合わせていなかっただけでなく、電力会社や政府の責任者も含めて、事故の収束方法について確かな見通しをもてず、場当たり的な対応が続けられていた。何に気を付けて、どのように生活すればよいのか、避難をすべきか否かを判断する情報を得るには、被災者各自が個人的な人脈に頼るか、インターネットで国内の関連機関や海外の情報サイトから収集するほかなく、これらの情報を得られなかった人々が取り残されていくことになった[国会事故調、二〇一二、二四九～三四六頁、ｓｔｕｄｙ２００７、二〇一五、五～四一頁]。

こうした事故直後の初期被ばくに加えて、その後も継続している低線量の外部被ばくや内部被ばくが、具体的にどのような健康影響をもたらすのかが証明されるまでには、事故から数十年の時間が必要となる。近年特に問題となっているのが、事故後に確認されたセシウム含有不溶性放射性微粒子による内部被ばくの問題である。従来の放射線防護のリスク評価では、原発事故によって放出される放射性セシウムは水溶性の化合物を形成し、体内に入ればイオンとして体液や血液に溶けて最終的には体外に排出されると考えられていた。ＩＣＲＰは放射性セシウム一三七の生物学的半減期について、最長で約九〇日としているが、これはセシウム一三七が水溶性であることを前提としている。しかし原発事故後の調査から、事故によって放出された放射線セシウムは、水溶性化合物となったセシウムだけでなく、他の金属元素や放射線元素とともに不溶性の微粒子を形成していることがわかったのである［井戸、二〇二一、一八〜二〇頁］。

さらに水溶性のセシウムも土壌に降下したのちに粘土鉱物の隙間に入り込むと、固定化されて不溶性となり、その割合は土壌中の放射性セシウムの九割を超えるという。それらの不溶性セシウムを含有した微細土壌粒子が、風や自動車の交通、除染や建設工事、農作業、山火事などによって再浮遊すると、呼吸などで体内に取り込まれ、水溶性セシウムとは異なり体内に数十年以上とどまる可能性がある。その結果、通常の内部被ばくよりも局所的な被ばくをもたらす。その場合、同量の水溶性セシウムが体内に取り込まれた場合と比べると肺の被ばくで大人は七〇倍、幼児は一八〇倍の被ばく線量になる可能性がある。しかしこうした内部被ばくの可能性は、現在のＩＣＲＰによる被ばくのリスク評価には反映されていない［井戸、二〇二一、二〇〜二三頁］。東電福島原発事故から四〇〜五〇年後の健康調査結果から、「この点は有意な影響があった」もしくは「なかった」と評価する研究論文が多数執筆されることになるだろう。それまでの期間は、国際的に認められた予防原則[13]に則った万全の対策を講じることが、事故対応の社会的な正当性を確保するうえで欠かせない。その対策を決定するに際しては、最も影響を受ける当事者の声を反映させた基準や内容を採用する必要がある。しかし現在の被ばく防護基準や避難基準等を決める手続きや議論には、被災者の声を反映する機会が十分に設けられておらず、予防原則に照らしても問題が多い。

これらの問題が指摘されてきたにも拘らず、日本政府はいまだに年間追加被ばく線量二〇ミリシーベルトを避難指示解除基準として採用しつづけている。これは、チェルノブイリ原発事故後の避難の基準と比べても高い値である。

ロシア、ベラルーシ、ウクライナでは、事故から五年目となる一九九一年に、原発事故で被害を受けた市民の保護のためのいわゆる「チェルノブイリ法」が制定された。表1-2に示したように、この法律では年間一ミリシーベルト

表 1-2　「チェルノブイリ法」（ロシア連邦）の区分と日本における避難指示区域の比較

土壌汚染の基準（日本は基準なし）		実効線量の基準	チェルノブイリ法の区分（ロシア連邦）	日本の避難指示区域
Bq/m^2	Bq/kg	mSv/年		
		50～	立ち入り禁止ゾーン	**帰還困難区域**（2012年3月時点で推定年間積算線量が50mSv超・事故後6年間経過してもなお年間積算線量が20mSvを下回らないおそれがある地域）
		20～日本の避難指示基準		**居住制限区域**（2012年3月時点で推定年間積算線量が20mSv超となるおそれがある地域・2019年4月にすべて解除）
		20以下		**避難指示解除準備区域**（2012年3月時点で推定年間積算線量が20mSv以下となることが確実な地域・2019年4月にすべて解除）
1,480,000～	約23,000～または5～		移住の義務ゾーン（帰還禁止）	避難指示区域外
555,000～	約8,500～	実効線量基準なし、土壌汚染基準のみ	退去推奨・希望すれば居住権が認められるゾーン	
185,000～	約2,800～かつ1～「チェルノブイリ法」の移住基準		移住権が発生するゾーン	
37,000～	約600～かつ1以下		特別に社会保障・恩恵がある居住ゾーン	※40,000Bq/m^{2}以上は放射線管理区域。

注：「チェルノブイリ法」では放射性セシウム137による土壌汚染が基準とされている。
出所：市民放射能測定データサイト・みんなのデータサイト「チェルノブイリ法（ロシア連邦）のゾーン区分と日本の比較表」（2018年9月30日版）[https://minnanods.net/learn/comparison-tepco-chernobyl/zoning-chernobyl-japan.html]（最終閲覧日2022年2月1日）により、筆者作成。

以上の追加被ばくがあり、かつ土壌中のセシウム一三七の濃度が一平方メートルあたり三・七万ベクレル以上の地域が「汚染地域」として定義され、そこから避難・移住したり、居住しつづける住民たちを「被害を受けた市民」と定義して、支援策が規定されている。他方で日本では、住民からの要請にも拘らず土壌汚染の調査は実施されておらず、被害を受けた市民の定義も明確になっていない〔吉田、二〇二〇、四六〜四八頁、藤岡、二〇二一、二八七〜二八九頁〕。

5　おわりに――過小評価による被害の不可視化

誰が東電福島原発事故の被害者なのかの認定をめぐっては、各地で提訴された避難者・被災者による民事訴訟においても重要な争点となってきた。二〇一五年に大人、子どもを含む福島県民の原告約二〇〇名（避難者を含む）が提訴した「子ども脱被ばく裁判」では、ICRPの勧告では公衆の年間追加被ばく線量を一ミリシーベルトとしており、国内法制上も同基準が採用されていることを踏まえて、「少なくとも、実効線量年間一ミリシーベルトを超えて公衆を被ばくさせないことは、社会規範たる国内法の要請するところであり、被告基礎自治体は、どんなに少なくとも、いわば当然の最低ラインとして、公衆被ばく線量限度である実効線量年間一ミリシーベルトを超えて公衆が被ばくしないよう必要な措置を講じる義務がある」と主張していた(14)。また二〇一四年一二月に避難勧奨が解除された南相馬市の住民による「二〇ミリ基準撤回訴訟」は、政府が公衆の被ばく限度の二〇倍である年間二〇ミリシーベルトとし、住民の意思を無視して避難勧奨地点を解除することは違法だとして訴えた唯一の裁判である(15)。

しかしいずれの裁判においても福島地方裁判所は、原告の訴えを認めない判決を下している。二〇二一年三月に判決が出された「子ども脱被ばく裁判」判決では、低線量被ばくや不溶性セシウムによる内部被ばくのリスクを否定はしなかったものの、「直ちに不合理とはいえない」と判断、原告の生命や身体に対する違法な侵害があるとは認められないとして、原告の訴えを退けた[16]。また南相馬市の「二〇ミリ基準撤回訴訟」判決でも、勧奨地点の指定は住民への注意喚起や情報提供が目的で、指定や解除に伴う避難や帰還に強制力はなかったとし「住民の権利や法律関係にただちに影響を及ぼすとはいえない」として、原告の訴えを退けている[17]。どちらの判決も、放射線防護基準や避難基準の適切性について正面から答えていない点で、共通していた。

このように、原発事故の被害を受けた人々の権利侵害の認定に大きな影響をもつ被ばく防護基準は、被害者の意見を反映する機会がないまま、二〇ミリシーベルトという値を現在も採用しつづけたままである。二〇一八年に復興庁が作成した『放射線のホント』と題する啓蒙用の資料には、相変わらず一〇〇ミリシーベルト以下の被ばくの健康影響が確認できないことが強調され、「一〇〇〜二〇〇ミリシーベルトの被ばくでの発がんリスクの増加は、野菜不足や塩分の取りすぎと同じぐらいです」として、自ら選択できる食品に関するリスクと、自ら選択できない被ばくのリスクを比較する不適切な表現を採用している〔復興庁、二〇一八、一三頁〕。こうした日本政府による低線量被ばくの健康影響を過小評価する立場は、今後国際的な放射線防護基準の緩和につながる可能性も懸念されている。二〇一九年六月に公表されたＩＣＲＰ「大規模な原子力事故における人と環境の放射線防護」改訂草案は、公衆の一ミリシーベルト線量限度を事実上反故にする可能性があったことから、ＩＣＲＰに寄せられた三〇〇を超えるパブリック・コメントの大半は批判的な内容であったという〔藤岡、二〇二一、三〇五〜三〇六頁〕。

国際的な放射線防護基準をめぐる原発事故後の日本政府の一連の対応は、人々が受けた被害の認定を困難にし、その結果として被害を不可視化している点において大きな問題である。国際的に合意された公衆年間追加被ばく線量一ミリシーベルト自体も安全の基準ではなく、国際政治の駆け引きのなかで合意された目安に過ぎない。この一ミリシーベルトの基準でさえ被害認定の基準としていない現在の対応が、多くの被害者に事故対応の自己責任化を迫り、二次被害を生んできた。「ゼロリスクはない」との反論が聞かれるが、被ばくのリスクはまさに「ベネフィットなきリスク」であるからこそ、被害者の権利回復のためには事故以前と同様に一ミリシーベルトの基準が日本のどこに生活していても守られることを、多くの被害者は望んでいるのである。

付記　本章は、ＪＳＰＳ科研費（二〇Ｋ〇二一三〇）による助成研究の成果の一部である。

注

（1）国際原子力機関（ＩＡＥＡ）と経済協力開発機構／原子力機関（ＯＥＣＤ／ＮＥＡ）が設定し、一九九二年から各国に採用されている評価尺度。レベル７の重大事故とは、ヨウ素一三一等価で数万テラベクレル以上の放射性物質の事業所外部放出があることが条件となる。二〇二二年一月現在までにこのレベル７とされているのは、チェルノブイリ原発事故と東電福島原発事故の二件のみである［IAEA, 2013: p. 17］。

（2）文部科学省「福島県内の学校の校舎・校庭等の利用判断における暫定的考え方について」二〇一一年四月一九日、二三文科ス第一三四号［https://www.mext.go.jp/a_menu/saigaijohou/syousai/1305173.htm］（最終閲覧日二〇二一年九月一日）、原子力災害対策本部「ステップ２の完了を受けた警戒区域及び避難指示区域の見直しに関する基本的考え方及び今後の検討課題について」二〇一一年一二月二六日、［https://www.meti.go.jp/earthquake/nuclear/pdf/111226_01a.pdf］（最終閲覧日二〇二一年九月一日）。

（3）追加被ばく線量とは、自然放射線や医療放射線による被ばく線量を除いた、原子力事故等に由来する被ばく線量を意味し、一年間の上限が定められている。東電福島原発事故前の国内法体制は、原発事故の発生を想定していなかったため、公衆の年間追加被ばく線量限度そのものを規定した国内法は法制化されていなかった。原子力関連施設の周辺や機器の外における被ばく線量規制については、各種法令「放射性同位元素等による放射線障害の防止に関する法律施行規則」「設計認証等に関する技術上の基準に係る細目を定める告示」がある。これらの条文において、施設周辺等の被ばく線量限度を一ミリシーベルト以下としていたのは、一般公衆の年間追加被ばく線量を一ミリシーベルトとすることを打ち出したＩＣＲＰ一九九〇年勧告に準拠していたためであると考えられる。日本国内法で公衆の追加被ばく線量そのものに関する法律が不在であった問題については、調［二〇一六］に詳しい。

（4）ICRP "Full membership list" ICRP homepage［https://www.icrp.org/icrp_membership.asp］（最終閲覧日二〇二一年九月一日）。

（5）The Statute of the IAEA, article 2.

（6）The Statute of the IAEA, article 3, A, 6 and 1.

（7）IAEA, *History*, IAEA Homepage［https://www.iaea.org/about/overview/history］（最終閲覧日二〇二一年九月一日）。

（8）IAEA, "Scale of Assessment of Member States' Contribution towards the Regular Budget for 2021" IAEA General Conference, Sixty-fourth regular session, GC（64）/8, July 27 2021［https://www.iaea.org/sites/default/files/gc/gc64-res8.pdf］（最終閲覧日二〇二一年九月一日）。

（9）日本原子力産業協会［二〇一〇］「原子力人材育成関係者協議会報告書――ネットワーク化、ハブ化、国際化」［http://www.jaif.or.jp/cms_admin/wp-content/uploads/manpower/jinzai-kyogikai_report1004.pdf］（最終閲覧日二〇二一年一月一〇日）。

（10）チェルノブイリ事故被害に関する国連機関による過小評価問題については、フェルネクス他［二〇一二］に詳しい。

（11）例として、ＵＮＳＣＥＡＲの二〇二一年時点の議長であるオーストラリア政府代表のジリアン・ハース（Gillian Hirth）は、オーストラリア政府機関である放射線防護と原子力安全機関（ＡＲＰＡＮＳＡ）の高官であり、二〇一五年から一七年はＩＡＥＡ内の委員会で政府代表を務め、二〇一七年から二一年はＩＣＲＰの第四委員会のメンバーも務めている。

（12）福島民報震災・原発事故アーカイブ「ベクレルの嘆き　放射線との闘い　第二部　安全の指標（六）揺らいだ基準　涙の訴え波紋広がる」二〇一三年三月一八日［https://www.minpo.jp/pub/sinsai/2013-01-Becquerel_no_nageki/post-20130318_01.html］、日本経済新聞「身内の造反で首相窮地　小佐古氏辞任、野党が批判」二〇一一年四月三〇日、

［https://www.nikkei.com/article/DGXNASFS30015_Q1A430C1000000/］（最終閲覧日二〇二一年一一月一五日）。

（13）予防原則の一般的な定義としては、「重大なまたは回復不可能な損害の脅威が存在する場合には、完全な科学的確実性の欠如が環境の悪化を防ぐための費用対効果が大きい措置をとることを延期する理由として用いられてはならない」とする、一九九二年国連環境開発会議で採択された「リオ宣言」第一五原則がある。

（14）子ども脱被ばく裁判「原告準備書面（三）——国内法における公衆被ばく線量限度」二〇一五年四月一〇日［http://fukusima-sokaisaiban.blogspot.com/p/blog-page_28.html］（最終閲覧日二〇二一年九月一日）。

（15）南相馬・避難二〇ミリシーベルト基準撤回訴訟支援の会ホームページ「二〇ミリ基準撤回訴訟とは」［http://minamisouma.blogspot.com/p/20.html］（最終閲覧日二〇二一年九月一日）。

（16）子ども脱被ばく裁判弁護団ホームページ「二〇二一・三・一　子ども脱被ばく裁判　第一審判決要旨」［https://fukusima-sokaisaiban.blogspot.com/2021/03/202131.html］（最終閲覧日二〇二一年九月一日）。

（17）南相馬・避難二〇ミリシーベルト基準撤回訴訟支援の会ホームページ「弁護団より第一審判決」［http://minamisouma.blogspot.com/p/blog-page_89.html］（最終閲覧日二〇二一年九月一日）。

参考文献

井戸謙一［二〇二一］「福島原発事故で放出されたセシウム含有不溶性放射性微粒子による健康リスクについて——市民の広範な認識にするために」『日本の科学者』第五六巻第一号、一八～二三頁。

今中哲二［二〇二〇］「年一ミリシーベルト基準の由来と低線量放射線被曝のリスク」『学術の動向』第二五巻第三号、五二～五九頁。

加納雄大［二〇一七］『原子力外交——ＩＡＥＡの街ウィーンからの視点』信山社。

カルディコット、ヘレン（Helen Caldicott）監修、河村めぐみ訳［二〇一五］『終わりなき危機——日本のメディアが伝えない、世界の科学者による福島原発事故研究報告書』ブックマン社。

クック、ステファニー（Stephanie Cooke）、藤井留美訳［二〇一一］『原子力　その隠蔽された真実——人の手に負えない核エネルギーの七〇年史』飛鳥新社。

国会東京電力福島原子力発電所事故調査委員会［二〇一二］『国会事故調報告書』徳間書店。

ブラウン、ケイト（Kate Brown）著、髙山祥子訳［二〇一六］『プルートピア——原子力村が生みだす悲劇の連鎖』講談社。

調麻佐志［二〇一六］「ＩＣＲＰ勧告における放射線防護基準の変遷とわが国の対応」『科学』第八六巻第一二号、一二六四～一二七一頁。

中川保雄［二〇一一］『〈増補〉放射線被曝の歴史——アメリカ原爆開発から福島原発事故まで』明石書店。

フェルネクス、ミシェル（Michel Fernex）・フェルネクス、ソランジュ（Solange Fernex）・バーテル、ロザリー（Rosalie Bertell）、竹内雅文訳［二〇一二］『終りのない惨劇——チェルノブイリの教訓から』緑風出版。

藤岡毅［二〇二一］「福島原発事故後の日本で起こったこと、これから世界で起こること——放射線の健康影響をめぐる科学論争と政治」若尾祐司・木戸衛一編『核と放射線の現代史——開発・被ばく・抵抗』昭和堂、二七三～三一二頁。

復興庁［二〇一八］『放射線のホント』[https://www.fukko-pr.reconstruction.go.jp/2017/senryaku/pdf/0313houshasen_no_honto.pdf]（最終閲覧日二〇二一年一〇月六日）。

ヤブロコフ、アレクセイ・Ｖ（Alexey V. Yablokov）、ネステレンコ、ヴァシリー・Ｂ（Vassily B. Nesterenko）、ネステレンコ、アレクセイ・Ｖ（Alexey V. Nesterenko）、プレオブランジェンスカヤ、ナタリヤ・Ｅ（Natalya E. Preobrazhenskaya）、星川淳監訳、チェルノブイリ被害実態レポート翻訳チーム訳［二〇一三］『調査報告 チェルノブイリ被害の全貌』岩波書店。

山下俊一監修［二〇一一］『福島県放射線健康リスク管理アドバイザー山下先生が答える放射線Ｑ＆Ａ』福島県立医科大学[https://www.fmu.ac.jp/univ/shinsai_ver/pdf/faq_230501.pdf]（最終閲覧日二〇二一年九月一日）。

吉田由布子［二〇二〇］「原発事故による放射線の健康影響評価をめぐって」『学術の動向』第二五巻第三号、四六～四八頁。

ルノワール、イヴ（Yves Lenoir）、藤本智子訳［二〇一四］「国際原子力ムラ——その成立の歴史と放射線防護の実態」日本科学者会議編『国際原子力ムラ——その形成の歴史と実態』合同出版、三四～四二頁。

ｓｔｕｄｙ２００７［二〇一五］『見捨てられた初期被曝』岩波書店。

Abbott, Alison [2015] "Researchers pin down risks of low-dose radiation: Large study of nuclear workers shows that even tiny doses slightly boost risk of leukemia," *Nature*, no. 523, pp. 17, 18.

IAEA [2013] INES: *The International Nuclear and Radiological Event Scale, User's Manual*, 2008 Edition, Vienna: International Atomic Agency.

IAEA [2020] General Conference, "Scale of assessment of Member States' contributions towards the Regular Budget for 2021," GC (64) RES/8, September.

ICRP [2007] The 2007 Recommendations of the International Commission on Radiological Protection, *ICRP Publication 103, Annuls of the ICRP*, Vol. 37, paras. 243–251 [https://www.icrp.org/docs/P103_Japanese.pdf]（最終閲覧日二〇二一年九月一日）（＝日本アイソトープ協会訳 [2009]『国際放射線防護委員会の二〇〇七年勧告』日本アイソトープ協会）.

Kendall, G., M. P. Little, R. Wakoferd, K. J. Bunch, J. C. H. Miles, T. J. Vincent, J. R. Meara and M. F. G. Murphy, [2013] "A record-based case-control study of natural background radiation and the incidence of childhood leukaemia and other cancers in Great Britain during 1980–2006", *Leukemia*, vol. 27, issue 1, pp. 3–9.

Mathews, John D., Anna V. Forsythe, Zoe Brady, Martin W. Butler, Stacy K. Goergen, Graham B. Byrnes, Graham G. Giles, Anthany B. Wawllace, Philip R. Anderson, Tenniel A. Guiver, Paul McGale, Timothy M. Cain, James G. Douty, Adrian C. Bickerstaffe, and Sarah C Darby, [2013] "Cancer risk in 680000 people exposed to computed tomography scans in childhood or adolescence: data linkage study of 11 million Australians", BMJ, p. 346.

Spycher, Ben D., Judith E. Lupatsch, Marcel Zwahlen, Martin Röösli, Felix Niggli, Michael A. Grotzer, Johannes Rischewski, Matthais Egger, and Claudia E. Kuehni, [2015] "Background ionizing Radiation and the risk of childhood cancer: A census-based nationwide cohort study", *Environmental Health Perspectives*, vol. 123, issue 6, pp. 622–628.

WHO and IAEA [1959] "Agreement between the World Health Organisation and the International Atomic Energy Agency", approved by the Twelfth World Health Assembly on 28 May 1959 in resolution WHA 12.40, in WHO (2020) *Basic Documents, Forty-ninth Edition*, pp. 66–70.

第二章　日本における放射能リスクをめぐる多重基準と軽視

藤川　賢

1　原子力と放射能をめぐる日本の特徴

産業社会からリスク社会への変化を特徴づけるものとして、科学の成果が取り返しのつかない被害をもたらすかもしれないという認識があげられる［ベック、一九九八］。原子力・放射能はその象徴的存在と言えるだろう。核分裂や放射線は、強大なエネルギーや機能をもたらす科学的成果である一方、底知れないリスクも抱えている。ただし、広島・長崎の原爆被災では、直接的被害も将来に残る健康不安も大きかったが、それがそのままベックのいう、危険の生産の「論理」が富の生産の「論理」を圧する時代としてのリスク社会の幕開けを告げたとは言えない［ベック、一九九八、一四頁］。核兵器開発はむしろ第二次大戦後に加速し、原子力の平和利用もその延長線上にある。では、放射能への不安を知りつつ原子力利用を続けてきた日本の社会は、そのリスクにどのように接してきたのだろうか。

放射能への不安が社会的に共有されるようになったという点では一九五四年のビキニ水爆実験と第五福龍丸の被ばくによる影響が大きかった。だが、ほぼ同時期に始まった原子力の平和利用は積極的に支持された。その後、商用原子力発電所が稼働しはじめた一九七〇年代から地域的な反原発運動が展開し、とくにチェルノブイリ原発事故後は原発などについてリスクをもたらす施設と捉える人が大幅に増えているものの、日本ではそれが原子力エネルギーと社会との関係を国全体で見直す契機にはならなかった。

放射能にかかわるリスクへの不安の広がりにもかかわらず、それを社会全体で確認して社会と科学の対話を重ねるにいたらなかった経緯は、福島原発事故後の社会にも大きな影響を与えた。「福島」をめぐってはいわゆる「風評被害」と「安全」の基準をめぐる議論（もしくは議論にならない齟齬）が錯綜し、全国的には世論が原発縮小を志向する中で地域によっては原発再稼働が進行するといった事態も続く。これらが単なる多様な選択の結果ではなく分断や葛藤を含むものであるために、たとえば風評被害をめぐって福島県の農業者など特定の人たちがしわ寄せを受け、さらに場合によっては被害や不安を発言することも抑制される状況が今日も残るのである。

そこで本章では、原子力と放射能をめぐる社会史的状況をふりかえりながら、日本社会における放射能へのリスク意識と原子力推進の動きが併存する背景を探りたい。

2　核開発と原子力

(1)　原子爆弾への恐怖とその不可視化

戦争を終わらせたものとして原子爆弾（原爆）を肯定的にとらえるアメリカで、被爆ないし被爆者の実態が隠蔽されたことはつとに指摘される。だが、被害に直接かかわることのなかった多くの日本人が、被害の実態に目を向けて、原爆を否定しているのかどうかは、それとは別の疑問である。『原爆体験』の研究を続けてきた濱谷正晴は、「日本人の中に自分たちを先の戦争の「被害者」「犠牲者」であるとみなす（錯覚する）ようなことがあったとして、果たしてそれは、「ヒロシマとナガサキの原爆投下」あるいは「原爆の悲惨」が生みだしたものだろうか」と問い、世論や知識人が被爆者に「沈黙」を強い、「受忍」を強いてきたことの問題性を指摘する［濱谷、二〇〇五、二五八頁］。

米軍占領下にあった一九四五年九月から五二年四月にかけては日本でも報道規制がなされ、多くの人は原爆被害についてほとんど知ることができなかったが、一九五一年七月に京都大学の学生自治会が開催した綜合原爆展には数万人の来場者があり、また、占領終了後の一九五二年八月に初めて原爆被害を大々的に伝えた『アサヒグラフ』がすぐに完売するなど、原爆被害への関心が根強く存在し、それがその後の原水爆禁止運動などにもつながったこともたしかである。だが、その一方で、広島では被災後に移り住んできた人たちを多数派として平和都市の建設が進み、被爆者は片隅に追いやられた。長崎でも被災地の浦上を中心部などとは異なるキリシタンの地域として見る差別が指摘される〔四條、二〇一五、三八～四一頁、堀畑、二〇一八、五四頁〕。原爆被害への認識は高くても、それが戦後社会への出発点にはなっていないということだろう。

戦後の復興を進める日本ないし広島においては、「七五年は草木も生えない」と言われた原爆の脅威に関する言説も、それを乗り越えての繁栄を強調するために使われることが多かった。原子力平和利用博覧会が一九五六年に原爆資料館で開かれたことも、ある意味ではその延長線上にあると考えられる。そこでは、原子力と原爆被害とは切り離され、放射能のリスクも不可視化されていくのである。

被爆二〇年目の特集記事において、中国新聞は次のように書いている。

> 原爆症とよばれている病気は被爆者だけのものでない。〔中略〕原子力時代といわれる現在では、たとえ原爆は落ちなくても、恐るべき放射線の被害を受けるチャンスは多くなるのである。そのためには原爆症の問題を正しく見つめてゆくことが必要ではないだろうか。〔中國新聞社編、一九六六、一四一頁〕

こうした指摘がたしかに存在し、だが、大きくは検討されないまま原子力の利用が進んだのではないだろうか。それは、日本の「原子力時代」の序幕となる一九五四年の風景にも重なる。

(2)　原水爆実験と「死の灰」

一九五〇年の原爆死没者慰霊式・平和祈念式が直前に中止されたように、朝鮮戦争における原爆使用をめぐる緊張感が存在したことは事実だが、当時の日本社会においてはそれを身近に感じることは少なかった。それが大きく変わるのは、一九五四年のビキニ環礁における水爆実験からである。三月一日に行われたブラボー水爆実験で第五福龍丸が被ばく、一四日の帰国後に二名が東京大学病院で受診、うち一名は生命も危ぶまれる重症として即入院した[1]。この事件は大きな社会問題としてとらえられ、影響も大きかった。

その一つが後述の「放射能パニック」である。最初にスクープした読売新聞の見出しには、すでに、「二三名が原子病」「〝死の灰〟つけて遊びまわる」「水爆か」などの見出しがついている［『読売新聞』一九五四年三月一六日］。そのリードは、「あるいは水爆かともみられ、その強力な放射能をもった〝死の灰〟が国内に持ち込まれて不用意に運ばれているとすれば危険なことである」と述べる。それまでも原爆にかかわる「灰」や残留汚染について報道されたことはあったが、〝死の灰〟と見出しに大きくうたわれたのはこれが初めてで、この表現は以後、放射性降下物の俗称として広く知られることになる。

灰は、実験場と食卓とをつないだ。三月一六日には魚の放射能調査と埋め立て処分が行われ、同日の夕刊には「出荷の魚販売中止」「静岡分はすでに食卓へ」「サメに危険反応、東京には三一本入荷」などの見出しが並ぶ［『読売新聞』一九五四年三月一六日夕刊］。放射能が検出された魚は大量に埋め立て処分されたが、その後も各地の漁港で放射能の検出が相次いだこともあって、マグロを中心に魚への忌避感が全国に広まった。さらに雨に含まれた放射性物質による野菜の汚染も指摘されて、多くの日本人が自らも被災したという意識を高めた［山本、二〇一四、一五五頁］。

四月一日の朝日新聞は「原爆とわれわれの生活」と題する座談会記事を開始しているが、リードには次の一文がある。

原爆、水爆という世紀の怪物は、何か、遠い国の実験のようにさえ思われていたが〔中略〕いまやそれは私たちの日常生活をすらおびやかしつつある。〔『朝日新聞』一九五四年四月一日〕

このように家庭からの関心が大きかったこともあって、第五福龍丸事件は、世界的な反核平和運動の重要な契機になる。一九五五年に広島で行われた原水爆禁止世界大会から原爆被害者救済に向けた動きが起きていくことなど、その広がりがもたらした意味は大きい。杉並婦人団体協議会などが始めた原水爆禁止の署名運動がそこまで展開したのは、運動を指導した安井郁の考えもあって健康、次世代、食品などを焦点に女性が主体的に参加しやすいものだったことも大きな要因と言われる〔山本、二〇一二、一二三〜一二四頁〕。

ただし、多くの女性が参加しやすいようにという配慮などから、この運動では、保革の対立など政治的な論点に踏み込むことは避けられた。また、当時の関心も「死の灰」への不安と被災した患者の動向に向かい〔山本、二〇一四、一五五頁〕、核や放射能を全体的に問うものではない。一九五四年九月二三日に第五福龍丸無線長の久保山愛吉さんが亡くなった後は、「放射性物質の影響と利用に関する日米会議」を受けてマグロの安全基準が一〇〇〇カウントから五〇〇〇カウントに緩和されたが、新聞を見てもそのころから第五福龍丸とビキニ水爆実験の関係記事が減少し、その内容も論調がかわる〔丸浜、二〇一六、一〇七頁〕。

原子力エネルギーにおける軍事利用と平和利用の境界は曖昧かつ繊細で区別できるかどうかの議論さえ難しい面をもつが、とくに日本では敏感にならざるを得ないがゆえに直接的に触れにくい課題であった。だが、その無言劇が進行する展開は明快だったようにも見える。

(3) 原子力研究の再開への扉

一九四八年八月一日の『中国新聞』一面は、広島の復興を伝える全紙幅の写真に"NO MORE HIROSHIMAS"の英語見出しを重ねた、当時の平和運動の息吹を感じさせるものであるが、その記事は次のように結ばれている。

この驚異の復興こそ人類の平和を欲求する素朴な人間の姿であり、ヒロシマはこれら平和を愛する人々の努力の結晶でもある。爆心地付近の産業奨励館のドームだけが、あの日の面影を残し、後悔と希望ヒロシマの象徴となり、さらに原子力時代という偉大な新世紀のれい明を告げている〔中国新聞社編、一九九五、一三頁〕

占領下に書かれたこの記事は、平和と復興が原爆の記憶を切り離して原子力時代を迎えることを示唆している。原子力利用への世論喚起のために連載された『読売新聞』の「ついに太陽をとらえた」〔一九五四年一月一日～二月九日〕は、そうした気運を捉えている。一か月に及ぶ連載の最初は、日本の原子力研究の基軸となっていたサイクロトロンが敗戦後の一〇月に海洋投棄され、「原子学界の〝オヤジ〟仁科芳雄博士が泣いているその写真」がアメリカの雑誌『ライフ』に載ったエピソードから始まる〔『読売新聞』一九五四年一月一日〕。そして、研究を中断された原子物理学界は戦後に原子力開発が軍事研究につながることへの警鐘をならしてきたが、軍事目的と平和利用の切り離しは可能だし、当然の事実になりつつあると述べている。その後、原子力エネルギーのしくみや放射能との関係などの解説が続いた後の回では次のように書かれる。

日本では原子力は平和的にエネルギー源として使わねばならぬということは、明日の生活と直結した、さし迫った、切実な問題であって、爆弾などというぜいたく品を作っているゆとりなどはいささかもないのである。
〔読売新聞社編、一九五四、一六〇～一六一頁〕

原子力の平和利用は実生活に直結する。原子力発電を採用すれば電力料金が二千分の一に下がり、他の物価にもその効果は及ぶ、逆にそれを避ければ他国に遅れる、という対比が強調されたのである。

平和と経済的繁栄が結びつけられていくなかで、放射能をめぐる不安は遠ざけられていく。こうした関係性を支えたのは、議論の上では科学技術への信頼と期待であるが、同時によくわからない、自分たちとは関係ないものという感覚にもかかわっていた。原爆と原発の違いが強調される中で原子力時代は原爆症リスクの増大からは切りはなされ、被ばく（者）は戦後の国民生活とは関係のないものになっていった。

3　放射能リスクをめぐる差別の存在

(1)　被害への着目と被害者差別

前記の通り、第五福龍丸の被ばくを最初にスクープした読売新聞には、すでに「〝死の灰〟つけて遊びまわる」などのタイトルがついている。そのため、帰国した乗組員たちは長く差別に苦しめられ、身元を隠して生活する人も少なくなかった。

「変なものを持ちこんで、みんなに迷惑をかけたのに見舞金までもらい、まだ生きているではないか」妬みの言葉にはきついものがあった。俺たちは被爆の後遺症と妬みという二重の恐怖にさらされることになる。見舞金は一時的には助かったが、休養している間に消えていった。その後は、発病しても亡くなっても何の援助もなく、小さくなって暮らすようになったのだ［大石、二〇一一、二七頁］

こう述べる元乗組員の大石又七は、続けて「ビキニ被爆者と広島・長崎の被爆者は対照的な方向をたどり始める」とも書く。その通り、第五福龍丸保存署名運動の開始が一九六八年、大石が対外的に語りはじめるのが一九八三年であるのに対して、広島・長崎の被爆者運動は一九五四年を機に広がっていった。だが、ビキニ事件には、広島・長崎の人たちを再び苦しめる一面もあり、両地域の被爆者に新たな差別を味わわせた。一九五四年以前の被爆者にとって、結婚を妨げていたのはケロイドなど外形の変化や健康、生活苦などであり、将来の放射線障害を心配する必要はなかった。

ところが、「死の灰」の恐怖がひろまり、放射線障害の恐怖がひろまるにつれて、被爆者が放射線を受けているということを理由に、結婚を避ける傾向がひろまってきました。被爆者は、いつ原爆症で倒れるかもしれないし、遺伝的にも奇形児を生むかもしれない、という不安がひろまったためです。被爆者自身のなかにさえ、被爆者とは結婚したくないという人も少なくありません。［山手、一九九九、一六頁］

これは一度だけのことではない。その後の研究によって原発後障害などが明らかになるたびに、非被爆者も恐怖を感じ、そのために被爆地や被爆者を疎外することになった。［長崎市原爆被爆対策部編、一九九六、一一七頁］

そこでは被爆に関する差別と他の差別が重なっている。たとえば、広島の場合、被差別部落の人たちは狭い地域の中に押しこめられており、市外に頼るべき人がいなかったため、避難することが難しく、一般市民と比べて多量の放射線を受けた。にもかかわらず、爆心地の近くには戦前をはるかに上回る大きな未開放部落が再形成された。戦後の困窮から立ち直れなかった人たちが流れ込んできたからでもある［山手、一九九九、三九頁］。そして、この地域は半ば意図的に復興から取り残された。

こうした閉塞と差別は、そこに住む人たちに声をあげにくくするとともに、被爆が狭い範囲のものであるかのように印象付けることにもなった。今日では、被爆の影響を受けた地域が広大であることが認められつつあるが、認定範囲拡大を求める運動や研究は遅れて開始されたこともあり、まだ課題を残している(2)。

被爆にかかわる健康障害の実態の解明が、被害救済やリスク対策だけでなく被害者への差別をもたらしたことは、原子力開発についての根本的な見直しの要求以上に、地域的な原子力施設の忌避が生じたことにもつながる。

(2)　原子力発電所の普及と地域格差

原子力施設が実際に立地していく中で、不安の種を不可視化する動きには、二つの面があったと考えられる。一つは、原発と放射能汚染との分離である。それは、核兵器は危険だが原発は安全だという想定にもつながる。安全を前提とすれば、原発立地開始後の実績によって科学と専門家への信頼を裏づけることができた。たとえば、茨城県東海村に最初の原子炉が計画される際には反対の動きはなかったものの施設の周囲二キロメートルをグリーンベルト（人口希薄地域）とする案などが検討されたが、原子力研究所を中心に道路が整備され地域が発展するようになるとその安全性を疑う声はなくなり、グリーンベルトどころか原子力関連施設が村の中心部を囲うように集積していった［齊藤、二〇〇二、藤川・除本編、二〇一八、一二二頁］。

原子力との関わりが深まるにつれて「安全」は意図的にも強調されていく。一九九七年三月一一日に東海村の動力炉核燃料開発事業団（当時）の再処理工場のアスファルト固化施設で起きた火災事故の翌年、東海村の村上達也村長は「原子力は安全だから「安全」はいらない」という議会の反対で「原子力安全対策課」の設置に向けて動くが、その名称は「原子力対策課」になったという［村上・神保、二〇一三、九四頁］。この信頼は一九九九年の東海村ＪＣＯ臨界事故で再び揺るがされ、東海村は「原子力の村」を村の歓迎看板からはずす［箕川、二〇〇二、一二七頁］。だが、その後にもふたたび「安全」の強調はくり返され、過渡的な状態の中で二〇一一年三月の東日本大震災を迎えることになる［藤川・除本編、二〇一八、一二八頁］。

原子力施設を不可視化する、もう一つの要因は地域差である。たとえば、一九五七年に京都大学原子炉実験所の立地場所を策定する際には、京都府宇治市、大阪府高槻市などが候補にあがったが近隣からの反対があり、最終的に大阪府の南端、熊取町に建てられた。このとき反対した人たちは原子炉の研究開発自体を批判したのではなく、人口の多い地域もしくは淀川上流部につくられることの危険性を問題にしたのである。こうした経緯と関係があるのかどうか、関西電力が一九六〇年ごろから原発立地を計画した際には福井県の若狭地方と紀伊半島南部が候補地となった。同じころ、東京電力は福島第一原子力発電所の建設計画に動き出している。いずれも開発から遅れているとされていた地域である。そして、一九六四年に中部電力が表明した三重県の芦浜原子力発電所建設計画が漁協などの反対で難航したように（二〇〇〇年白紙撤回）、原発立地への地元の反対も起きてくる。

これら二つの不可視化への動きをともないつつ、原子力施設の集中は進んでいった。一方は原子力施設の安全性を高く評価する方向のもので、他方はそれを疑って遠ざけようとする動きであるため、原子力施設の立地点とそれ以外の地域との差異が生じる。立地自治体は「原子力ムラ」と呼ばれ［開沼、二〇一一］、他の「むら」は原発立地計画に抗おうとすることが多くなる［猪瀬、二〇一五］。賛否が対立する場面では政治的な抗争が激しくなり、多様な形での経済的措置がなされる。第五福龍丸の乗組員に向けられたのに近い「補償をもらっている」という意識もあって、立地自治体や計画候補地の動きは外部からは他人事になるのである。

(3)　原子力船「むつ」をめぐる動き

原子力発電所と原子力船とは、原子炉の基本的なしくみは同じでも、運用に関しては多くの違いがあり、社会的な受容に関しても原発との決定的な差をもたらす。というのは、商用貨物船として全面活用するためには国内外すべての主要港で寄港が認められる必要があり、原子力船とその関連施設の受容が全国的に求められるからである。

だが、原子力船「むつ」はそれとは逆に寄港地が少なくていいように用途を限定する方向で計画の具体化が進んだ。開発を急ぐことによって実用性が損なわれ、結果として、原発以上に地域格差にかかわる政治的課題だけが表面化することになったのである。詳述の余裕はないが、その経緯を見てみよう。

原発と同様、原子力船の開発も科学への信頼と期待に満ちた出発であった。少ない燃料で大きなエネルギーを発する原子力は、「多く積んで速く走る」商船にとって理想的な動力源であり［『朝日新聞』一九五七年八月七日］、将来的に主流となることは間違いなく、造船王国の日本が後れを取るわけにはいかないと、一九五六年に原子力船調査会が発足、一九六三年には日本原子力船開発事業団が設立された。

だが、計画の進行とともにその熱は衰え、費用や安全性などの課題の大きさが際立ってきた。一九六五年の指名入札では造船大手の全七社が応札を辞退し、建造計画が根本的に見直されることになった。結果、建造費の見積額を上げる一方で、「船価低減のためと称して」、原子炉の遮蔽の節約などの設計変更が行われた［倉沢、一九八八、一八三頁］。母港選びも難航し、当初から候補と目されていた横浜の母港化を飛鳥田一雄市長に断られると行き場を失った。そのなかで、浮かび上がったのが、青森県むつ市の大湊港である。市長・県知事の了承のもと、近くに修理のためのドックがないにもかかわらず安全審査はわずか一日で終えられたという［倉沢、一九八八、一八五頁］。政府一〇〇％

出資の東北開発株式会社が砂鉄製鉄の企業化に失敗して遊休地となっていた埠頭の活用や二〇億円という建設費による地域経済効果などが、受け入れの理由とみられている。

その意味では、下北の貧しさが母港を引き受けさせる最大の要因であり東海村がそうであったように、日本の〝原子の火〟は、いつも貧寒な〝原始の地〟を選んでともされ続けるといってよいだろう〔『読売新聞』一九六七年九月七日夕刊〕

「むつ」と名づけられた原子力船は一九七四年、陸奥湾の漁業者たちの反対を振り切って強行した最初の出力上昇試験において微量ながら放射能漏れを起こし、洋上漂泊を余儀なくされた。一九七八年にようやく長崎県の佐世保での改修が決まるものの、新たな母港をめぐっては、同じむつ市内で陸奥湾に面していないという理由から選ばれた関根浜で大きな紛争を巻き起こすことになる。一九六〇年代には全国的な話題だった「むつ」は、関根浜に着いた一九八八年には中央では忘れられていた〔倉沢、一九八八、二四一頁〕。

付言すれば、「むつ」は実験航海を経て一九九二年に解役され、原子炉が抜き取られた後の船体は海洋地球研究船「みらい」にかわり、原子炉は「むつ科学技術館」に展示された。二〇〇五年にはリサイクル燃料貯蔵株式会社が設立され、東京電力と日本原燃からの放射性燃料が関根浜で中間貯蔵されることになっている。

このように下北半島は必ずしも全面的な歓迎で原子力施設を受け入れたわけではない。とくに関根浜での反対運動は強かった。だが、都市部では早くから簡単に拒否を表明できるのに対して、こうした地域では政治と経済が結びついた混沌の中で選択肢を奪われていく。結果として、原発より移動しやすいはずの原子力船がたどった経路は、リスクの高いものほど社会的・経済的な位置づけが低い地域に集中し、それによって、リスク発生源に関する不可視化を助長させるという傾向を示すものになった。

4　放射能汚染の教訓と風化

(1)　科学をめぐる不安と無関心

現代社会では、科学技術にかかわるリスクの受容を作業従事者のみならず一般の生活者も求められる。核兵器はその先駆的存在であり、冷戦下のアメリカは本土が核攻撃を受けることを想定して、一九五一年一月に連邦民間防衛本部を発足させ、人々を核戦争に備えさせようとした。しかし、それは核開発への支持においては成功したが、核シェルターの普及などの民間防衛に関してはうまくいかなかったと指摘される。

無関心が、傍観者たちを襲い、彼らを奇妙な心理に陥れた。死に至るような危機的状況にあることを理解していると言う人びとは、次の瞬間、まったく心配していないと断言した。海外の出来事について質問をされても、ほとんどの人びとは、尋ねられない限り、原子爆弾のことを持ち出すことすらしなかった。問題の全貌を理解するのは困難で科学者だけが取り組む事ができるものとして棚上げされたのである。［ワート、二〇一七、一〇二頁］

原子力の平和利用に関しても、放射性物質に関する漠然とした知識と不安によって、少し離れた原子力施設が、普段は気にされなくても緊急時には新たな衝撃を与えた。一九七九年三月二八日に発生したスリーマイル島での事故は、それを具体的に示す例である。事故を受けてペンシルベニア州知事が出したのは、原発から半径五マイル以内の妊婦と乳幼児の一時避難と半径一〇マイル以内での屋内退避に関する勧告ないし注意だけであったが、実際には、一〇マイルより外側で一五万人が避難し、なかには飛行機で数百マイルを飛んだ人もいたという。

これは、過剰反応の例として挙げられることも多いが、K・エリクソンは偶発的なものではないと述べる［Erikson, 1994, p. 144］。事故後にニューヨーク州ロングアイランドで行われた調査では、スリーマイル島事故と同様の避難指示が出たらどうするかという質問に、原発から一〇マイル以内の住民の五五％、ロングアイランド全体で見ても約三分の一が逃げると答えたのである(3)。

放射能への不安を持ちつつも原子力施設には無関心だったことが緊急時の混乱につながるという歴史は、福島原発事故でもくりかえされた。その間には、チェルノブイリ原発事故やJCO臨界事故をはじめ、国内外で大小の警鐘があったにもかかわらず、この歴史から得られる教訓は、なかったのだろうか。この問いを考えるための手がかりとして、緊急事態の後に広く社会で共有された不安が、その後どのように教訓化され、継承されたかを見ることができる。その際、日本の放射能汚染問題の特徴として浮かぶのは、いわゆる「風評」である。

(2)　風評と放射能汚染

関谷直也は「風評被害」に共通する特徴として、①経済的被害、②具体的な事例ないし問題の存在、③長期かつ大量の報道、④必ずしも客観的ではない「本来安全」という前提、の四点を挙げる［関谷、二〇一一、二五〜二七頁］。これらの特徴は、「風評被害」が日本の原子力開発に深くかかわる理由を示しているように思われる。

「風評被害」に相当する最初の事例は一九五四年の第五福龍丸事件をきっかけとする「放射能パニック」であるが、政治の場で「風評」という言葉が頻繁に使用されるようになったのは、原子力船「むつ」をめぐって一九七四年に漁業補償対策費とは別に「魚価安定基金」という名目の予算三億円が国庫から青森県に預けられた頃からだとされる［関谷、二〇〇三、八〇頁］。それについて原子力船事業団の堀純郎は、自民党「原子力船を考える会」で、地元折衝において「事実無根の風説で魚価が下がったとき、救済する方法はございませんので、何かないかと考えましたすえが、一〇億円くらいの金を見せ金すれば話がつきそうになった」と発言しているという〔倉沢、一九八八、一二三頁、関谷、二〇〇三、八〇頁〕。現実には反対する多数の漁船に囲われていた「むつ」は、高波で漁船が引き揚げた深夜に出港し、この話はそれ以上に進まなかったので、この頃に反対運動と「風評」と金銭的補償との関係がどうだったのかはわからないが、一九八二年に佐世保港から大湊港に回航させる際にも「風評」に関する「魚価安定対策を図るために青森県に一七億円の基金が追加された。

この発想は、青森県六ケ所村における核燃料サイクル施設立地の時にも展開されている。一九八五年に立地基本協定が締結された際に風評被害に関する予防措置が明記され、それを受けた一九八九年の「青森県むつ小川原地域の地域振興及び産業振興に関する協定書」に基づいて具体策が立てられた。事業者である日本原燃サービス株式会社、日本原燃産業式会社からの寄付金五〇億円と左記の財団が借り入れる〔利子分は事業者負担〕五〇億円の計一〇〇億円を補償金の立て替え基金とし、「風評被害」発生時には県知事任命の風評被害認定委員会の決定にしたがって速やかに補償するという仕組みである。単なる保険ではなく、基金の運用益によって財団法人「むつ小川原地域・産業振興財団」を設立し県内全域の産業振興に役立てることになっていた。一〇〇億円は青森県の年間農業総生産額から見ると五％未満であり核燃料への不安を完全に払拭するものではなかったが〔舩橋他編、一九九八、二三二頁〕、地元主導を具体化するとともに、当時の高利率では年間六億円程度の「果実」を見込めたことが、地域の農漁業団体などへの説得材料になったのである。

「むつ」と核燃料サイクル施設の両者に共通するのは施設稼働の前に「風評」が論じられることで焦点が安全性から経済的課題に移され、また、想定される「被害」の見積もりも不明確なまま、金額を中心とする政治的折衝が行われた点である。このことは、原子力開発における「風評」への予防策を不十分にすることにもつながった。立地自治体の外に向けて安全への信頼を確立させることよりも、社会全体における放射能や原子力への不安・リスク感覚と立地点での原子力施設受容とを分離させる方向に進んだからである。それは、原発の立地推進の体制に影響を与えるとともに、原子力施設と立地点への他地域からの無関心も助長した。

同時に、「『風評被害』という限りは、『安全』ということが前提である」〔関谷、二〇一一、一九七頁〕という点が曖昧になっていった。誰が「安全」だと認めれば「風評」になるのかを確認せずに風評被害対策が動き出したのである。福島原発事故後に「風評被害」の強調に対して消費者と生産者の両方から「実害ではないか」という反発ないし疑いの声があがったが、その素地は事故以前からあったと考えられる。

(3)　リスクをめぐる多重基準と分断

わずかではあるが避けがたいリスクに対して、社会としてどう対応していくか。安全基準の数値化はもっともわかりやすい方法であろうが、そのためには社会的な合意を確認しつづけることが必要である。福島原発事故後の空間線量に関する議論では着地点が定まらず、明確な合意にいたらなかったように、それは必ずしも簡単ではない。前述のようにとくに日本の原子力利用においてはそれが難しかった。その困難の中での施設立地に「風評被害」が利用されたとも言える。「風評」の定義の曖昧さはリスクをめぐる評価基準の地域差をともないながら現実に原子力施設の受容を助けてきた。

第一に、「風評被害」ともかかわるが、都市の消費者に向けては安全性に関する基準を超えた対策がとられ、それが安全性アピールにもつながっていた。ビキニ環礁の水爆実験の直後の大量のマグロの廃棄でも、消費者の納得が重視された。福島原発事故後においても、二〇一一年三月一七日に、厚生労働省は食品衛生法の放射能暫定規制値として、野菜などの一般食品について五〇〇ベクレル／キログラムと定めた。緊急につくられたこの規制は、市場の混乱を防ぐ意図ももっていたが、結果的に出荷停止・自粛の産物が多く出たことで福島県や近隣県の農業関係者を中心に大きな衝撃を与え、他方大多数の消費者に出荷された産物の安全性について安心を与えたとは言いがたい。チェルノブイリ原発事故後の輸入食品に対する三七〇ベクレル／キログラムより高かったことなどから、安全基準として高すぎるという批判もあって、検査結果ではなく「産地確認」によって農産物を選ぶ消費者が少なからず残った［例えば『朝日新聞』二〇一一年三月二四日「福島県野菜なぜ食べられないの?」など］。

そこで食品安全委員会は野菜などの一般食品一〇〇ベクレル／キログラムとする新たな食品安全基準を定め、二〇一二年四月から施行した。ただし、実際にはそれよりはるかに低い線量の農産物しか流通していない。また福島県産米の「全量全袋検査」にも消費者に向けた安全性アピールの色彩が強く、基準値超過がゼロになってからも長く確認が続くことになった。

この全量全袋検査が福島県の稲作農家のためのものでもあったように、原子力施設などの立地点でも、安全対策においてはアピールが重要な位置を占める。そこでは具体的な対策が示されて「重大事故は起こらない（＝施設外に放射能の危険が及ぶことはない）」ことが強調される。その上で安全であっても（＝事業者に責任や過失がなくても）関連する被害が補償される保険として「風評被害対策」があり、「風評被害」のリスクへの経済的な見返りがなされていた。安全への信頼を求める点では一般の消費者へのアピールに共通するが、立地点においてはリスクとまったく無関係ではなくそれらの対策に同意したことへの確認が求められる。

このような形で、多重にリスクに備える方法が発揮された例として、一九九九年九月三〇日に発生した東海村ＪＣＯ臨界事故がある。第一に、この事故では、地元自治体の独自判断によるものではあるが、比較的速やかに周辺住民の避難、一〇キロメートル圏内の住民への屋内退避勧告などが出された。それによって、この事故では、放射線被ばくによる従業員の犠牲者があり、微量ながら施設外へも放射線が漏出したが(4)、住民の安全確保についての地元対応は高く評価されている［原子力安全委員会編、二〇〇〇、一二頁、茨城大学地域総合研究所編、二〇〇二、二二一頁］。また、事故に関連する「風評被害」も広域に及んだが、十分かどうかはともかく、補償されている。

それに対して一二年後の福島原発事故では、ＪＣＯ事故におけるような慎重な避難などはできなかった。事故後の対応も異なり、「風評被害」や安全基準の位置づけも少しずつ変わった。その影響には地域差も大きい。前記のように消費者向けには事故による安全性への影響はないことがアピールされたのに対して、それまでの基準では考えづらいほどの線量でも居住可能とされた。福島原発事故後の二〇一一年四月一九日に政府が公表した学校などにおける屋外活動制限基準は、毎時三・八マイクロシーベルトであった。(5) その計算の根拠は、三日後の四月二二日に計画的避難区域を指定する際と同じ、年間二〇マイクロシーベルトである。ほぼ同じ線量であるにもかかわらず、飯舘村では全村避難が決まり、隣の伊達市では子どもが「校庭利用は一日一時間以内」という制限のみで普通に通学するという状況が生まれたのである。

これらの経緯によって、福島などの被害地域とそれ以外の地域との分断、そして被害地域内での分断が拡大し、被害と混乱を招いた。とくに、原子力発電所の受容にかかわっていなかった多くの人にも突如として放射能のリスクの受忍が求められたことの意味は大きく、事故処理や補償などに不信が残る要因にもなっている。

5　福島原発事故をめぐる混乱——リスクの多重基準と被害の軽視がもたらしたもの

ここまで、きわめて乱暴なラフスケッチにすぎないが、日本社会が放射能への不安をかかえつつ、原子力利用を続けてきた経緯をみてきた。主に目を向けたのは、放射能リスクの評価をめぐる多重基準と被害の軽視、そして、その背景にある地域差と不可視化である。原子力利用をめぐって安全と信頼を確保するために慎重な対応がとられてきたことは間違いないが、関連して、人口の大多数は日常的に原子力施設などから遠ざけられ、そのリスクを日常的に感じなくて済む状態におかれていた。同時に、広島・長崎や第五福龍丸あるいは原発労働などによる被ばく者たちも不可視化され、その被害を社会全体で省みることもなかったのである。

もっとも、原発の立地が進んでからも、多くの人たちが放射能のリスクを身近に感じる緊急事態もあった。ビキニ水爆実験、スリーマイル島、チェルノブイリ、福島などの事故では多くの人が見えない汚染の不安にかられ、地域によっては混乱も生じた。全国的にも反原発の動きが興隆したが、風化もくりかえされた。この反復にも分断と不可視化がかかわっている。たとえばチェルノブイリ原発事故後には原子炉の型式の違いなどが強調されて日本では同じ事故はあり得ないと説明された。必ずしもそれが浸透したわけではなく、全国的には原発に不安を抱く人が多数いるなかで、多くは既存の原発への増設として一九八六年以降も日本は原発を増設してきた。

これらの経緯には、三種の分断が見られる。一つは事故後の衝撃が薄れていく時間の経過であり、もう一つには被害やリスクの程度にかかわる地域差、そして、放射能や原子力などに関して何を危険視し、何を重視するかという議論の内容にかかわる分断である。述べてきた通り、日本では三番目の議論が難しかったために地域差が大きな意味をもち、それが時間の経過ともかかわった。

原水爆実験、原子力船「むつ」、ＪＣＯ事故などをめぐって「風評被害」が話題になっても食品の放射能暫定規制値について考慮されなかったのは、「風評」以上の問題は起きないという前提があったことと同時に、「風評」対策が原発立地点などに特有の主題になったことも影響している。チェルノブイリ原発事故などの世界的事件では全国的な関心が高まるものの、だからこそ議論は結論にはいたらず、悪く言えば風化を待つことになる。

福島原発事故から一〇年を経た今日、これまでと同じことがくりかえされるのか、問われているのかもしれない。一方では、福島県産生産物の安全性、原子力発電所の危険性、汚染被災地に暮らすことにより生じる不安などをめぐる福島からの声は、届いているけれども行き渡らず、発言への抑制を感じている人たちも少なくない。風評被害と風化の併存は福島県における大きな課題の一つである。だが、他方では一〇年たっても回復しない被害は明らかで、それに対する新たな視点も見えてきた。本書で紹介されるように、避難をめぐっても避難継続か帰還かという択一ではなく、両者の間での「揺らぎ」や「宙づり」の状態を保とうとする姿勢がある。それは辛さや悩みをともなうが、時間の経過のなかで地理的な分断が固定されるのを防ぐことにもつながる。

広島・長崎やビキニ環礁周辺で被ばくした人たちの苦しみは長く続いている。それらと原発などの施設とは関係なく原発事故などは時間とともに対応可能である、という主張は、多くの原子力関連の災害・事故を経験してきたはずの日本社会がその経験を十分に活かしきれなかった結果でもある。それに対抗して、福島原発事故の被害は長期にわたり、それは汚染地域に住む人以外にも及ぶので、両者を分断することはできない、と主張することがどこまで可能だろうか。現在も残されている課題に目を向け、苦しみや不安を訴える人の声に耳を傾けることは、福島原発事故をめぐる課題だけでなく、原子力と放射能をめぐる多様な分断・矛盾を見直すための出発点にもなる。

付記　本章の記述は、藤川賢［二〇二〇］「放射能リスク意識の社会史考察——原発始動時期までの報道を中心に」『明治学院大学社会学・社会福祉学研究』第一五五号、一二七～五六頁、藤川賢［二〇二一］「放射能リスク意識をめぐる多重基準——リスクの揺らぎと地域格差」『明治学院大学社会学・社会福祉学研究』第一五六号、一三～四一頁と一部重複する内容がある。また本章は、ＪＳＰＳ科研費（一九Ｈ〇四三四一、一九Ｈ〇〇六一四、一九Ｈ〇一五七三）による助成研究の成果の一部である。

注

（1）久保山愛吉さんはこの時の受診者ではない。

（2）いわゆる「黒い雨」の降雨範囲を主な争点とする被爆認定訴訟において二〇二〇年七月二九日、広島地裁は八四人の原告全員を被爆者と認めるよう命じる判決を出した。その後、八月一二日に広島市と広島県は、政府の意向を受けて控訴するとともに援護区域拡大に向けて国との協議を進める姿勢をも示した。翌二一年七月一四日に広島高裁も一審と同様の判決を示し、同月二六日に菅義偉首相は上告断念を表明した。一二月二三日、厚生労働省は、「黒い雨」に遭ってがんなど「十一類型の病気にかかっている」人に被爆者健康手帳を交付するという指針案を広島市と広島県に示した［『朝日新聞』二〇二一年一二月二四日］。

（3）ここで想定されたショアハム原子力発電所は、チェルノブイリ原発事故後の一九八九年に住民投票の結果として運転を停止した。ロングアイランドはニューヨーク市からも近い東海岸北部に位置し、原発への危険意識が高い地域という傾向は否定できない。

（4）この事故では、工場の隣接地で被曝した住民から健康被害の訴えがあり、訴訟にもなったが、企業、司法ともその被害を認めなかった。

（5）この値はあまりに高すぎると批判して、小佐古敏荘東京大学大学院教授が内閣官房参与を辞任した。なお、全村避難することになる飯舘村の四月一九日の放射線量測定値は、三・二九〜四・七二マイクロシーベルトである。他方、福島、郡山、伊達の三市で屋外活動制限の対象となった一三校・園の校舎外高さ一メートルでの環境放射線量再調査結果は三・八〜五・二マイクロシーベルトとなっている［『福島民報』二〇一一年四月二〇日］。

参考文献

猪瀬浩平［二〇一五］『むらと原発――窪川原発計画をもみ消した四万十の人びと』農山漁村文化協会。

茨城大学地域総合研究所編［二〇〇二］『東海村臨界事故と地域社会』茨城大学地域総合研究所。

大石又七［二〇一一］『矛盾――ビキニ事件、平和運動の原点』武蔵野書房。

開沼博［二〇一一］『「フクシマ」論――原子力ムラはなぜ生まれたのか』青土社。

倉沢治雄［一九八八］『原子力船「むつ」虚構の航跡』現代書館。

原子力安全委員会編［二〇〇〇］『原子力安全白書』平成一一年版。

齊藤充弘［二〇〇二］『原子力事故と東海村の人々――原子力施設の立地とまちづくり』那珂書房。

四條知恵［二〇一五］『浦上の原爆の語り――永井隆からローマ教皇へ』未来社。

関谷直也［二〇〇三］「「風評被害」の社会心理――「風評被害」の実態とそのメカニズム」『災害情報』第一号、七八～八九頁。

――［二〇一一］『風評被害――そのメカニズムを考える』光文社。

中國新聞社編［一九六六］『炎の日から二〇年――広島の記録二』未来社。

中国新聞社編［一九九五］『検証ヒロシマ　一九四五―一九九五――ヒロシマ五〇年』中国新聞社。

長崎市原爆被爆対策部編［一九九六］『長崎原爆被爆五〇年史』長崎市原爆被爆対策部。

濱谷正晴［二〇〇五］『原爆体験――六七四四人・死と生の証言』岩波書店。

船橋晴俊・長谷川公一・飯島伸子編著［一九九八］『巨大地域開発の構想と帰結――むつ小川原開発と核燃料サイクル施設』東京大学出版会。

藤川賢・除本理史編著［二〇一八］『放射能汚染はなぜくりかえされるのか――地域の経験をつなぐ』東信堂。

藤川賢［二〇二〇］「放射能リスク意識の社会史的考察――原発始動時期までの報道を中心に」『明治学院大学社会学・社会福祉学研究』第一五五号、二七～五六頁。

――［二〇二一］「放射能リスク意識をめぐる多重基準――リスクの揺らぎと地域格差」『明治学院大学社会学・社会福祉学研究』第一五六号、一三～四一頁。

ベック、ウルリッヒ（Ulrich Beck）、東廉・伊藤美登里訳［一九九八］『危険社会――新しい近代への道』法政大学出版局。

堀畑まなみ［二〇一八］「スティグマ経験と「差別の正当化」への対応――長崎・浦上のキリスト教者の場合」藤川賢・除本理史編『放射能汚染はなぜくりかえされるのか――地域の経験をつなぐ』東信堂、五三～六六頁。

丸浜江里子［二〇一六］『ほうしゃの雨はもういらない――原水禁署名運動と虚偽の原子力平和利用』凱風社。

箕川恒男［二〇〇二］『みえない恐怖をこえて――村上達也東海村長の証言』那珂書房。

村上達也・神保哲生［二〇一三］『東海村・村長の「脱原発」論』集英社。

山手茂［一九九九］「被爆者の生活」坂本義和・庄野直美監修、中島竜美編『日本原爆論大系　第二巻　被爆者の戦後史』日本図書センター、二一〜四〇頁。

山本昭宏［二〇一二］『核エネルギー言説の戦後史一九四五-一九六〇――「被爆の記憶」と「原子力の夢」』人文書院。

――［二〇一四］「第五福龍丸事件からビキニ事件へ――ビキニ事件の受容からみる日本人の核意識の変容」『年報・日本現代史第一九号　ビキニ事件の現代史』一五三〜一八四頁。

読売新聞社編［一九五四］『ついに太陽をとらえた――原子力は人を幸福にするか』読売新聞社。

ワート、スペンサー・R（Spencer R. Wert）、山本昭宏訳［二〇一七］『核の恐怖全史――核イメージは現実政治にいかなる影響を与えたか』人文書院。

Erikson, Kai [1994] *A New Species of Trouble: The human experience of modern disasters*, W. W. Norton & Company.

第Ⅱ部　福島原発事故による生活剥奪

第三章　崩れた安全神話、奪われた平穏なくらし――震災前から震災後一年まで

髙橋若菜

1　震災前のくらしと安全神話

地震や水害が起きると、まさか自分が、と呆然と立ち尽くす被災者の姿がよくニュースに映し出される。原発事故で被災した人々は、被害に遭うと事前に予測していただろうか。原子力災害リスクを感じながら生活していたのだろうか。否、多くの人々は、安全神話を信じていた。

ところが、原発事故により、安全神話が崩れた。未曾有の原子力災害は、目に見えない放射線被ばくをもたらし、地震・津波で傷む人々をさらなる混乱に陥れた。本章では、避難や帰還をめぐり、踏み絵のような決断を迫られ、強い葛藤の中で生活の根っこを失っていく避難者の混乱の一年を、当事者の語りを中心に再構成していく。

(1)　震災前のくらし

原発事故で避難した人々は、従前どのような暮らしをしていたのだろうか。複数の語りから見ていくとしよう。

私と主人、三人の子どもと暮らしていました。〔中略〕仕事の関係で東京や大阪で生活したこともあり、福島

に戻ってきたタイミングで結婚しました。その後、長男が一歳の時に会津の方に転勤となり、その後中通りに戻ってきて、そのときに自宅を購入しました。〔中略〕ゆくゆくは親の面倒を見たいと思って自宅を建てました。私の実家は自宅から一〇分くらいのところにあります。〔中略〕自宅を構えた後も、両親に支えてもらっていました、なにかあれば頼れるという環境はよかったですよね。震災の年は、地域の自治会の本部長になる予定でした。（四〇代女性、中通り［髙橋他、二〇一八、一八二〜一八三頁］）

主人の実家で、義理の両親や小姑と同居していました。主人との間に二人の娘が生まれ、七人で暮らしていました。生まれ育った実家も、車ですぐ近くの農家だったので、よく野菜を取りにいき、食べました。家の近くに公園があり、近所にも子どもの友だちもいました。地域のつながりが強いところでした。自治会の秋祭りなどもあり、神輿を持って町内をまわったり、お餅をついて配って豚汁と食べたり、お菓子をもらって帰ったり。お嫁入りしてから、町内中に挨拶し、お祭りに参加し、顔見知りになっていきました。もともと人見知りで、積極的に話ができない性格ですが、〔中略〕やっと馴染んできていたところでした。（三〇代女性、中通り［髙橋他、二〇一八、一八〇頁］）

子育て中の二人の女性たちの語りである。どこの地域にもあるような、いわゆるふつうの暮らしが垣間見える。原発事故により避難した世帯は、彼女たちのような子育て世帯が大半を占めている。もちろん、核家族、三世帯家族、ひとり親など、家族の形態は多様である。持ち家の人、賃貸暮らし、実家暮らしの人も混在している。しかし、実家とも頻繁な往来があったり、家族で大人の手がたくさんあったり、近所で親戚の子ども同士が遊んだり、公園や野原も多く、子育てには理想的な環境が多い。原発事故前の福島県では、非子育て世帯を含めて、多くの人々が地域に根ざした暮らしを送っていた。里山の豊かな恵みに、半自給自足の生活を楽しむ人も少なくなかった。なかには、子育てのためにIターンで移住した女性もいた。高齢化が進む集落であったため子連れ家族は歓迎されたという。元旦から集まったりお葬式のお手伝いのために会社を休んだりすることには驚いたが、集落の人は親切で、健康的で楽しい生活で、いい思い出しかないという。中通りでも浜通りでも、多くの証言者が、大都会に比べて自然豊かで、水も空気も食べ物もおいしく、それなりに充足した平穏な暮らしをしていた。事故なかりせば、そこから避難する理由は全く見当たらない。

(2) 原子力災害リスクへの意識

では、震災前、人々は原子力災害リスクをどれほど意識していたのだろうか。

浜通りにはエネルギー館という建物がありました。〔中略〕原発から出る放射能は自然界から出るものと何ら変わりないもので、全く心配しなくて良いというようなことが優しいタッチで説明されていました。私の親が、原発に対する不安を言葉にしたことはありませんでしたので、私も原発に関して不安に思ったことは一度もありませんでした。（四〇代女性、中通り〔髙橋他、二〇一八、一八五頁〕）

友だちの彼氏が東電の原発作業員のアルバイトをしていました。原発の地下で掃除をするだけで一万円もらえると聞いたのですが、それがどういうことを意味するのか、その時はわかりませんでした。東京電力は一流企業でした。そこに就職している人は尊敬されます。「いいな」という憧れがありました。（三〇代女性、中通り〔髙橋他、二〇一八、一八五頁〕）

原発はたしかにそこにあった。しかし、多くの人は原発に不安を抱えていなかった。事故は起きないことになっていた。安全神話にどっぷり浸かっていたのである。東京電力に対しては、憧憬の目が向けられていた。他方、一部には原発リスクへの不安を感じていた人もいた。

私は看護学校で三年間学んで、卒業後に国立の子ども専門の病院で働いたんです。地元に戻り、小児科の病院で働いたとき、原発立地町の子どもを二人、同じ時期に受け持ちました。「あっちから来る子は白血病が多い」というのは、今に始まったことではなかった。そういう統計を取って論文を書いた研修医の先生が飛ばされたという話も聞きました。医療関係者は、感覚的に多いとわかっているんですね。それを知った時、はじめて原発は怖いなと思いました。（三〇代女性、中通り［髙橋他、二〇一八、一八五頁］）

チェルノブイリ原発事故の数年後に、自分と変わらない年齢の子どもたちが、白血病やガンで苦しんでいる様子をテレビで観て、他人事ではないのではと不安に思った女性もいた。父親が原発の下請けの仕事をしていたために、普通の人より放射能について知識があったと語る浜通りの女性もいた。しかし大半は、放射能リスクの存在に気付いていなかった。

2　震災当初の混乱

(1)　避難指示区域内

ところが震災は、平穏な生活を一変させた。二〇一一年三月一一日午後、福島県の浜通りを巨大地震と大津波が襲った。地震直後から子どもの小学校で混乱に対応していたある女性は、避難所となった学校で「あなたの家、流されたよ」と聞かされた。その翌日に福島第一原発一号機が爆発する。

第一原発が爆発した時、爆発を感じました。ドッと下から突き上げるようものを感じました。でもそれが第一原発の爆発だと分かるのは、移動した先の次の避難所のことです。そこでテレビを見て知りました。爆発があった時は消防団の人と「今のは何だろうね？」と話をしていて、「これはもっと大きな津波が来るかもしれない」という話になりました。急に怖くなって、喉もカラカラ。文字どおり命からがら避難した、という感じです。本当にびっくりしました。でも、避難所でそのことを知っても、どれくらい危ないのかも分かりませんし、そのためどう対応していいのか分かりませんでした。市の避難所担当の職員もどうしていいのかわからない、という感じでした。（五〇代女性、浜通り、〔髙橋他、二〇一八、一九一頁〕）

報道も二転三転していましたが、近くの防災無線なんか、もうものすごい慌ただしい感じだったんです。たとえば、「屋内退避してください」と言ったり、解除になったかと思うと、また「屋内退避してください」と言っていたり。アナウンスしている間に訂正しているような感じでした。これ、本当にヤバいんじゃないかってとても不安になりました。（五〇代女性、浜通り、〔髙橋他、二〇一八、一九二頁〕）

一号機が水素爆発したのは三月一二日、三号機が爆発したのは同一四日、四号機が爆発したのは同一五日である。この間、放射線量は急激に上昇し、住民への避難指示も刻々と変わった。一一日二〇時五〇分には原発から半径二キロ圏、その三〇分後には半径三キロ圏、一二日午前には一〇キロ、午後には二〇キロ圏内に避難指示が出され、一五日には二〇～三〇キロ圏内に屋内退避指示が出されるといった具合である。多くの住民は、刻々と変わる事態や指示に翻弄されながら、何度も避難所を渡り歩いた。なかには、後に放射線量が高いと判明する津島地区や飯舘村へ避難した人もいた。事故は起きないことになっていたため、担当職員も放射線リスクへの情報を持ち合わせていなかった。SPEEDI（緊急時迅速放射能影響予測ネットワークシステム）の放射線拡散情報も公表されなかった。避難指示が出て、行き先も知らず、着の身着のままバスで新潟県に移動し、家族と離ればなれになった人もいた。

避難指示が出ると、津波被害による行方不明者の捜索も打ち切られた。捜索が再開されて数日後、何体かのご遺体が見つかった。そのなかに子どもの同級生が含まれていたというある女性は、「もし避難指示がなかったら、もっと早くに見つけてあげられていたかもしれず、子どもにはとてもショックだったと思います」［髙橋他、二〇一八、一九二頁］と語った。地震・津波に原子力災害が重なったことによる悲劇であった。

(2)　避難指示なし地域

避難指示がなかった中通りでは、原子力災害より以前に、まず地震による被害が際立った。家具は倒れ、ガラスが飛び散り、地面に亀裂が走って水が吹き出した。裏山が崩れたり、家の塀が倒れたりと、甚大な被害があったことが複数の口から語られた。電気や水が止まり避難所に行った人もいれば、ガソリン確保に長時間並ぶ人もいた。人々は地震対応に手一杯だった。津波被害を受けた地域に住む親戚と連絡が取れない人もいた。その場を生きることで精一杯だった。

ところが翌一二日には、報道により、原発事故に関する情報がもたらされることになる。チェルノブイリの汚染や被害をよく知っていたある男性は、「脊髄反射的」に避難所を出て、日本海側へ向かったという。しかし、即座に避難を選んだケースは、むしろ例外的であった。

夢のエネルギー、夢の施設、と習いました。何重にも安全対策があると聞いていたから、大丈夫？　まさか、大丈夫だよね？　と思っていました。〔中略〕むこう（ハマ）は大変かもしれないけれど、ここまではと思っていました。私は次女の面倒にかかりっきりでした。テレビをみて、浜通りはひどいが、こちらは大丈夫と言っていました。みなさん安心してくださいという報道でした。（三〇代女性、中通り〔髙橋他、二〇一八、一九六頁〕）

三月一二日に第一原発が爆発したときは、自分は放射能について全く知りませんでした。「放射能って、何？」といった感じです。しかし主人は、爆発してすぐに、職場から「今すぐ、避難して」と私に電話をかけてきました。次の電話をかけてきたときには、主人は職場から直接、避難先に行っていたくらいです。だけど自分は「この避難って何？」と考えてしまいました。「布団はどうするの？」「ごはんはどうするの？」「服は？」、などいろんなことを考えている間に、何度も主人から、「早く早く」、まだ準備もして居ないのに「いまどこまで来た？」と電話がありました。だけれども、テレビなどの報道から「直ちに影響はありません」「安全・安心」というメッセージが出ていました。なので、主人に、「大丈夫って言っているから行かない」と電話をしました。（五〇代女性、中通り〔髙橋他、二〇一八、二〇四頁〕）

原発から三〇キロ圏のすぐ外側に住んでいた別の女性は、水素爆発があったことは知っていたが、水素は安全なイメージがあり、「水蒸気だから大丈夫でしょう」と考えていた。「ここは屋内退避の指示も出ていないから大丈夫」と、政府の情報をそのまま鵜呑みにし、安全神話を信じた。日常生活が壊される方が恐怖だった。正常化バイアスが働いていたことがわかる。

3　初期避難

(1)　安全神話への疑念

一方で、安全神話への疑念が、徐々に膨らんできていた。ある女性は、家事の合間に、血眼になってインターネットで情報収集していた。アメリカなどでは福島第一原発から八〇キロ圏内にいる自国民に圏外退避を指示していることや、日本にいる外国人が次々に母国へ帰国しているというニュースを知り、身の危険を感じた。別の女性は、「仙台の友だちから電話があって、そこでは機械の針が振り切れていると。初めて危険な状態と知りました」［髙橋他、二〇一八、一九九頁］と語った。仙台がそのような状況であれば、原発から三〇キロちょっとの自宅はもっと危ないと感じ恐怖心が一気に高まったと語った。

ネット上ではチェーンメールも飛び交っていた。「被ばくしないようにヨードチンキを飲むといい」など、情報が錯綜し、「みんなよかれと思ってしていることなんだけど、そのメールが頭がおかしくなるぐらい届くので、どれを信じていいのかわからない状態」［髙橋他、二〇一八、二〇六頁］だったとある女性は語る。安全神話への疑念が高まり、どの情報が信頼できるかもわからず、人々は苦悩した。

そのようななか、子どもの体調に異変が出はじめたケースもあった。

長女が鼻血を出し始めました。毎晩止まらなくて。ティッシュ等では、間に合わなくて、バスタオルがびしょびしょになりました。たまたま、学校の誰かと話をしたんですよね。そしたら、どこどこの誰々君、同じ登校班のお兄ちゃんも「鼻血が止まんないんだって」っていうのを、何人か聞いて。「えっ、そうなんですか」って。いつもかかりつけの病院に行ったら「ああ、大丈夫ですよ。ストレスですね、気にし過ぎです」みたいに言われたんですけど、なんか違うような気がするぞと。「テレビでいろいろ言ってるみたいですけど、そうでもないです。別に聞かなくていいですよ」みたいに言われたのが、えって思って。主人がネットで調べた話と、先生が言うことが合わないんです。（三〇代女性、中通り、［高橋他、二〇一八、一九六頁］）

子どもが、「そのうち失血死でもするんじゃないか」と思うほどの鼻血を出していた。それが取り合ってもらえないことから政府や専門家への不信が生まれていた。この家族は、夫の決断や祖父母の後押しにより、三月一六日に避難した。長女の鼻血は、避難先の新潟でとまった。

(2) 初期避難の時期

放射性物質の拡散は一二日に始まっていたが、桁違いに増えたのは、三月一五日、二一日あたりだったことは、後に複数の研究結果から判明している［中島他、二〇一四、佐藤、二〇一三］。この間、避難指示により避難した人もいるが、指示があった地域でも、半数近くは避難指示前に動いていた。原発から二五キロメートル離れたところに住んでいた女性は、当初は「多分大丈夫」と思ったが、夫の頑なな主張で、一家で北関東の実家へ避難したという。その後行政指示により避難した住民は、自家用車で交通渋滞に巻き込まれ、時間がかかったと聞いた。

避難指示がなかった地域でも、いわき市など県南の浜通りでは、「当初の爆発による大混乱の中」「逃げられる人はほとんど逃げた」という。新潟原発避難者訴訟の原告のうち、浜通りでは多くの人々が、避難指示にかかわらず、放射性物質が大量に放出された三月一五日より前に避難していた（図3-1）。一方で、放射性プルーム（放射能雲。空気中に拡散した放射性物質が雲のような塊となって流れる現象）が通った時に降雨があったことでセシウムが沈着し、のちに高線量と判明する県北、県中では、比較的避難時期が遅かった。県北出身の原告のうち大量放出があった三月一五

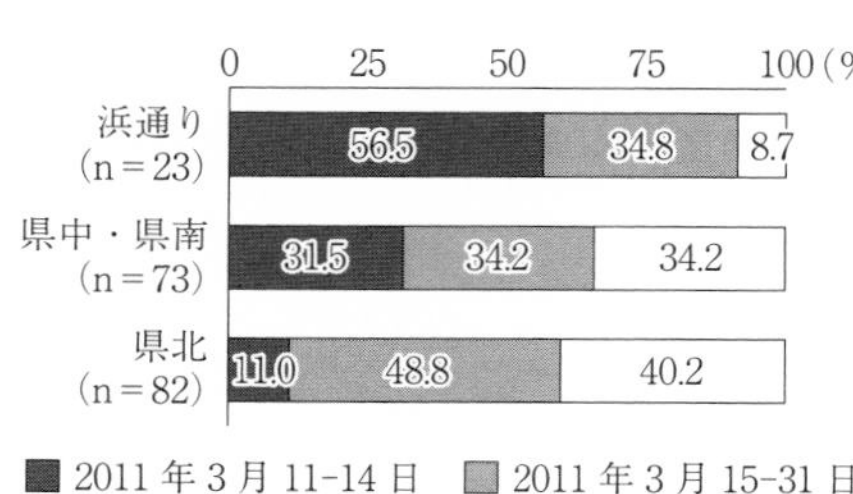

図3-1　原発避難者新潟訴訟の原告が最初に避難した時期（区域外避難、地域別）

注：原発避難者新潟訴訟における原告237世帯の陳述書を、原告弁護団の協力により量的データに変換し、分析を行ったものである。
出所：髙橋・小池［2018］57頁。

日より前に避難したのは一割程度で、四割の人が四月以降に避難した。高線量の時期に避難していなかった人は、のちに強い後悔の念を抱えることになった。

人々を初期避難に踏み切らせたのは何だろうか。原発避難者訴訟の原告の陳述書に対する量的分析によれば、最も多かった回答は、「子どもや胎児への健康影響への懸念・不安」であった（図3-2）。全世帯のうち六五・八%、区域外避難に限れば七七・五%の世帯がそのように回答した。多くの人々は、インターネットで様々に情報収集に努め、胎児や子どものほうが放射線による健康影響リスクが高いことを突き止めていた。鼻血、アトピー性皮膚炎の悪化など、実際の体調異変が現れていたとの回答は、原発避難者新潟訴訟の区域外避難の原告のうち、一割以上におよぶ。子どもだけでなく、大人でも持病がある人など、自身の健康影響にも不安を感じた人も少なくなかった。

次に多いのは、知人や家族から避難を勧められたというケースで、半数近くを占める。多くが、インターネットで様々に情報収集をしていた。そこに「有意味な他者」の言動があり、原発や放射能に関する予備知識と結びついたときに〔関、二〇一八、一一五頁〕、初期避難へと踏みきる傾向がみられる。ある男性は、自衛隊に勤務するおじから電話があり、「原発がやばくて、うちの娘も避難させる」〔髙橋他、二〇一六、一九五頁〕と聞いたのが決定打であったという。東京電力で働いている知り合いから「逃げる」〔髙橋他、二〇一六、二〇〇頁〕と聞いたという女性もいた。

(3) 芽生えた政府不信

以上に加えて、初期避難の理由として四分の一の人が挙げたのが、「政府の発表に不信をもった」であった。ある女性は、インターネットで、それまでの原子力行政についての情報を知ることとなり、「頭をハンマーで殴られるほどの衝撃を何度も受けた」と語った。作業員の被ばく線量限度が何度も引き上げられ、許容基準が累積被ばく線量二五〇ミリシーベルトまで引き上げられたり、作業員が長靴をはかないで被ばくしたなど、政府の杜撰な管理に、不信をおぼえた。その他にも目にしたニュースはどれも衝撃的だった。

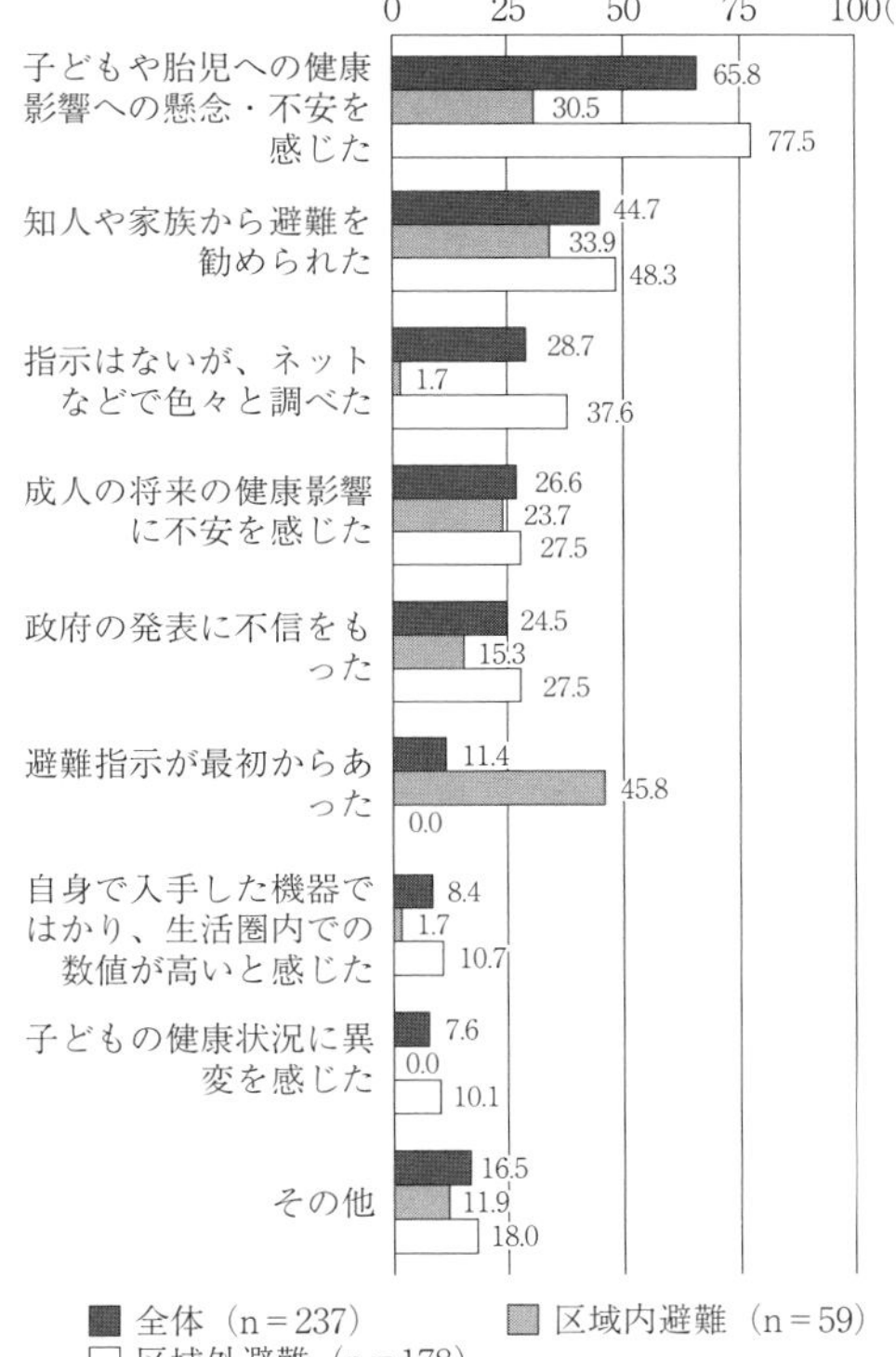

図 3-2　原発避難者新潟訴訟原告の初期避難のきっかけ

注：図 3-1 に同じ。
出所：髙橋・小池［2018］58 頁。

畜産農家に対する家畜殺処分指示は、心がつぶれる思いでした。大量の野菜や、ミルクを廃棄している農家や牛を殺すために車に乗せるニュースなど、県内は悲しい報道が続きました。福島の牛肉からセシウムが検出された、と報道され、数日後に、飼料の稲わらが原因だとセンセーショナルに報道されました。生産者の生きる術を破壊して、補償賠償もその時は全く打ち出されていませんでしたので、生産者がお先真っ暗な状況に追い込まれ、自殺者が出たことも、他人事ではなかったのです。原発が爆発して放射性物質がまき散らされたのですから、稲わらや牛が汚染されるのは、当然です。しかし、すでに苦しんでいる畜産農家を、マスメディアがバッシングしている感じで、実際には、農林水産省の指示を行政が農家にきちんと伝えていないことが問題なのです。そういう行政の不手際に住民が追いつめられ、苦しんでいる状態が続きました。（四〇代女性、中通り〔髙橋他、二〇一八、二〇六～二〇七頁〕）

事故後、暫定的に定められた食品に対する放射線量の基準値は、コメなどの穀類や野菜、肉や魚などでキログラムあたり五〇〇ベクレル、飲料水や牛乳が二〇〇ベクレルであった。この基準を超えた場合、出荷ができなかった。他方、基準値そのものへの不安や不信も渦巻いていた。「先が見えない中で果てしない自己責任、自己負担を負わねばならない状況に追い込まれる」ことだと女性は語った〔髙橋他、二〇一八、二〇五頁〕。

(4)　初期避難の困難・苦悩

初期避難は、様々な困苦を伴った（図3-3、図3-4）。避難が強制された区域内避難世帯は、衣食住、職業という生活基盤を初期より失った。避難先を数か所渡り歩いたという人が大半である。着の身着のまま、行き先もわからぬままバスに乗せられ、到着してはじめて自分が新潟県にいると知った人もいた。その過程では、衣食の充足すら困難を抱えたケースもあった。避難指示が出されている以上、多くは一時帰還という選択肢を持たなかった。放射能汚染下で防護服を着て、かろうじて一時間ほど、家のものを取りに一時帰宅すると、泥棒に金品が盗まれていた、猪に荒らされていたという人もいた。それは、まさに壮絶な体験であり、想像を絶する苦難の連続である。

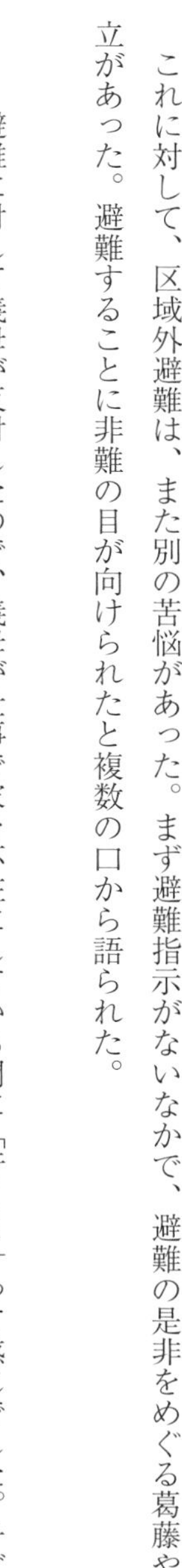

これに対して、区域外避難は、また別の苦悩があった。まず避難指示がないなかで、避難の是非をめぐる葛藤や対立があった。避難することに非難の目が向けられたと複数の口から語られた。

避難に対して義母が反対したので、義母が仕事で家を不在にしている間に「行くよ」って感じでした。子どもたちにカッパを二重に着せて、マスクも二重、中に湿らせた布を入れて顔を出さないようにして、できるだけ外気に触れないような準備を済ませて家を出ました。本当にこれでいいの？ と思ったのですが、福島を離れる前に、義母の職場に立ち寄って「やっぱり行きます」って挨拶をしての別れでした。お互いに泣きました。三月一

（%）	全体（n＝237）	区域内避難（n＝59）	区域外避難（n＝178）
移転に伴う肉体的・精神的負担	54.9	66.1	51.1
避難先探しの苦労	41.8	45.8	40.4
移動の困難（ガソリン不足）	32.5	50.8	26.4
衣食に関する困難	28.7	49.2	21.9
子どもの心情	25.3	16.9	28.1
退職・休職・転職	18.1	25.4	15.7
親族や周辺の知人との意見の不一致	17.3	10.2	19.7
移動の困難（公共交通の停止）	13.1	8.5	14.6
子どもの転校先	10.6	10.2	10.7
夫婦間での意見の不一致	9.7	5.1	11.2
避難元の家の片付け	4.6	11.9	2.2
子どもの医療保障・予防接種等	1.7	1.7	1.7
その他	24.5	20.3	25.8

図 3-3　初期避難を行うまでの困難

注：図 3-1 に同じ。
出所：髙橋・小池［2018］59 頁。

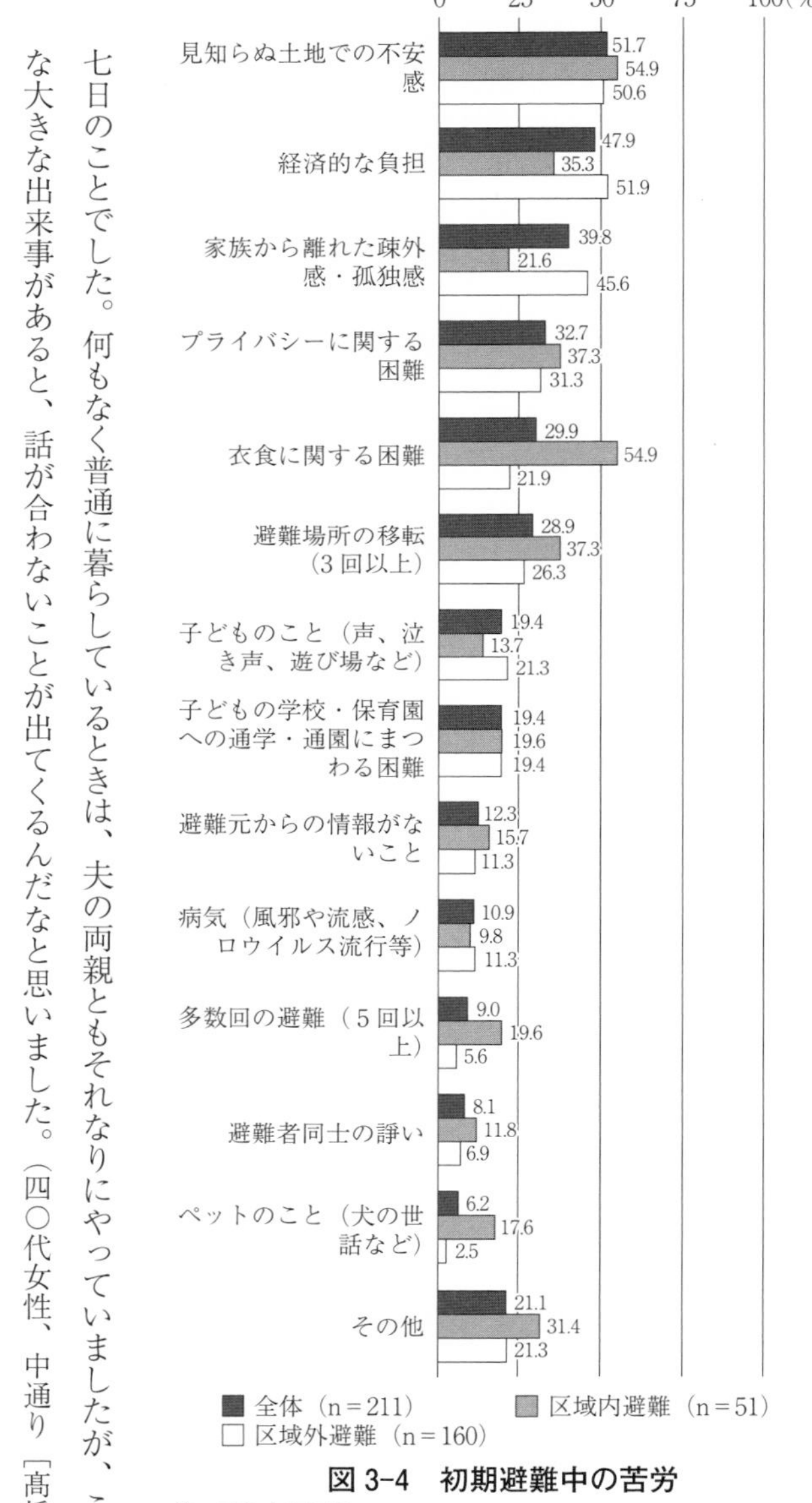

図 3-4　初期避難中の苦労

注：図 3-1 に同じ。
出所：髙橋・小池［2018］59 頁。

七日のことでした。何もなく普通に暮らしているときは、夫の両親ともそれなりにやっていましたが、このような大きな出来事があると、話が合わないことが出てくるんだなと思いました。（四〇代女性、中通り［髙橋他、二〇一八、二〇〇頁］）

先に避難をしたある男性は、同僚や知り合いに避難を勧めるメールを出した。

何人か来ました。五泉の馬下の保養センターなどを紹介して、そういう人たちには随分感謝されました。でも、中には仕事があるから「俺はここを離れるわけにはいかん」とか、きれい事を言う人もいるんですよ。その論法でいくと避難なんかできないわけで、言外にこっちを非難しているわけですよ。おまえは逃げたって。そういう人が複数いたので、もううんざりしてきて、途中でそれをやめましたね。二〇日ぐらいには。（四〇代男性、中通り、〔髙橋他、二〇一八、二〇〇頁〕）

区域外避難の場合は、避難先を見つけることが、まずおぼつかなかった。ある女性は居住区域の役所に電話をしたところ、「避難指示区域の避難者を受け入れるのに精一杯で、避難指示が出ていない私が住む地域の住民は対象ではありません」〔髙橋他、二〇一八、二〇二頁〕と言われたという。事実、区域内避難の八割は避難所に身を寄せたが、区域外避難者のうちで避難所へ行った人は二割程度にとどまる。行き先も決まらず、とにかくできるだけ遠くを目指したものの、ガソリンが尽きるケースもあれば、ホテルへの宿泊を断られるケースもあった。

関東に行くしかないと思っていました。関東もダメだとは思いましたが、ここよりはいいだろうと。茨城県に入って、ホテルに泊まるつもりが、泊めてもらえませんでした。いわきナンバーだったからでしょうか。サービスエリアで車中泊することにしました。「いわきナンバーは襲われる」「現金を持って避難しているから」とＦＭラジオで聞き、サービスエリアのど真ん中で、二日間を過ごしました。ガソリンもなくなってしまったからです。ようやく五百円分だけ入れてもらって、「もう少し遠くまで行こう」と南下するなか、娘が熱を出しました。（三〇代女性、中通り、〔髙橋他、二〇一八、二〇三頁〕）

区域外避難者の中には運よく避難所に入ることができた人も少数いる。新潟県特有の避難先として、ＮＰＯが誘致した湯沢町の赤ちゃん避難プロジェクトに身を寄せた母子もあった。一方、通常の避難所へ行った女性は、「富岡町から中通りに避難しているのに、そこ（中通り）から逃げてきているのはおかしいだろう」「ばばぁ連れて帰れ！」と数十人から責められた。別の女性は、体調に異変があらわれていた幼子を連れての避難で、「親切にしてもらえたが、後ろめたさを抱え」たという。

洗濯などしていると、浜通りの人が、会社の人やお子さんが見つかっていない、という話を聞きました。避難所を渡りあるいてやっと髪の毛が洗えた人とか、大変な人が多く居ました。私、ここにいていいのか、と思いました。（三〇代、女性［髙橋他、二〇一八、一九八頁］）

子連れ避難の多くでは、当初夫が運転する車で避難をし、数日後に夫だけが仕事のために福島県に戻ったケースが多い。夫が帰るとき、「長女は激しく泣きました。でも、どうしようもできませんでした」［髙橋他、二〇一八、一九八頁］と女性はふり返った。

避難者の苦労は、初期避難中にますます増大し多様化したことは、量的分析からも読みとれる。区域内外を問わず「見知らぬ土地での不安感」を半数近い人が抱えていた。

これに対して、「衣食に関する困難」を抱えている世帯の割合は、区域内避難に多く、着の身着のままの避難により抱えた困難が、その後も継続したことが窺える。このほか、区域内では、「プライバシーに関する困難」「多数回の避難」が多い。

一方、区域外避難では「経済的な負担」「家族から離れた疎外感・孤独感」がいずれも上位となった。このほか区域内避難において、「ペットのこと」「避難者同士の諍い」も、より多く析出された。

4　放射能汚染下の生活――一時帰還・深まる苦悩

(1)　初期避難からの帰還

避難者には、初期避難からそのまま本避難へと避難先を変えながら避難しつづけた世帯もいれば、一旦福島へと戻った世帯もある。避難指示が出しつづけられた地域の住民は、帰るという選択肢を持ちえなかった。一方、区域外避難の半数は、三月末から四月はじめにかけて、一時帰還をした（図3-5）。

一時帰還をめぐっても、家族内での諍いが起きていた。「息子の卒園式に行かなきゃいけない」という妻と口論をし、「放射能より大事なことがあるのよ」と言われた男性は、深刻さを感じたという。福島市内の自宅がある地域は極めて高線量だとわかっていた。結局男性が意見を通し出席しないことにしたが、後から聞くと、卒園式への出席率は半分くらいだったという。高線量であるのに、避難指示がないことが人々を苦しめていた。

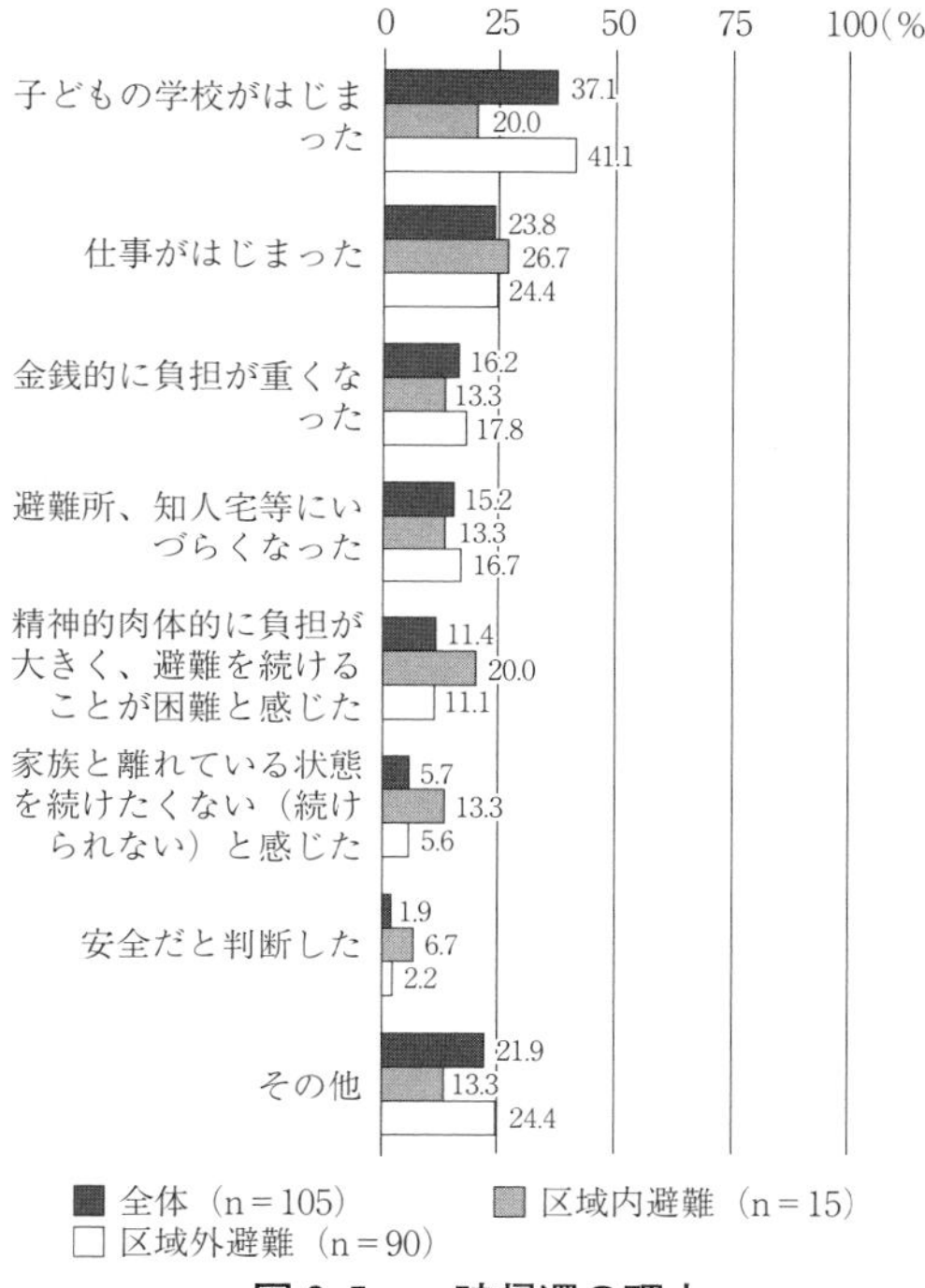

図 3-5　一時帰還の理由

注：図 3-1 に同じ。
出所：髙橋・小池［2018］61 頁。

　初期避難の間に国が指針を出してくれると思っていたのですが、何も出ませんでした。私が住んでいたところの福島の線量は一五とか一八（マイクロシーベルト）とか高いままなので、どうしようもありませんでした。避難勧奨地点ではありませんが、近くにはそういうところもあります。〔四〇代女性、中通り〔髙橋他、二〇一八、二〇六頁〕〕

親戚や知人宅へ避難した母子避難世帯は、当初は歓迎されたが、日にちを重ねるにつれ肩身が狭くなり、いづらくなったという。

親戚宅での生活では、私自身が先が決まらない苛立ちや、自宅に戻れない不安、移住をするのであれば主人と離れて一人で行くことになるのではという不安、長女の小学校の開始が迫っているなかでの焦りなどが強くなり、子どもにもきつく当たっていたと思います。それを見ていた親戚の人々にも悲しい思いをさせてしまって、避難する側も、受け入れる側も、両方が共にストレスを抱えていってしまいました。〔三〇女性、中通り〔髙橋他、二〇一八、二〇二頁〕〕

精神的にも肉体的にも負担が大きい初期避難だった。そのようななか、子どもの学校が再開し、あるいは仕事が始まった。ある女性は、子どもの小学校の入学式が四月五日にあると知り、三日に避難元に戻った。別の女性は、娘たちの新学期のため、また店を心配する母と共に帰った。夫が「帰る」と言いはじめ、渋々帰った女性もいた。

「避難した社長が帰るから」という理由です。夫の基準は社長にあったんですね。自衛隊が原発に放水して、それがうまくいけば帰れるというわけです。「そうだ、そんな悪い状況ではない」と思うようにしました。茨城に住んでいた友達の家に一泊させてもらい、途中、柏の葉公園で子どもを遊ばせました。後にホットスポットだとわかる公園です。帰りたくないけれど、帰るしかない。夫がいなくて、幼い子ども二人を連れて避難を続けるのは無理だと思いました。夫の実家に帰って、仕切り直しすることになりました。（三〇代女性、中通り〔髙橋他、二〇一八、二一〇頁〕）

(2) 放射能汚染下の「異常」な生活

初期に避難をしながら一旦帰還した世帯もある。他方、事故から一定期間、福島にとどまりつづけ、後に初めて避難をした世帯もある。放射能汚染下での生活はどのようであったか。

学校が始まりました。みんな帽子をかぶって、マスクして、長袖っていうかウインドブレーカーみたいなビニール素材のものを着て、ズボンも履いて。すごい格好で学校に行くんですね。ええって思ったけど、みんなそうなんだなと思って行かせてたんです。たまたま線量計が手に入って、主人が見たら、本当にすごい数値だったらしいです。そんな所を通学路で歩かせてるなんて絶対あり得ないと。（三〇女性、中通り〔髙橋他、二〇一八、二一二頁〕）

子どもは学校に行きたくないと泣き、母親から離れなくなった。毎日車で送り迎えをしたという。その子どもは、当時をふりかえり、「今まで台風とか地震があってもそんなこと言われたことなかったので、ちゃんとやらないと死んじゃうんじゃないか」〔髙橋他、二〇一八、二九一頁〕と思ったと語った。当時校庭での遊びは禁止され、運動会や

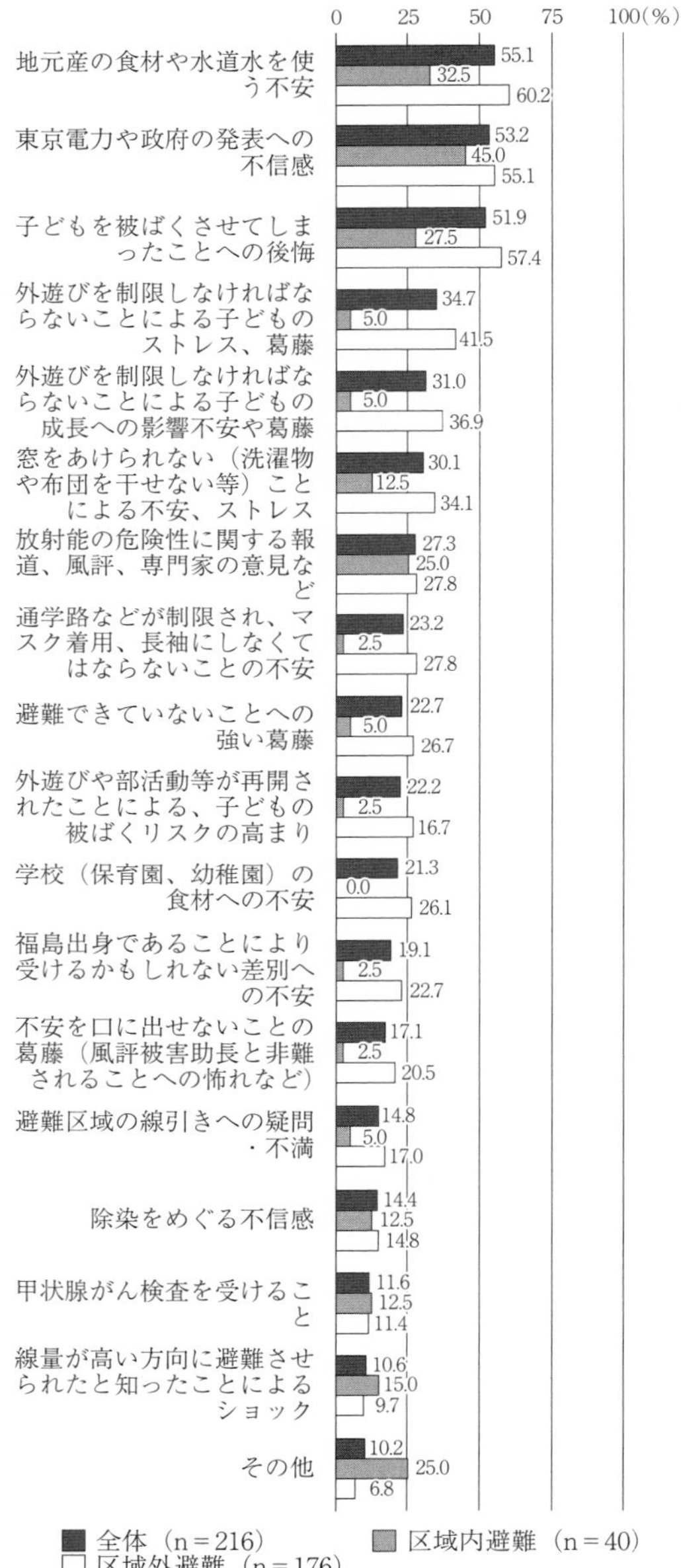

図 3-6　福島在住中の日常生活での不安

注：図 3-1 に同じ。

出所：髙橋・小池［2018］61 頁。

体育などの屋外活動も中止となった。

七月の小学校の授業参観に行ったところ、窓も開けず、冷房もない教室で蒸し風呂状態の中、子どもたちは授業をしていました。大人は暑くて教室にいられませんでした。近所の子どもが不登校になった理由がわかりました。（四〇代、中通り［髙橋他、二〇一八、二一二頁］）

給食の食材に「地産地消をするのは辞めてほしい」とお願いした女性もいた。学校は対応してくれなかった。電話に対応した職員に、「うちにも小さな子がいますが、食べさせています」と応じられ、悲しくなったと語った。図3-6によれば、一時帰還をした人の多い区域外避難を中心に、不安が強く出ていることがわかる。最も高いのは、「地元産の食材や水道水を使う不安」であり、区域外避難では六割を超えた。窓を開けられず洗濯物も干せず、外遊びもできない、「異常」な生活が繰り広げられていた。

(3)　高まる不信、被ばくさせてしまったことへの後悔

しかし、ある女性は、学校がはじまっても安全神話を信じていた。「大丈夫、だって危ない所に国や県が子どもを通わせるわけがない」と思っていた。県のホームページを見て「洗濯物は払えば大丈夫」と信じた。文部科学省の役人が学校に来て「校庭を二時間使ってもいい」と説明すると、それを額面通り受け取った。

他の保護者からは給食のこととか、原発で働いている人たちより甘い基準をなぜ許すのか、とか、ということを言っていました。〔中略〕「うちはもう避難させています。なのになんでみんなは避難させずに、こんな所に毎日子どもを通わせているのですか」と。そこまで言ったお母さんがいたんだけども、私はそのときに、安全をまるっきり信じてたので、「なんでそんなことを言って」というふうに思っていました。（四〇代女性、中通り〔高橋他、二〇一八、二〇四頁〕）

安全神話を信じる保護者とそうでない保護者の間で分断が始まっていた。「放射能に対して、どう思っているかを見極めるために、気持ちを探りながらの会話」は、「気持ちのいいものではなかった」とある女性はふりかえる。子

どもの学校では安全だと信じている保護者が「外で遊ばせて下さい」とお願いしていた。不安を訴えた母親に、学校側は「もっと勉強してください」と返した。後日学校は勉強会を開催した。

だけど、呼ぶのは（原子力政策）推進派の学者です。「気をつけて生活すれば大丈夫」「生活に気をつければ、ここで生活できます」としか言いません。気をつけるという事は、危ないから気をつけるという意味なのに。勉強会を聞いて、心配していたけど、大丈夫じゃんという父兄たちも増えてきて。自分は放射能に対して心配していると、肩身が狭く、声を挙げ辛くなりました。（五〇代女性、中通り［髙橋他、二〇一八、二一五頁］）

学校への不信は、複数の保護者の口から語られた。

小学校は放射能についてなんも対策してくれないのです。線量計を持たせたのですが、逆に、そういうものはもってくるな、と言われてしまって。家では、外出時にもマスクと長袖で対応して、お風呂でもまずシャワーでよく流してから、水も買ってきて、と予防対策をしていたのですが、学校では除染もしてくれないし。そのうち席替えがあって、娘が窓際になったのに教室の窓は開けっぱなしで「お母さん、どうしよう」と言われてしまって。（四〇代女性、中通り［髙橋他、二〇一八、二一五頁］）

不安を口に出すことが難しい雰囲気が醸成されていた。当初は安全だと信じていたある女性は、友人から「水俣病のこと、知ってる?」と聞かれ、インターネットで調べたことがきっかけで、考えを改めることになった。今も裁判が続き、救済されず、苦しむ人がいることを知ったからである。「あっ、国は助けてくれないんだ」と、無関心だったことを後悔し、急に不安になったという。

事故後一〜二か月の間、「東京電力や政府の発表への不信感」が高まったことは、データ分析からも確認できる。震災直後（前掲図3-2）は二割ほどだったが、四〜五月では大幅に高まり半数を超えた（前掲図3-6）。学校では安心が強調される一方で、SPEEDIによる測定結果の非公表や、メルトダウン隠しも報道された。高線量地域でも避難指示がだされず、杜撰な除染への不信感、線量が高い方向へ避難させられたことへの不信感も増していった。

ゴールデンウィーク明けに、「メルトダウン」や「SPEEDIの情報隠し」などが報道されました。改めてインターネットでチェルノブイリのことを調べたりしていました。NHKで『終わりなき人体汚染』という、チェルノブイリ十年後のドキュメンタリーを見るなかで、「自分はなんて危険なところに住んでいるんだ」と改めて思うようになりました。十年たっても放射能の影響で苦しんでる人たちがいて、土地が全部汚染され続けている。そして当時、三歳だった女の子が、十年後、小児がんになって背中にこぶができて、あっという間に亡くなってしまって、その葬式のシーンから始まるんですよね。当時、うちの娘がちょうど三歳で、そのことと重なって、涙、涙で。うちの子も死んじゃうかもしれない。死んじゃうどころか、今、避難もしてないのに、どうなっちゃうんだろうっていう不安がすごい大きくなってきました。（四〇代女性、中通り〔髙橋他、二〇一八、二一五頁〕）

前掲図3-6によれば、避難区域外で、「子どもを被ばくさせてしまったことへの後悔」を感じた人は半数を超えた。事故後の線量が高い時期に福島内に留まったことへの強い後悔の念であった。その人たちの大半は同時に、「東電や政府の発表への不信感」を持っていたと答えている。

5　本避難の決断と葛藤

以上にみた放射能汚染下での不安は、まさに本避難のきっかけともなった（図3-7）。「将来の健康不安」を感じて本避難のきっかけとした避難者は全体で七割、とりわけ区域外避難では八割を超えた。「政府の発表や情報公開への不信」を挙げた人も半数近くある。

区域外避難では、この他に、線量を自ら測るなど、様々に調べた、子どもの成長に悪影響があると判断した、などの理由を挙げた世帯三割に及ぶ。さらには、子どもの健康状況に異変を感じたという世帯も二〇％前後、家族（成人）の体調の異変を挙げた世帯一割以上となった。これらの数値は、震災直後（前掲図3-2）と比べて高くなっている。では具体的に見ていくとしよう。

(1)　放射線量の測定

不安に駆られた保護者たちは、インターネットで情報を集めるとともに、放射線量の測定も始めていた。当時は地域内の多くにすでにモニタリングポストが設置されていたが、住民たちは自ら自宅周辺、自宅の庭や雨樋の下、自宅内通学路や公園、学校など、子どもの生活圏全般の線量を測定した。

シンチレーション式の線量計を二つ購入して、いろいろなところを測定していました。〔中略〕どちらの線量計で測定しても、なお高い数値を示している。震災前がおよそ〇・〇四くらいだったのが、自宅の雨樋で一・〇、水たまりでは二・九の数値を指していました。学校、まちなか、公園にあるモニタリングポストの値も、信用できませんでした。私の線量計と数値が違うからです。その後、初期に設置したモニタリングポストに不備が見つ

かり、別のモニタリングポストが設置されたのですが、その数値にも疑問がありました。（五〇代女性、中通り
［高橋他、二〇一八、二二七頁］

モニタリングポストの値が、自己計測と異なることが、多くの口から語られた。当たり前のことである。同じ住宅内でも、道路、側溝、雨樋、屋根、などで検出される線量は異なり、風向き一つでも、また地上高が五〇センチメー

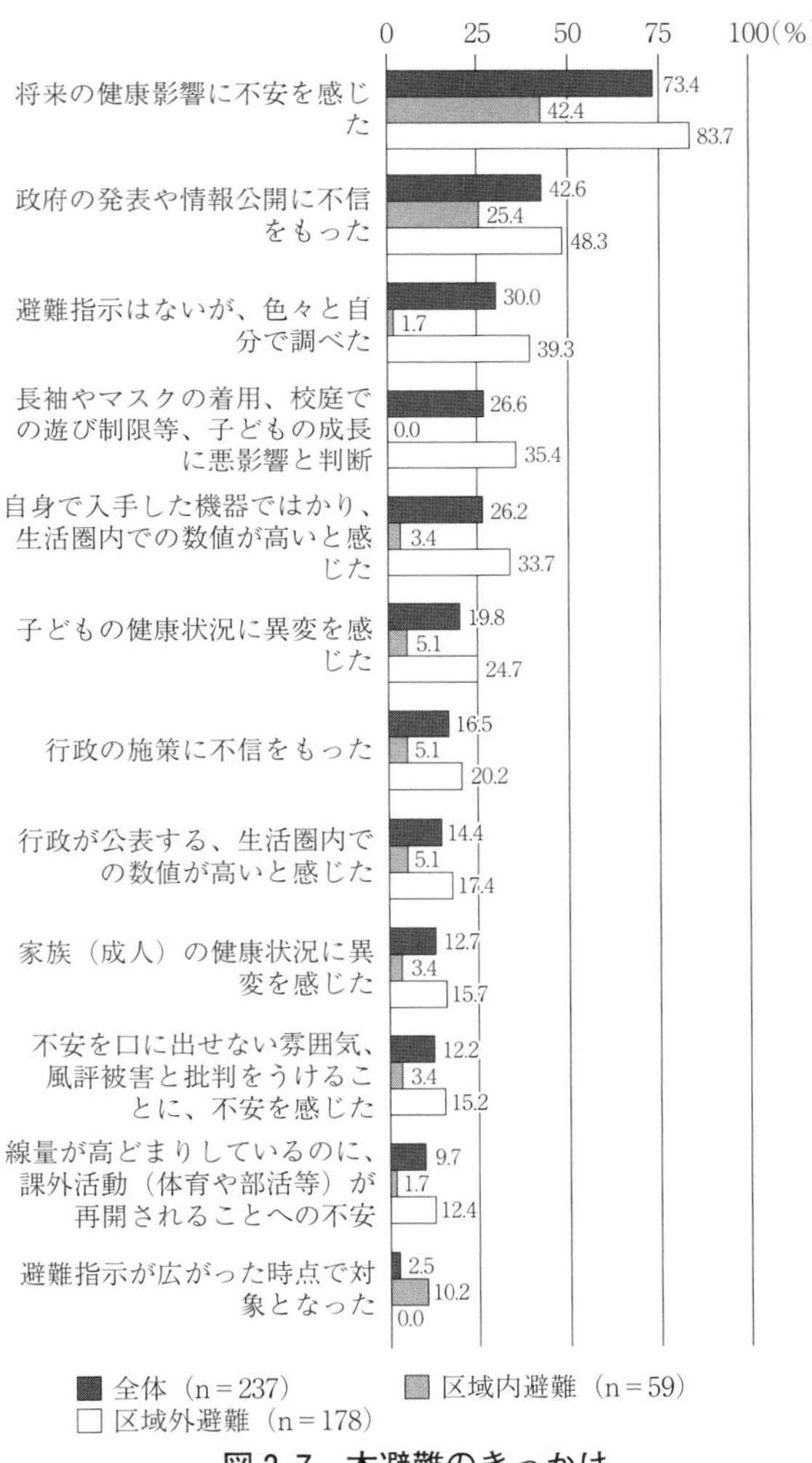

図 3-7　本避難のきっかけ

注：図 3-1 に同じ。
出所：高橋・小池［2018］62 頁。

トルか一メートルかによっても異なりうる。モニタリングポストは掃除し除染されているとの指摘もあった。自己計測をした大半の人々は、自分たちの生活圏は極めてリスクが高く、子どもにとっては安全ではないと感じた。

五～六月に、通学路とか周囲の線量を測ったことがあります。普通じゃなかった。「こんなにあるんだ」と感じました。国や県に期待するより自分で動いた方がいいと思うようになりました。後悔したくなかった。女の子なので、子どもの子どものこともあります。先々心配するより、ここを出た方がいいと思いはじめました。（四〇代男性、中通り［髙橋他、二〇一八、二二三頁］）

〔線量計を〕何とか借りてきて、家の中を測りました。そうすると、線量の高さにビックリしました。特に二階の子ども部屋は、市が発表していた線量とまるっきり同じだったんです。うちが木造で遮蔽しないのと、屋根に放射性物質が積もっているので、子ども部屋が一番高くなっていました。一番びっくりしたのが、子どもの寝ていた枕元でした。測ったらとんでもない値でした。その値を見たら涙が止まらなかったんです。子どもたちに申し訳なくて。こんな所に毎晩寝かせていて、親として申し訳なくて。（四〇代女性、中通り［髙橋他、二〇一八、二一八頁］）

中通りに住む彼女の自宅では、壊れていた雨どいの付近が最も高く、毎時二三マイクロシーベルトだった。年間二〇ミリシーベルトをはるかに超える値である。「こんな〔線量が〕高い所に、これ以上、子どもをおけない。だからもう避難できないなんて言っていられないと思いました。家はすごい大事だったんだけれども、でもその高い値を見たら、もうどうすることもできないと思うようになりました」［髙橋他、二〇一八、二一八頁］と、母親は悲痛な思いを語った。

この母親のように、自力で線量を測定した世帯はすべて、リスクが高いと受け止めていた（図3-8）。一方、「安全と思った」という回答はゼロであった。回答した全世帯が、安全性について否定的な判断をしていたことがわかる。

(2)　体調の異変

体調の異変も、本避難の決断を促す大きな要素だった。前掲図3-7では、「子どもの健康状況に異変を感じた」と答えた世帯が、区域外では四分の一にのぼった。これは震災初期（前掲図3-2）の二倍程度である。具体的には、「鼻血」「季節はずれのインフルエンザ」「下痢」「肌荒れ」やアトピー性皮膚炎の悪化、などが語られた。

娘が熱を出したんです。上がったり下がったりして、なかなか治らないんです。そうすると、長男と次男も次々と熱を出して、みんな体調不良を起こしてしまいました。お医者さんにも相談しました。「もしかしたら放射能の影響ではないのですか？」とたずねても、全然取り合ってくれませんでした。でも次男の意識が朦朧としてきておかしな事を言い出

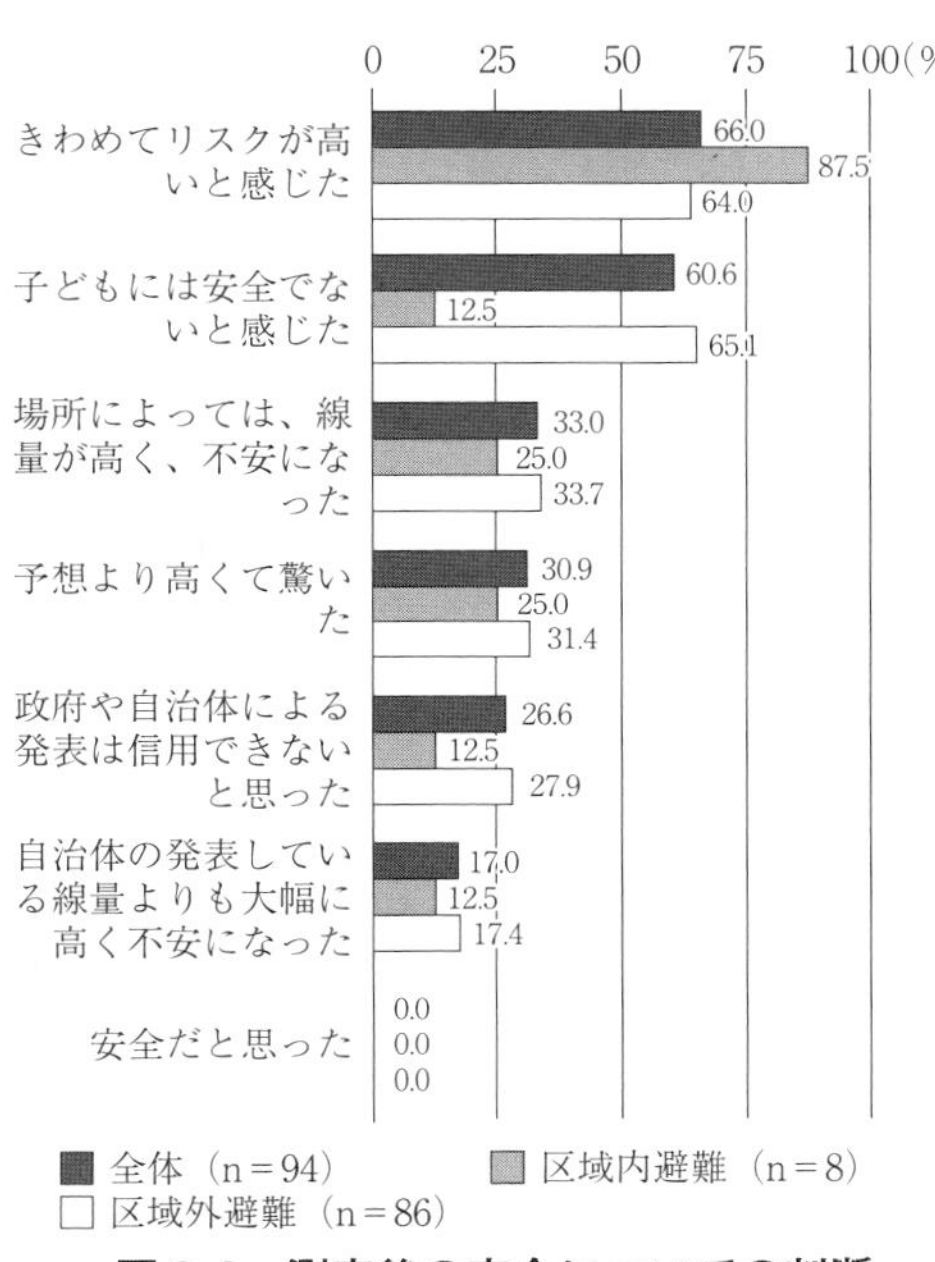

図3-8　測定後の安全についての判断

注：図3-1に同じ。
出所：髙橋・小池［2018］63頁。

しちゃったから、ビックリして救急車で病院に連れて行きました。検査したらインフルエンザだったんです。要は脳症とか起こしかけて。けど、六月ってインフルエンザってあまり結び付かないから、私たちもまさかインフルエンザとは思わなかったんです。（四〇代女性、中通り［髙橋他、二〇一八、二一八頁］）

急に下痢になったり、また原因不明の激しい嘔吐に見舞われたり、通常では考えられない体の異変を感じていました。〔中略〕福島に戻ると、家族の中で一番体が弱かった娘にすぐに異変がでました。頭痛、腹痛、吐き気。聴力も落ちました。もともとアトピー性皮膚炎だったんですけれど、ひどくなり、毎晩かきむしっていて、肌が剥けている状態でした。薬もどんどん強くなり、飲み薬も処方されるようになりました。（四〇代女性、中通り［髙橋他、二〇一八、二一八頁］）

事故からしばらくたってからでも、避難すると決めたきっかけは、子どもの鼻血です。直後から普通じゃない量の鼻血を、一日数回所構わず、寝ていても鼻血が出ていたので、心配になって五ケ所の耳鼻科に連れて行きました。どの病院も、「粘膜が薄い」「毛細血管が多く集まっているところが傷ついて、なかなか治らないので、出血しやすい」と言われて、最後に行った病院で、レーザーの手術をしました。それでも次の日もやっぱり鼻血を出して、結局無駄だったのかなあ。震災前は鼻血を出さなかったので、放射能の影響ではと思うようになりました。鼻血の一日の回数も増え、量もティッシュで間に合わないぐらい大量にでました。（五〇代女性、中通り［髙橋他、二〇一八、二一七頁］）

福島県での鼻血の体験については、二〇一三年の漫画『美味しんぼ』において描写され、非科学的とバッシングが起きた。しかし、本調査以外にも、複数の調査において、体がだるい、めまい、目のかすみ、吐き気、疲れやすいという症状とともに、鼻血も多くみられていたことが示されている(1)。

(3) 外で遊べない子どもたち

本章の冒頭にも書いたように、福島県では自然に親しんだ環境でのびのびと子育てをしている人が多かった。子どもたちは、道端で花を摘み、石を拾い、虫を捕まえ泥まみれになって遊ぶものだ。ある女性の息子も、サンショウウオをとったり、ヤモリをとったり、泥の中に手を突っ込んで遊ぶのが大好きだった。しかし、事故後は「汚染されているから、しちゃいけない」と言い聞かせてきた。その思いは、同居している義父に届かなかった。

オムツとかが足りなくなったので、下の娘を連れて買い出しに行ったんです。息子をおいて。留守中、義理のおじいちゃんが息子をザリガニ取り、ドジョウとりに連れて行ったんです。「なんでおじいちゃん、外に出さないでと言っていたのに」と思いました。外に行くのが間違っているし、ドロドロになって、ザリガニとドジョウを取って、泥だらけで帰って来たんです。(三〇代女性、中通り〔髙橋他、二〇一八、二〇二頁〕)

外遊びもさせたいが、子どもたちを被ばくから守りたい。切実な思いを抱えた母子を支援しようと、全国各地で、多くは市民グループレベルで保養プログラムが展開されてきた。ある企画に参加した母親の語りである。

福島に帰る前日に、新潟にいる福島のおかあさんたちが、集まってくれました。そこには砂浜が有り、最初は友だちと遊んでいて、その子たちは夕方になると、建物の中に戻ったけれど、うちの子どもは日が暮れて、暗くなっても、飽きずに遊んでいました。「本当はこうして外で遊びたいんだよね、ほら、これが子どものメッセージなんだよ」と、あるお母さんが言いました。「そうだよね、そうだよね」と、そこにいたお母さん全員が泣いていました。「自分は子どもの時、外で遊んでいたのに、自分の子どもは、外遊びを知らないまま大人になるなんて、可哀相すぎる」と思うようになりました。何も気にしない生活をさせたいと思ったのが、避難することを決めた瞬間でした。（五〇代女性、中通り〔髙橋他、二〇一八、二一九頁〕）

震災前と変わらない、自然と親しんだ生活を送ることは、極めて重要なことだった。「子どもとしての本来の感覚を養う段階で、必要なことを体験させられている。それが全て」〔髙橋他、二〇一八、二五七頁〕だったと、ある母親は本避難の理由を語った。

(4)　本避難の決断と葛藤

以上のような理由から、多くの世帯は本避難を決断していくのだが、すぐに実行できるとは限らなかった。仕事をすぐやめることができなかったり、子どもが卒業まで福島にいたいと希望し、一年待った女性もいた。そのために家族が二手に分かれたケースもある。しかし本避難をめぐっての最大の要因は経済的理由である。

住宅のローンや子どもの教育のことなど、経済的な理由からなかなか避難に踏み切れませんでした。上の子も卒業を控えていたし。まずは娘だけでも連れて避難しなきゃいけないっていう気持ちにはなったんだけども、どこ行ったらいいか分かりませんでした。（四〇代女性、中通り〔髙橋他、二〇一八、二一五頁〕）

実際は避難したかった人がもっといました。お金があれば避難したかったという声を聞いたこともありました。
（四〇代女性、中通り［髙橋他、二〇一八、二六六頁］）

量的分析においても、特に区域外避難において金銭的負担増への不安は葛藤の理由として最も多く挙げられている（図3-9）。というのも、避難指示がなかった地域からの避難世帯には、なんら補償がなかった。この点、災害救助法の弾力運用による民間借上げ仮設住宅制度は、実質的に区域外避難世帯に唯一提供された資金的支援であり避難者の命綱ともなった。家賃六万円（五人以上の世帯は九万円）という簡素なアパートが借り上げられるぐらいの金額を上

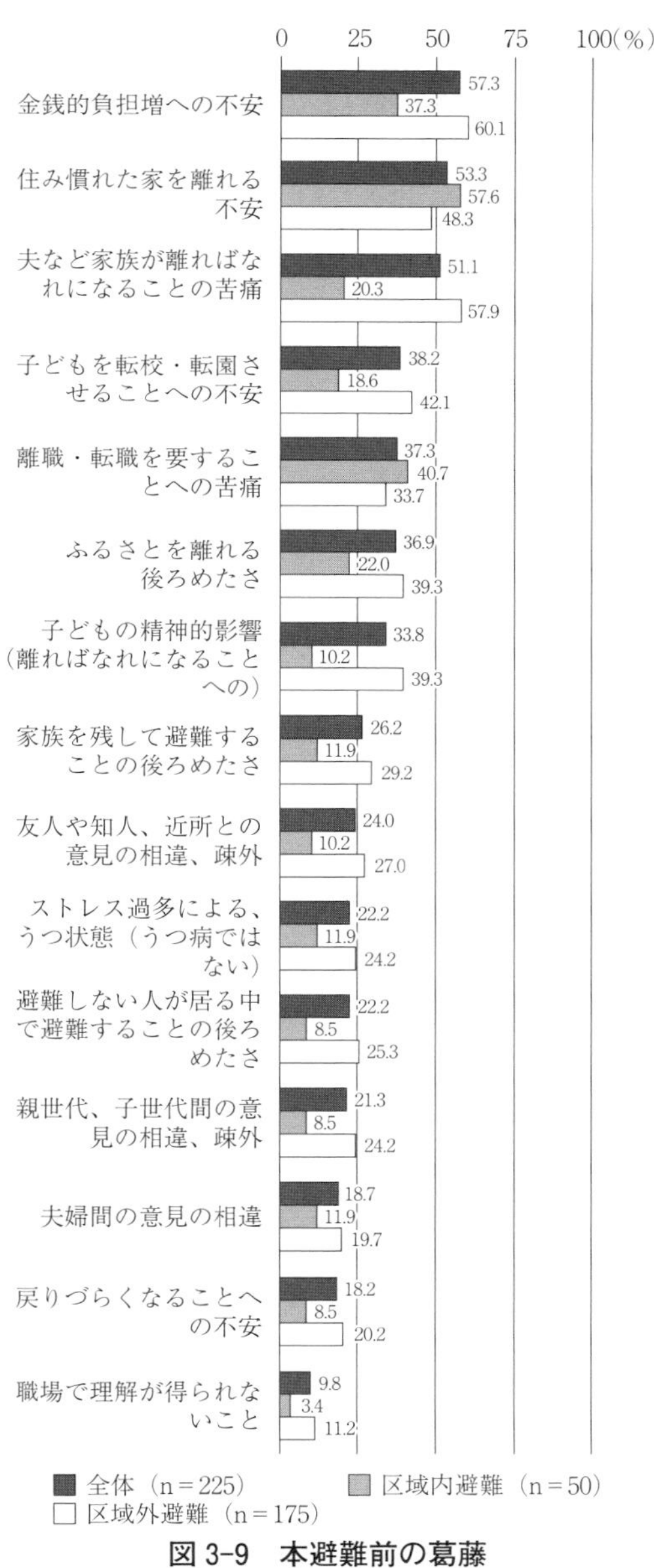

図 3-9　本避難前の葛藤
注：図3-1に同じ。
出所：髙橋・小池［2018］64頁。

限として、県が借上げ避難者へ提供するという制度である。新潟県では避難指示の有無を問わず受け入れることが決まっていた〔髙橋編、二〇一六、八六頁〕。七月一日に募集が始まり、その後二〇一二年度末まで募集が続いた。民間借上げ仮設住宅には、赤十字社から家電六点セットも提供されたが、その配給に時間がかかったため、実質的には二〇一一年八月から九月以降に、借上げ住宅への入居が順次はじまっていった。

住む場所がかろうじて確保できたとしても、住み慣れた家を離れる不安も大きかった。一度も福島から出たことがなかったというある女性は、「自分は長女で、主人は長男、それぞれ年老いた両親」がいる中での母子避難となった。仕事の関係で、多くの父親は福島県に残り、母子だけが避難するといういわば母子避難のスタイルが主流となった。母親たちは、「知らない土地で、子どもを守って生活できるのだろうか」と強い不安を抱えた。家族が離ればなれになる苦痛もあった。

子どもにどのように伝えるかも難題だった。ある女性も、「今までのお友だちと一緒だったのが別れてしまうのは、寂しいかもね、と伝えると、大泣きをした」〔髙橋他、二〇一八、二二三頁〕と語る。別の女性は、長男は同意したが、次男が納得しなかったと述べた。一方、冷静にポジティブに受け止めた子どももいた。

六月ぐらいに新潟に下見に来たので、転校するんだなって思いました。お父さん、お母さんから「福島は危ないから、隣の新潟に行こう」と言われました。三月から四月の間に新潟に避難していたこともあって「そこに行こうと思うんだけど、どう思う？　いい？」って言われたので、「離れるのは寂しいけど、新しい友だちできるし、どんな所か楽しみだからいいよ」って答えました。転校することについて、仲良かった子もいたので離れたくないって思ったけど、新しい友だちができるならいいかな、みたいに、極力ポジティブに捉えるようにしていました。ネガティブに捉えたらきりがないって思ってました。（中学生〔髙橋他、二〇一八、二九一頁〕）

ある母親は、新潟に行きます、と伝えると、「学校から避難で転校する人はいないんですけどね」と言われた。ところが、新潟に来たら同じ学校の子どもがいた。以下、その子どもの語りである。

私は避難するまで、他の友だちより時間があった方かな。早い子は学年が変わる段階でいなくなっていました。クラスの三分の一ぐらいはいなくなっていました。学校の友だちにも家庭の事情で引っ越すことになったことを伝えました。言いにくい感じではなくて、みんながそうだよね、みたいに納得してくれる。「寂しいよね」とは言ってくれるけど、でも頑張ってねっていうふうに。〔中略〕幼稚園の時の友だちは、今はもうどこにいるかわからないです。震災の時、東京や仙台、九州に引っ越した子もいるし。一応、家の関係でって言っているけど、避難だよねみたいな感じでした。一気に少なくなった。みんな口には出さないけど分かっていて、触れないほうがいいよねって。（中学生〔髙橋他、二〇一八、二九一頁〕）

暗黙の了解は、大人たちの間でもあった。「あの頃は、おそらくみんなが出たいと思っていた」「それでも出られない人もいるのに、言えない」とある中通りの母親は語った。

避難をめぐって見解の相違がある中で、家族や親戚にどのように伝えるのかも難問だった。出発の一週間前に、福島に残る母親に伝えると、心配して倒れて寝込んでしまったケースもあった。何も言わずに見送るケースもあれば、断絶するようなケースもあった。

総じて、初期避難による苦労は、避難区域内外で大きく異なる。避難が強制された区域内避難世帯は、衣食住、職業という生活基盤を初期より失い、着の身着のまま、孤立を余儀なくされ、何度も避難場所を移転せざるをえなかった。それは、まさに壮絶な体験であり、想像を絶する苦難の連続であったであろう。区域内避難世帯の多くは、一時帰還もほとんど経験することなく本避難に移行している。

これに対し、区域外から初期避難をした世帯の多くは、学校や職場の再開により、一時帰還した。しかし、福島における生活は、外遊びの制限やマスク着用など尋常ではない生活環境の中で、別の意味でやはり苦悩の連続であった。体調の異変もみられたと多くの避難世帯が述べているが、実際に、避難が遅れた地域ほど子どもの「放射能の影響が考えられる症状の発症」率が高くなっていることも付言しておきたい。それはまさしく、健康不安を解消するための避難であり、熟慮を重ねた上での個々にとっての合理的選択でもあった。同時に、経済的負担の増大、仕事の喪失あるいは世帯分離、人間関係や社会的関係の喪失など、様々な自己犠牲を払っての苦渋の決断であった。この過程において、適切な情報提供や支援・賠償がなされなかったことが、政府や東京電力へのさらなる不信を招くことになっていくのである。

付記　本章は、髙橋若菜・清水奈名子・阪本公美子・小池由佳・関礼子・高木亮輔・藤川賢［二〇一八］『二〇一七年度 新潟県委託 福島第一原発事故による避難生活に関するテーマ別調査 業務調査研究報告書 子育て世帯の避難生活に関する量的・質的調査』（研究代表者・髙橋若菜）、髙橋若菜・小池由佳［二〇一八］「原発避難生活史（一）事故から本避難に至る道――原発避難者新潟訴訟・原告二三七世帯の陳述書を基とした量的考察」『宇都宮大学国際学部研究論集』第四六号、五一〜七一頁と一部重複する内容がある。また本章は、JSPS科研費（一八KT〇〇〇一、一五K一一九二八、一七KT〇〇六三）による助成研究の成果の一部である。

注

（1）　福島県浜通りの避難指示区域（双葉町）と宮城県丸森町筆甫地区、滋賀県長浜市木之本町の健康状態の比較調査による［中地、二〇一三］。

参考文献

関礼子［二〇一八］「語り（二）区域外子育て世帯」髙橋若菜・清水奈名子・阪本公美子・小池由佳・関礼子・高木竜輔・藤川賢『二〇一七年度新潟県委託　福島第一原発事故による避難生活に関するテーマ別調査業務　調査研究報告書　子育て世帯の避難生活に関する量的質的調査』一一一〜一四八頁。

佐藤康雄［二〇一三］『放射能拡散予測システムＳＰＥＥＤＩ――なぜ活かされなかったか』東洋書店。

髙橋若菜・清水奈名子・阪本公美子・小池由佳・関礼子・高木竜輔・藤川賢［二〇一八］『二〇一七年度　新潟県委託　福島第一原発事故による避難生活に関するテーマ別調査　業務調査研究報告書　子育て世帯の避難生活に関する量的・質的調査』（研究代表者・髙橋若菜）、資料一‐一　証言集［https://www.pref.niigata.lg.jp/uploaded/attachment/93783.pdf］（最終閲覧日二〇二一年一〇月一五日）。

髙橋若菜・小池由佳［二〇一八］「原発避難生活史（一）事故から本避難に至る道――原発避難者新潟訴訟・原告二三七世帯の陳述書を基とした量的考察」『宇都宮大学国際学部研究論集』第四六号、五一〜七一頁。

髙橋若菜編・田口卓臣・松井克浩［二〇一六］『原発避難と創発的支援――生かされた中越の災害対応経験』本の泉社。

中島映至・大原利眞・植松光夫・恩田裕一編［二〇一四］『原発事故環境汚染――福島第一原発事故の地球科学的側面』東京大学出版会。

中地重晴［二〇一三］「水俣学の視点からみた福島原発事故と津波による環境汚染」『大原社会問題研究所雑誌』第六六一号、一一月号、大原社会問題研究所、一〜一九頁。

コラム1　福島県内における原発事故後の不安と避難

阪本公美子

　福島原発事故後、福島県内の子育て世代は、どのように感じ、どの程度の人々が避難を考えていたのだろうか。福島原発事故発生から五か月後の二〇一一年八月に、ふくしま子育て支援ネットワークの事務局を運営するうつくしまNPOネットワークと共同で、FSP（宇都宮大学福島乳幼児・妊産婦支援プロジェクト）とFnnP（福島乳幼児・妊産婦ニーズ対応プロジェクト）が、福島全域で行った緊急アンケート［宇都宮大学国際学部附属多文化公共圏センター（CMPS）福島乳幼児・妊産婦支援プロジェクト（FSP）他、二〇一二、三〜六頁］を振り返ってみたい。

　福島県内の子育て世帯二三八名のうち、ほとんどの親（二一八名、九二％）が、東京電力福島第一原発からの放射能汚染で子育てに関して不安があると感じていた。その不安に対して、九八名（四一％）が、より放射線の少ないところに避難をしたいと考えていたが、その多く（七六名）は、仕事、資金、学校関係、生活不安などの事情で実現が必ずしも容易ではないと考えていた。また、避難を考えていない九〇名（三四％）の世帯も、仕事や学校などの理由で考えていない、という。つまり、不安を解消するために大多数の子育て世帯が避難をしたいと考えていたが、仕事や学校に縛られ、実現することができなかったのである。

　子どもの健康を思う親の不安と葛藤の声も切実であった。

　一日も早く子どもが安心して生活できる環境を返してください。

子どものことを思えば、避難を考えない親はいないと思う。〔中略〕子どもがどんな苦しみ、悲しみにさらされるのだろうと考えると胸がつぶれる思いだけど、今の私はどうすることもできない。

私たちの三〇年後はどうでもいいですが、子どもたちの三〇年後を考えると心配です。〔中略〕子どもを守ることができないこと情けなく感じます。

このような次世代の子どもたちの健康に関する親の不安に関しては、国はほぼ無策であったと言わざるを得ない。新潟をはじめとする他自治体や市民による避難者支援、市民による保養や受け入れなどに頼りながら、個人・市民・自治体が試行錯誤するしかない状況があった。

アンケートを実施する前は、子育て世帯の不安や、避難に対する希望はあまりないのではないか、という懐疑的な意見を多く聞いた。それは、原発事故後、放射能汚染を受けた地域において、子どもの健康に関する不安を発言することもはばかられる雰囲気がつくられていたからであった。子育て世帯の不安は、地域から離れたところで、ようやく引き出すことができた本音であった。復興、そして東京オリンピックの開催を通して、ますます市民の切実な声がかき消されていく雰囲気が形成されてきた。地域において本音で不安を相談し、地方自治体や国家も一丸となってその不安を解消し、問題を解決していく社会を形成するまで、道のりは長い。

参考文献

宇都宮大学国際学部附属多文化公共園センター（CMPS）福島乳幼児・妊産婦支援プロジェクト（FSP）、うつくしまNPOネットワーク（UNN）、福島乳幼児・妊産婦ニーズ対応プロジェクト（FnnnP）、［二〇一二］『福島県内の未就学家族を対象とする原発事故における「避難」に関する合同アンケート調査』宇都宮大学国際学部附属多文化公共圏センター。

第四章　避難生活の苦渋と自己責任化をめぐる問題

清水奈名子

1　はじめに――避難の長期化と「自己責任」論

第三章でみたように、東京電力（東電）福島第一原発事故は避難指示区域内だけでなく、避難指示が出されなかったものの、原発事故によって放射能汚染を受けた地域の一部の住民らは、事故後の混乱した状況のなかで避難をせざるを得ない状況に置かれた。こうした原発避難の特徴の一つが、避難の長期化という問題である。避難者の多くは、放射線被ばくによる健康影響を懸念していたことに加えて、余震が続くなかでさらなる原発からの放射性物質の放出を懸念していた。大量に放出された放射性セシウム一三七の半減期は約三〇年、また楽観的すぎると批判されてきた東電の廃炉計画でさえ廃炉措置終了までに三〇～四〇年が想定されているなど、いずれの問題も長期化が避けられないことから、結果として避難生活も長期化している。

その一方で、政府の原子力災害対策本部が二〇一五年六月一二日に発表した福島復興指針改定案において、避難指示解除準備区域と居住制限区域について、二〇一七年三月までに避難指示を解除すると発表した。(1) これを受けて福島県は三日後の六月一五日に、避難指示区域外からの避難者に対する応急仮設住宅（借上げ住宅を含む）の提供打ち切りを発表したのである。(2) これは、帰還困難区域からの避難者には「住居確保損害」の賠償を追加で支払うことで避難先への移住を可能にしたうえで、帰還困難区域以外の避難指示の解除と住宅支援の打ち切りによって住民の帰還を促そうとする、「避難終了政策」の性格が強いものであった〔除本、二〇二〇、八頁〕。

この応急仮設住宅提供打ち切りによって最も深刻な被害を受けたのが、区域外避難者であった。少額の賠償しか認定されていないために、避難によって発生した経済的・精神的負担を背負いつつ「自力避難」〔青木、二〇二一、四九頁〕を続けていた多くの人々が、窮地に立たされることになったのである。避難当事者や支援者から打ち切り政策の撤回を求める声があがるなか、二〇一七年四月四日の復興庁記者会見においてもこの問題が取り上げられた。「これから母子家庭なんかで路頭に迷うような家族が出てくると思うんですが、それに対してはどのように責任をとるおつもりでしょうか」「帰れない人はどうするんでしょうか」等と質問された今村雅弘復興担当大臣（当時）は、「それはね、帰っている人だっていろんな難しい問題を抱えながらも、やっぱり帰ってもらってるんですよ」「どうするって、それは本人の責任でしょう」「裁判だ何だでもそこのところはやればいいじゃない」と発言し、「自己責任ですか」という問いかけに「それは基本はそうだと思いますよ」と答えたのである。(3) 今村大臣は同年三月にもNHKの番組のなかで、区域外避難者に対する支援策に関して答える際に、「ふるさとを捨てることは簡単」と発言し、批判を受けたばかりであった。(4)

その後大臣は謝罪したものの、これら一連の発言は、避難を続ける人々への無理解や偏見に基づく差別、いじめ、バッシングが問題となっていたなか（第五章参照）、避難者に問題の責任を転嫁しようとする論調を象徴していた。このように避難者の「自己責任」問題として長期化する原発避難を位置づけようとする立論は、全国各地で続けられている避難者訴訟における政府、東電の主張にも見られる。避難を開始または継続するに足る「合理性」や「相当性」は十分に認められない、といった政府や東電による主張の一部は、判決のなかでも採用されており、区域内避難者と区域外避難者に対する賠償額の大幅な格差をもたらしてきた〔除本、二〇一六〕。

これらの長期化する避難を避難者の「自己責任」と見なす主張は、避難者訴訟においても認定されてきた包括的な「平穏生活権」〔吉村、二〇二〇〕をはじめとする権利の否定につながるだけでなく、避難せざるを得ない状況に置かれつづけた人々への無理解や偏見を助長する点においても問題がある。避難者が実際に抱えた困難な状況を理解しないまま、「お金があるから避難している」「勝手に逃げている」という、事実に基づかない非難が増幅されているのである。

そこで本章では、特に区域外避難者はなぜ本避難を決断したのか、その結果いかなる影響や被害を受けたのか、また帰還をしない理由は何であるのか、帰還を選択した人々は帰還によって問題は解決しているのかについて、先行研究や判例をはじめ、二〇一七年度の新潟県委託調査として本書執筆者らが実施した子育て世帯の避難生活に関する質的調査〔髙橋他、二〇一八〕、原発避難者新潟訴訟の陳述書にもとづく量的調査〔髙橋・小池、二〇一八、二〇一九〕、さらに二〇二一年一月に実施した新潟県に居住する区域外避難者を対象とした追加の聞き取り調査結果を参照しつつ検証していく。以上の作業を行いながら、長期化する避難によって発生した権利侵害の実態を明らかにすると同時に、避難の合理性、相当性を評価するために避難者訴訟において採用されてきた基準がもつ問題についても考察していく。

2　本避難決断の理由——突出する健康影響への不安と不信感

前述した新潟県委託調査の報告書では、新潟避難者原発訴訟の区域外避難者一三八人の陳述書を分析した量的調査の結果が示されている。第三章の図3-7に示したように、本避難を決断した理由やきっかけとして最も多くの避難者（二〇二一年三月二〇日までの初期避難やその後の一時帰還をしていない回答者を含む）が挙げたのが「将来の健康影響に不安を感じた」であり、区域外避難者ではその割合は八三・七％にのぼる。同じく、区域外避難者による健康影響に関連する他の回答としては、「子どもの健康状況に異変を感じた」が二四・七％、「家族（成人）の健康状況に異変を感じた」が一五・七％となっている。区域外避難者の多くが避難の理由として健康影響を最も重視していたことは、初期避難をした理由と共通してるだけでなく、福島県在住中の日常生活での不安として最も多くの区域外避難者が選んだ「地元産の食材や水道水を使う不安」（六〇・二％）、次いで回答率の高かった「子どもを被ばくさせてしまったことへの後悔」（五七・四％）［髙橋・小池、二〇一八］とも密接に関連していると思われる。

本避難を決めた理由・きっかけとして次に高い回答率となったのは「政府の発表や情報公開に不信感を持った」の四八・二％であり、次いで「避難指示はないが、色々と自分で調べた」が三九・三％、服装、遊びの制限等、「子どもの成長に悪影響と判断」が三五・四％、自己測定で「生活圏内での数値が高いと感じた」が三三・七％となっている。他の関連する回答としては、「行政の施策に不信をもった」二〇・二％、「線量が高止まりしているのに、屋外活動再開への不安」一二・四％となっており、行政が発表する情報だけでなく、放射線防護に関する施策にも不安や不信感をもっていたことがわかる。

以上の結果を分析すると、避難指示が出ていないにも拘らず本避難を決断した理由としては、放射線被ばくによる健康影響への不安が突出しており、また六割以上が線量が最も高かった事故当初に初期被ばくを避けられなかった後悔から、追加被ばくを避けるために避難を継続することにした経緯が浮かびあがってくる。また家族のなかで大人、子どもいずれも体調不良を理由に避難した世帯があることも、留意が必要である。

さらに原発での過酷事故という緊急事態のもとにあったにも拘らず、政府、東電のいずれの事故責任主体も、その対応や情報公開に問題を抱え、必要な時に必要な防護措置や情報が提供されなかった［ｓｔｕｄｙ２００７、二〇一五］。その結果、行政が公表する情報に不信感を抱き、本避難前に多様な情報を自ら入手したり、生活圏内の線量を計測した避難者も多い。新潟県委託調査のなかの質的調査では、行政不信に関して以下の証言が寄せられている。

避難前の役所には期待はありません。問い合わせをしても、あなたたちの前に、こちらに住んでいる人がいますからと言われます。住んでいる人が優先で、勝手に出ていったんでしょうという態度です。もともとの避難のときにも、うちの近所の公園の数値だけが出なかったんですよね。「なんで？」ってきいたら「パニックになるから公表はできない」って。だから役所に期待はないんですよ。（三〇代女性、中通り〔髙橋他、二〇一八、二六四頁〕）

放射能相談センターといった窓口が全国にあって、電話したこともあります。でも、そこで電話に出たおじさんが、放射能なんか全然気にしなくていいよ、と、あまりにも軽く言われて。飯舘村で、山下俊一さんが講演して大丈夫と言った二、三日後に強制避難が決まったのもその頃で、その新聞記事を電話で読みながら、こういう記事も出ていたので、わたしはやっぱり大丈夫だって言われても避難したいんですけど、と言ったら、避難するお金があるなら被災者のために募金しなさい、と。それで、不信感が増したんですよね、電話も、こんな対応なのとかって。（四〇代女性、浜通り〔髙橋他、二〇一八、二〇六頁〕）

後の第四節で取り上げるが、裁判所等が避難の合理性や相当性を判断する際に、この行政等に対する不信感から、人々は公表された数値や情報をそのまま受け取ることができずに現在に至っているという問題は、十分に検討されていない。しかし最も汚染が深刻であり、適切な放射線防護措置が必要であった事故直後に、情報が公開されず、または放射線による健康被害のリスクを過小評価し、必要な対策が取られなかったと多くの避難者が証言をしている。

3　避難先での困難——経済的負担増と家族関係の悪化

避難指示区域内外を問わず、原発避難者が避難先で経験した困難は多岐にわたるが、区域外避難者が避難先で経験した困難としてとりわけ特徴的であったのは、経済的な負担増による生活上の困難と、家族関係の希薄化ないし悪化である。前者の経済的な困難は、東電からの慰謝料として一人あたり月額一〇万円が支給されてきた区域内避難者と異なり、福島県の区域外避難者への賠償は表4-1と表4-2にまとめた金額のみとする賠償格差によって発生した。後者の家族関係の希薄化・悪化についても、家族全員が強制避難となった区域内避難とは異なり、区域外避難者のなかには避難をするかしないかをめぐって家族内で合意を得られなかった世帯があったことに加えて、事故以前は同居していた夫婦や世代間の世帯分離を強いられたことが、家族関係における困難をもたらすことになった。

区域外避難者の回答によれば、表4-3に示したように、本避難開始直後の困難、避難生活を続けることの葛藤、母子避難中の父親の苦悩の三つの質問項目のうち、いずれも回答率が最も高くなったのは経済的負担であった［高橋・小池、二〇一八、六七頁、高橋・小池、二〇一九、九二、九四頁］。

避難生活の経済的困難・出費増加をもたらした要因は、図4-1にまとめた通りである。その多くは区域外避難ゆえに生じた世帯分離や、世帯分離を解消するために福島県内の仕事を辞職した結果、収入減少や失業などに由来している。

また区域外避難者に特有の困難として家族間での本避難に関する合意形成の難しさが指摘できる。一三八名の回答者のうち二三・五％が「家族の中でも合意が難しかった」と答えた［高橋・小池、二〇一八、六六頁］。また八割以上が世帯分離を経験しており、母子避難による夫婦分離六三・五％、世代間分離のみが一三・五％となり、世帯分離がなかったのは二八・七％にすぎない［髙橋・小池、二〇一八、六七頁］。その結果、夫婦・親子関係にも深刻な影響が発生していた。夫婦関係の悪化については図4-2にまとめた通りである［髙橋・小池、二〇一九、九六頁］。また避難による子どもへの影響で最も回答率の高い順に、「親戚や祖父母との交流減少」五九・〇％、「父子関係の希薄化」五七・一％、「家族団らんの減少」五六・四％となっており、家族関係の希薄化が進んだことがうかがえる［髙橋・小池、二〇一九、一〇〇頁］。

これらの経済的困難と家族関係の希薄化・悪化は、精神的な不安や苦痛となって避難者を苦しめることになった。母子避難中の父親の苦悩として経済的負担に次いで高い回答率となったのが「妻、こどもと離れる苦痛」の五八・

表 4-1　自主的避難等対象区域の住民一人当たりの東京電力による賠償額

対象期間	2011 年 3 月 11 日から 12 月 31 日	2012 年 1 月から 8 月
子どもと妊婦	40 万円＋避難した場合には 20 万円	12 万円
その他	8 万円	4 万円

出所：東京電力株式会社「自主的避難等に係る損害に対する賠償の開始について」2012 年 2 月 24 日［https://www4.tepco.co.jp/cc/press/2012/12022803-j.html］（2021 年 9 月 20 日閲覧）。

表 4-2　福島県県南地域の住民一人当たりの東京電力による賠償額

対象期間	2011 年 3 月 11 日から 12 月 31 日	2012 年 1 月から 8 月
子どもと妊婦	20 万円	16 万円
その他	無	8 万円

出所：東京電力株式会社「福島県の県南地域、宮城県丸森町および避難等対象区域の方に対する自主的避難等に係る損害に対する追加賠償について」2013 年 2 月 13 日［https://www4.tepco.co.jp/cc/press/2013/1224694_5117.html］（2021 年 9 月 20 日閲覧）。

表 4-3　経済的負担が回答割合で第 1 位となった質問項目と割合

質問項目	第 1 位の回答と割合
本避難開始直後の困難（区域外避難 n＝178）	金銭的支出の増大（76.4％）
避難生活を続けることへの葛藤・苦しみ（区域外避難 n＝178）	経済的負担（78.7％）
母子避難中の父親の困難・苦悩（区域外避難 n＝156）	経済的な負担増（64.1％）

注：原発避難者新潟訴訟における原告 237 世帯の陳述書を原告弁護団の協力により量的データに変換し、分析した。質問項目ごとに回答者数は異なる。
出所：髙橋・小池［2018］67 頁、髙橋・小池［2019］92、94 頁。

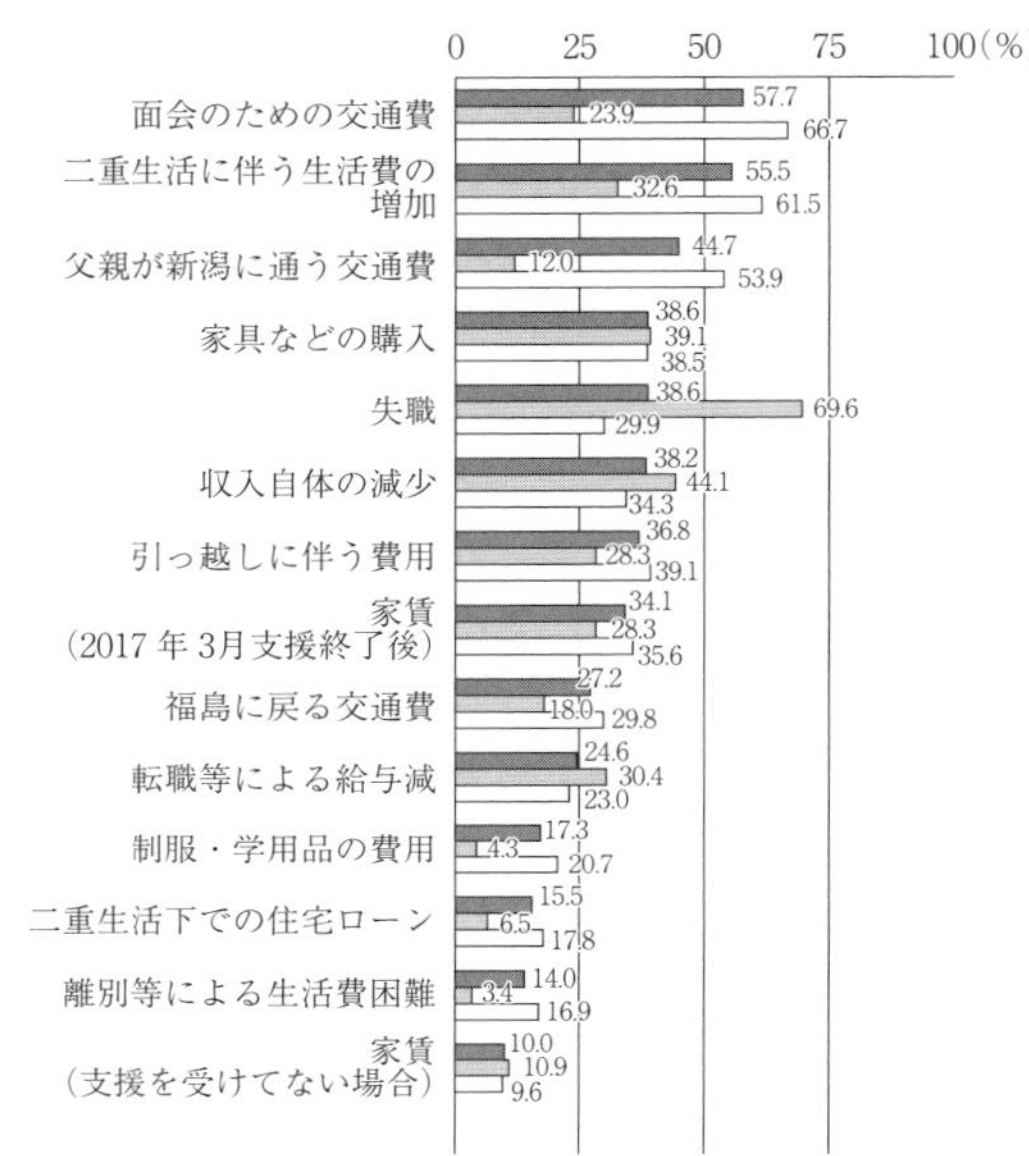

図 4-1　避難に伴う経済的負担増の内容

注：表 4-3 に同じ。
出所：髙橋・小池［2019］94 頁。

三%であり、避難女性の喪失感に関する回答の第一位は「夫や子どもと離れ離れになることを強いられた」の六二・四%、次いで「ストレスによる心身の不調」が五八・〇%となっている［髙橋・小池、二〇一九、九三、九四頁］。

生活環境が激変し、保護者たちの苦悩が増していくなかで、子どもたちもまた困難に直面していた。なかでも転校は図4-3にまとめたように、子どもたちに深刻な影響を与えていたことがわかる［髙橋・小池、二〇一九、一〇〇頁］。帰還をせずに避難を継続する理由として、再度の子どもの転校を避けたいと考える世帯が多いのは、こうした本避難によって発生した子どもたちの苦悩を見てきたからである。一部の子どもたちが深刻ないじめ被害にあったことは、第五章で詳しく扱っている。

以上のように、区域外避難者が避難先で抱えた多様な苦悩は、原子力損害賠償紛争審査会の指針に沿って決められた東電による賠償格差や、放射能汚染地域と避難指示区域のずれから発生したという意味で、いずれも原発事故後の政策上の問題に起因していたのである。経済的にも精神的にも追い詰められた避難者は、帰還をめぐっても多くの困難を抱えていくことになった。

4　帰還をめぐる葛藤と継続する不信

以上でみてきた量的調査のデータのもとになっている陳述書作成時点で、帰還をしていた（元）避難者は約四分の一であった〔髙橋・小池、二〇一九、一〇二頁〕。震災前の居住形態別にみると、賃貸住宅の居住者の帰還率は一二・九％であるのに対して、持ち家の居住者（核家族）の帰還率は三五・三％と高い割合になっている。

また帰還した理由を図4-4にまとめたが、その第一位は「経済的負担」であったことを踏まえると、持ち家住宅のローンなどの支払いが経済的負担を増していた可能性があるだろう〔髙橋・小池、二〇一九、一〇二頁〕。また第二

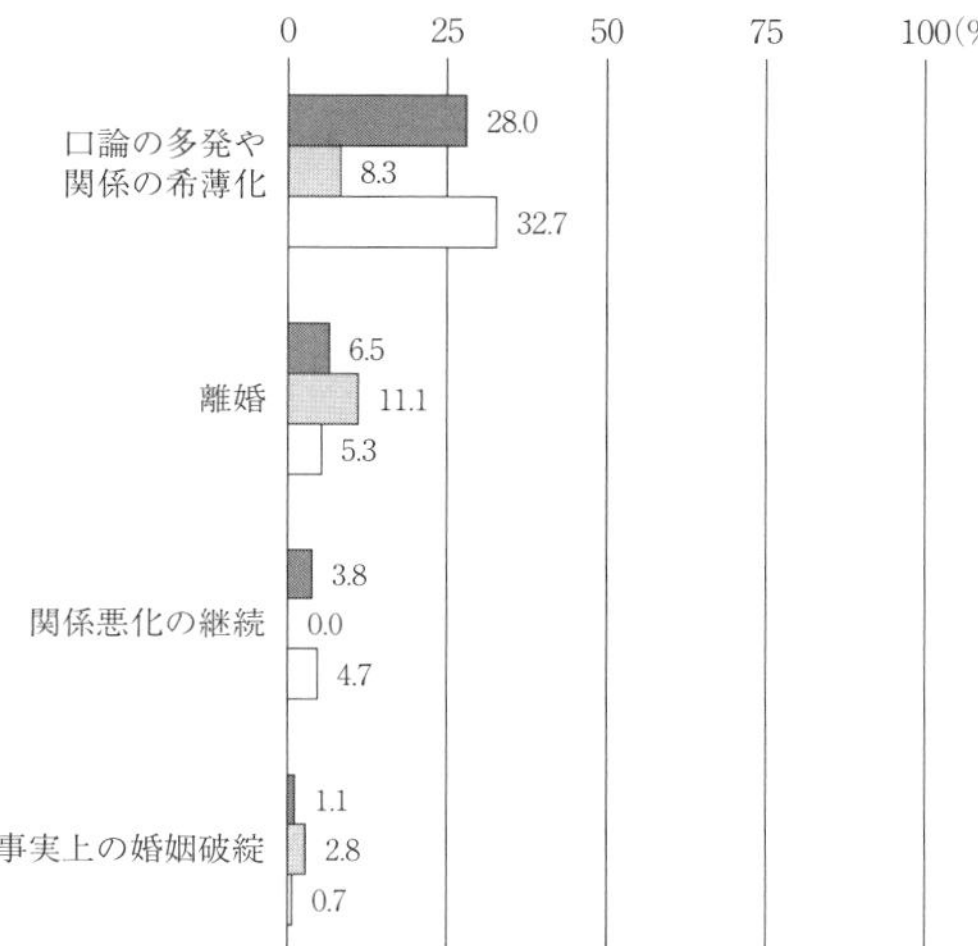

図 4-2　夫婦関係の悪化

注：表 4-3 に同じ。
出所：髙橋・小池［2019］96 頁。

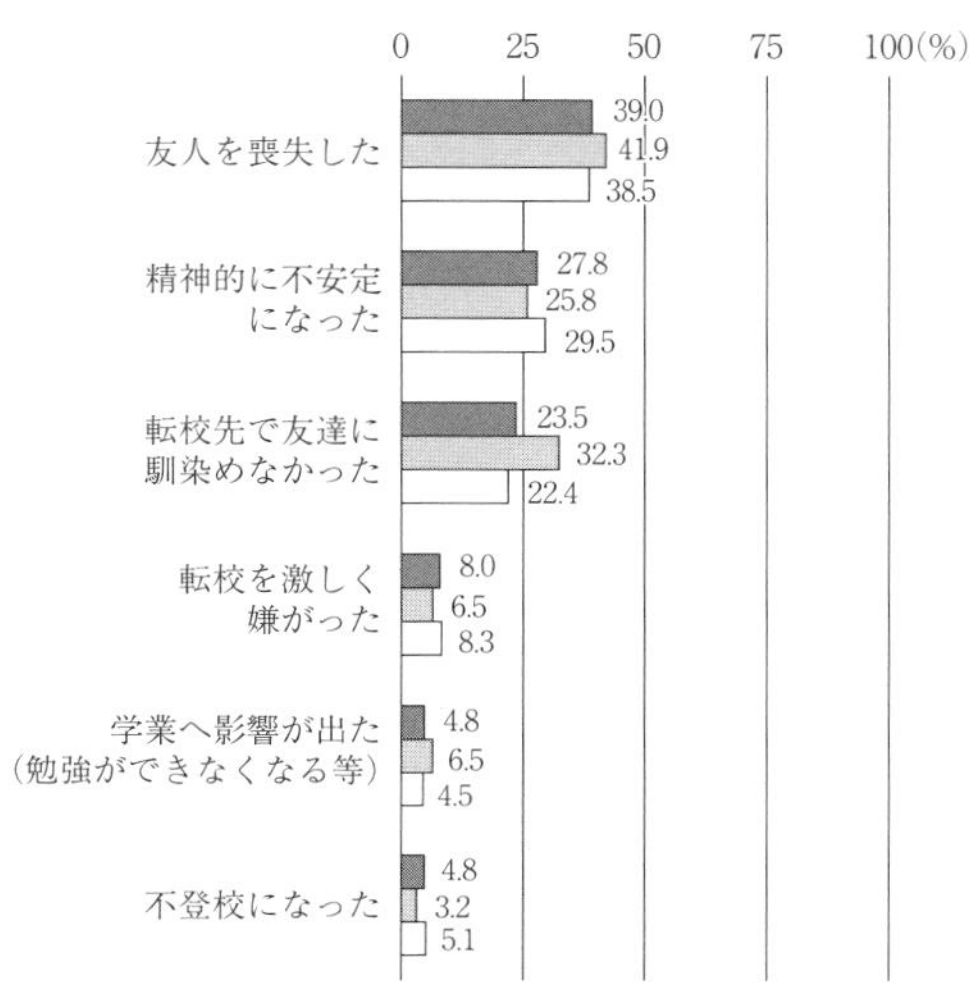

図 4-3　転校に伴う子どもへの影響

注：表 4-3 に同じ。
出所：髙橋・小池［2019］100 頁。

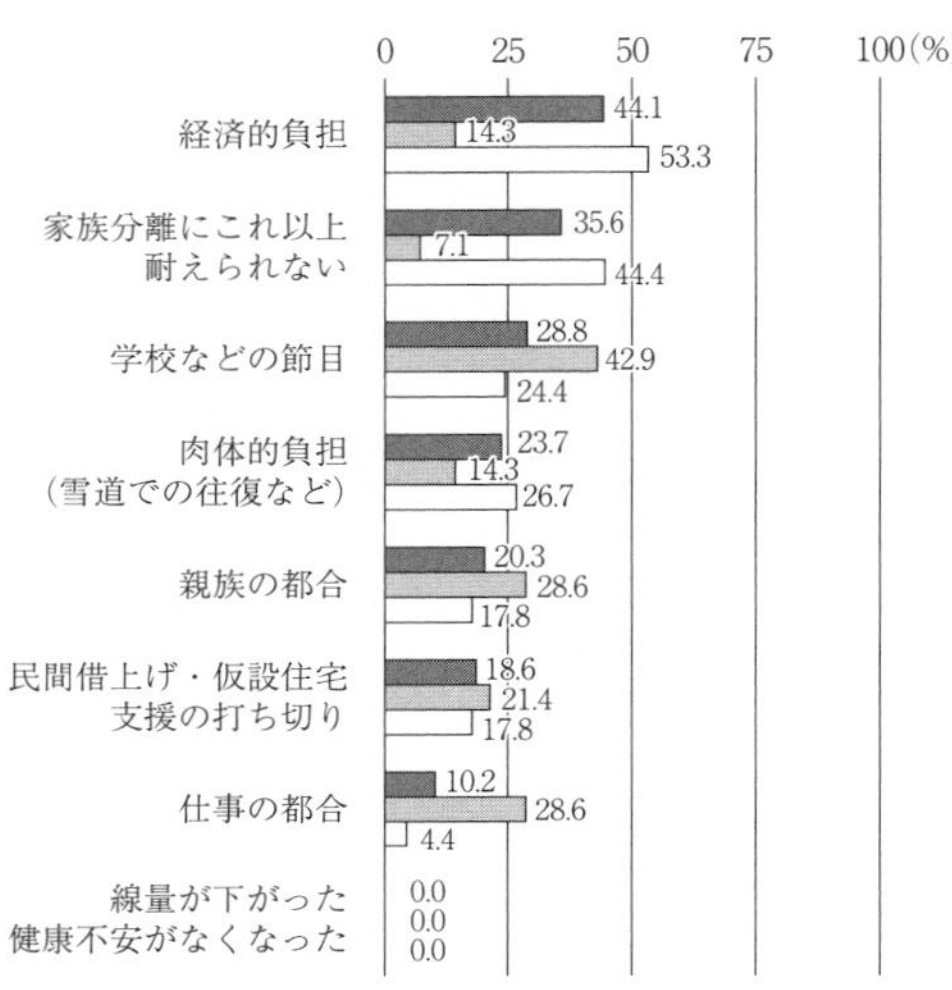

図 4-4　帰還した理由

注：表 4-3 に同じ。
出所：髙橋・小池［2019］102 頁。

位の理由として「家族分離にこれ以上耐えられない」が挙げられており、第三節でみたように経済的負担と世帯分離という区域外避難者に特有の困難が、帰還の主要な理由となっていることがわかる。その一方で、本避難を決めた最大の理由となっていた被ばくによる健康影響への不安に関しては、「線量が下がった・健康不安がなくなった」を選んだ世帯がいなかったことからも、避難をするに至った問題が解消されないままでの帰還になったと言えるだろう。

他方で未帰還者を対象に帰還していない理由をたずねると、図4-5にあるように「放射線量・健康不安」を九六・二％の世帯が選んでいる。続けて、避難先での生活の慣れや安定、子どもの学校の事情を選ぶ世帯が三割から四割となった。第三節で触れたように、本避難による転校・転園によって子どもたちが深刻な問題に直面したことも、これらの回答に影響していると考えられる［髙橋・小池、二〇一九、一〇三頁］。

さらに帰還後の不安や懸念について尋ねたところ、図4-6にあるように「子どもへの健康影響」と「放射能のレベル」を挙げた世帯がいずれも約八割となったことに加えて、「周囲との意見の相違」を挙げた世帯が四三・八％、「不安を話せないこと」を挙げた世帯が三一・〇％になるなど、避難指示が出されなかったものの、放射能汚染を経験した地域における避難や被ばくの健康影響をめぐる問題についてのコミュニケーションの難しさが見てとれよう［髙橋・小池、二〇一九、一〇四頁〕。

新潟県への避難を続けているAさん、Tさん、Kさんの三名を対象に、筆者らが二〇二一年一月に実施した追加の聞き取り調査においても、継続する不安や困難が語られた(5)。いわき市から新潟県への避難を続けているAさんは、「周囲との意見の相違」について次のように説明している。

やっぱり感覚的には強制避難の方が避難者なわけで、いわきから出た人は避難者って言わないっていうか、なんでいわきから避難してるのって反対に言われちゃいます。自主避難してること自体、感覚が分からないという

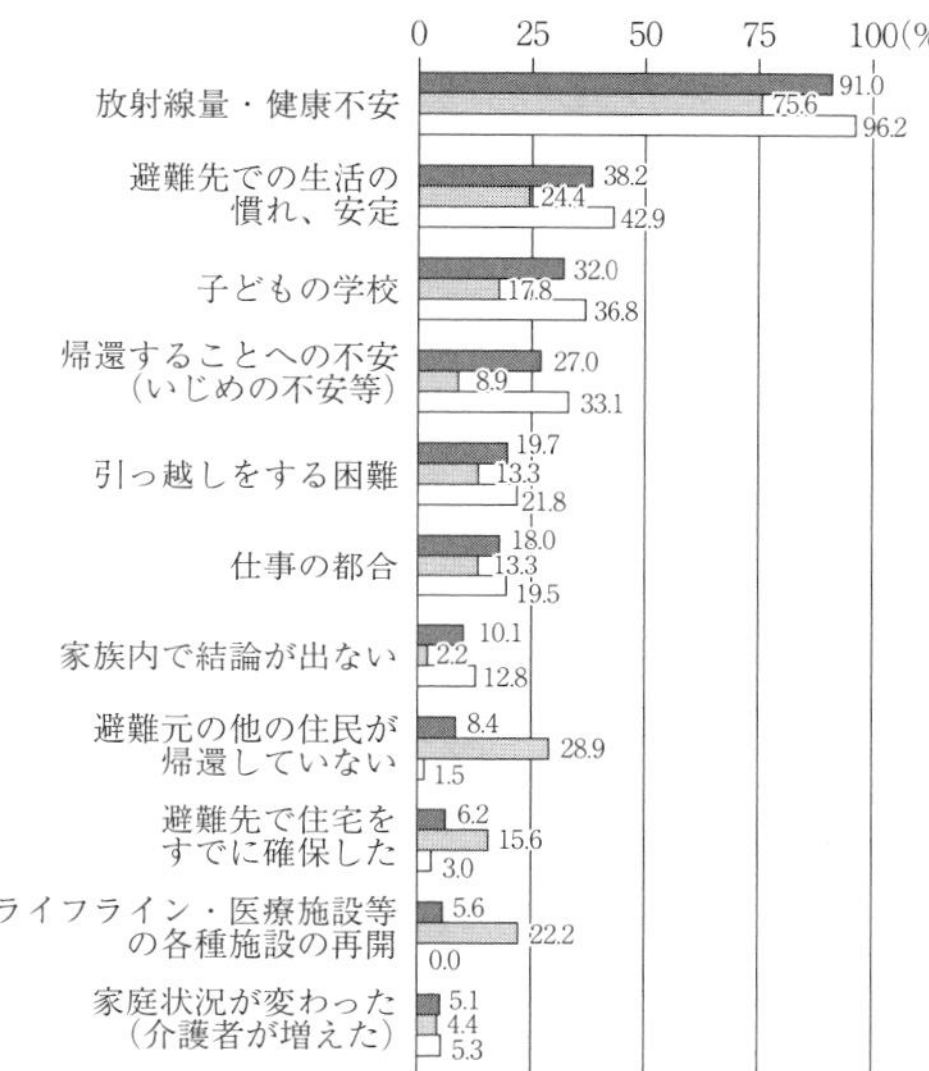

図 4-5　帰還しない理由

注：表 4-3 に同じ。
出所：髙橋・小池［2019］103 頁。

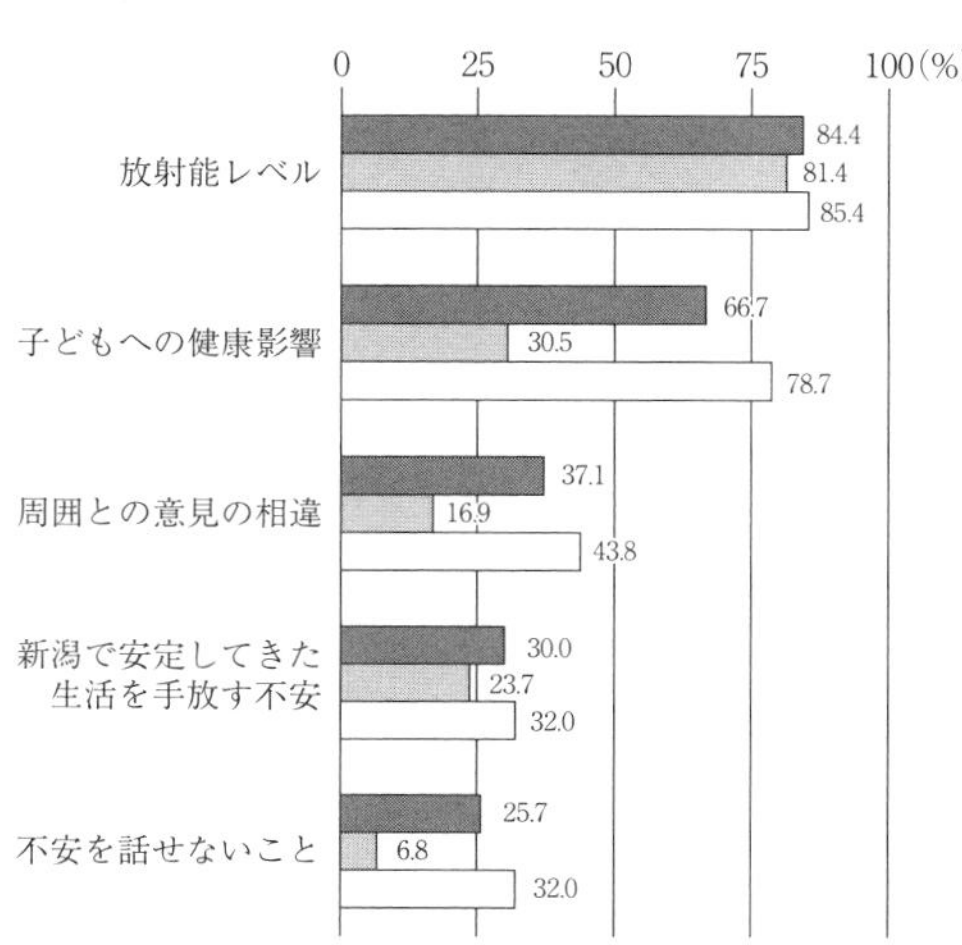

図 4-6　帰還後の不安・懸念

注：表 4-3 に同じ。
出所：髙橋・小池［2019］104 頁。

か、避難してること自体、非難されるんですよね。おかしな行動をしてるよっていうふうに。避難者を受け入れている側の自治体なのに、そこから避難してどうするのっていうのがあって。なので、ちょっと頭がおかしいと思われてます。神経質だとか、ちょっとおかしい人なんじゃないかとか、そこまで神経質になって、いわきは安全なのに。もう安全っていうふうになってるので、いわきが。そこから避難してるって、どういうことっていう感じで言われるので。だから、避難してることはまず口に出さないですね。理解されないんで。許されないことっていうか、許されない行動みたいに言われます。

こうした帰還に伴う不安と関連していると思われるのが、事故直後から継続している行政や東電などへの強い不信感である。前述してきた質的調査によれば、政府による施策への不満として突出して高かったのは、「原発事故に関する情報公開」で五八・四％であり、「避難の線引き」の三六・〇％を大きく引き離している〔髙橋・小池、二〇一九、一〇七頁〕。二〇二一年の一月に実施した新潟県への区域外避難者への聞き取り調査では、対象となった三名はいずれも、原発事故後に発生した汚染水や、廃炉作業に伴う不確かさやリスクについて言及している。帰還について考えるようになったと語るAさんは、その一方で廃炉作業によってふたたび放射性物質が拡散するリスクを懸念していた。

汚染水の問題もあるんですけど、本当だったら、もう今年ぐらいから燃料取り出しって始まる予定で〔中略〕。オリンピックの年から始まるってことだったんで。オリンピックが終わってから始まるのか、今は計画がどんどんずれていってるので、今の時点でわからないんですけど、燃料の取り出しが本当にこの先ちゃんとできるのかとか。実績が全然ないものじゃないですか。新たに出てくるかがわからなくて、一回やって、ちゃんと他に拡散させずに、放出させずに取り出しができるものなのかっていうのがわからないので。誰もやったことのないことをやるんで、誰も答えも知らないじゃないですか。一回やってみて、できるんだなっていうのが、新たな放出がないままできるんだったら、安全とは言わないですけど、大丈夫なのかなって気持ちもあるんですけど、気持ち悪いというか、やっぱり万が一っていうのがあって、一定したものがずっと、この先、三〇年、四〇年って、取り出しに一回も失敗しないかって言ったら、それもわからなかったり。だから、不安はずうっとあると思います。

Tさんもまた今後の見通しについて聞かれると、原発事故後にとられた対策や政策によって問題が増幅していることを「全く終わってない、まだまだ問題が続く」という言葉で表現していた。

事故の状況から、何一つ。原発の安全も守られてないし、〔中略〕どんどんひどくなってる。汚染水の問題だったりとか、再稼働の問題だったりとか、何一つ変わってないっていうふうには感じてます。私たちの補償も救済も、変わっていないどころか、どんどん悪くなってる状況に置かれてるので。そういった意味では、全く終わってない、まだまだ問題が続く。

結局、去年、すごい台風で福島のほう、被害出ましたけど。それでまた、汚染が広がっちゃったりとか。結局、何も安全になってないんですよね。さらに安全がわからなくなってきてる、どこに危険があるのかわからない。移染っていう、除染じゃなくて移染だけで、全然取り除かれてない、動かしてるだけでっていう。本当にそうだなっていうのを、あの台風で思いましたし。

山の中で循環が起きてて、山が放射能を離さなくなってきてるっていうのを聞いたりとか。だから終わらない。循環みたいなもので終わらない。ぐるぐるぐるぐる回ってて、終わらないなっていうのを感じてますね。

隠しての再稼働になってますよね、今、基準を下げたりとか、許したりみたいな感じで。そういう中じゃなくて、「ここまでの安全が確保できるので」っていうようなものが見えてくればいいなって思ってるんですけど。それが全くないまま、また同じような手口で国民をだまし、いろんなものをだまして押し通して。で、また国民を危険にさらす。〔中略〕じゃあその中で、これだけの被ばくを避けられる状況をつくりましたとかいうものがあれば、それは納得できるんですけども、それもつくらないですよね。

Kさんは、応急仮設住宅提供の打ち切りによって一時的に帰還者が増えたことに触れて、打ち切りがもたらした問題を指摘している。

新潟にいたお母さんは帰りたくなくて、無理やり帰ったっていうのがほぼ耳にするんですよね。自分で帰りたいっていうお母さん、ほとんど聞いたことないんですけど。

区域外避難者にとってはもう、高速と借り上げぐらいしかなかったわけじゃないですか、もう支援が。やはり高速というのは、そう頻繁に使うもんでもないし〔中略〕、そこまで痛まないとは思うんですけども。住宅っていうのはね、金額が金額ですし、毎月のことですからね。例えば、一回、三〇万、四〇万でも、ぽんと使うだけであればいいんですけど、それがずっと継続するというのはかなりおっきいし。全避難者に払ったとしても、税金の中では本当微々たるもんじゃないですか。〔中略〕金額以上に、その政府のやり方というんですかね、そこにはすごい怒りを感じてますね。

住宅支援策の打ち切りによって区域外避難者が追いつめられていったことは、メディア報道でも多くの事例が取り上げられてきた。原発事故被害の実態を克明に描き出している新聞記者の青木美希は、著書のなかで新潟県長岡市に子ども三人と区域外避難を続けてきた世帯が、住宅支援策の打ち切りによって経験した悲劇を記録している。母子避難となれば二〇一七年三月以降も家賃の一部助成を受けられると知って、父親は一人で福島県に戻ることにした直後に、中学生の長男が自死したのである。父の不在を苦にしたと思われるが、その後親夫婦は離婚し、父親は自らの自殺願望に苦しんでいる様子がつづられている［青木、二〇二一、第二章］。長期化する避難は、国の政策によって結果的に「自己責任」化されてきたと言えるだろう。

5　避難者訴訟判決と原発避難の「合理性」と「相当性」

原発事故により二万人をこえる避難を余儀なくされた避難者は、政府や東電に対して事故の責任を問い、損害賠償を求める訴訟を二〇一二年以降全国各地で起こしている。これらの避難者訴訟の争点の一つに、原発事故に伴う避難の「合理性」や「相当性」があり、これらの概念が避難によって発生する損害を認定するうえで重視されてきた。特に避難指示区域に指定されなかった地域からの避難の合理性や相当性を判断するにあたっては、原子力損害の賠償に関する法律の第一八条に基づいて、文部科学省によって設置された原子力損害賠償紛争審査会が二〇一一年一二月六日に発表した、損害の範囲の判定に関する中間指針追補が示した基準が裁判においても用いられてきた。表4‐4は、

表 4-4　避難の合理性・相当性に関する中間指針追補と新潟避難者訴訟判決の基準

中間指針追補（2011 年 12 月）	新潟避難者訴訟第一審判決（2021 年 6 月）
―	一般的に知られている放射能による人体に対する影響の有無及び程度に関する知見
福島第一原発からの距離	当該地域の福島第一原発からの距離、方向等の地理的事情
避難指示等対象区域との近接性	当該原告が居住していた地域に対する避難指示等の有無及び内容並びに当該地域と避難指示等の対象とされた地域との近接性
政府や地方公共団体から公表された放射線量に関する情報	当該地域における空間放射線量等の客観的な放射能汚染状況
―	本件事故後の本件事故に関する報道状況等
自己の居住する市町村の自主的避難の状況（自主的避難者の多寡など）	

出所：原子力損害賠償審議会「東京電力株式会社福島第一、第二原子力発電所事故による原子力損害の範囲の判定等に関する中間指針追補（自主的避難等に係る損害について）」2011 年 12 月 6 日［https://www.pref.fukushima.lg.jp/uploaded/attachment/162382.pdf］（最終閲覧日 2021 年 9 月 20 日）より筆者作成。

この中間指針追補が示した基準と、二〇二一年六月二日、新潟地方裁判所において判決が言い渡された原発避難者新潟訴訟において採用された基準を比較している。

中間指針追補はこれらの基準を列挙したうえで、「以上の要素を総合的に勘案すると、少なくとも中間指針追補の対象となる自主的避難等対象区域においては、住民が放射線被曝への相当程度の恐怖や不安を抱いたことには相当の理由があり、また、その危険を回避するために自主的避難を行ったことについてもやむを得ない面がある」ことを認め、前掲表4-1に示した一定額の賠償を認めていた(6)。しかしながらこれらの判断基準は、第四節まで見てきたような区域外避難者がなぜ避難を決断し、避難生活において区域外避難者特有のいかなる困難に直面し、また現在も帰還をせずに避難が長期化しているのかについての主要な要因を反映できておらず、結果として避難の合理性や相当性が認められる期間が事故から一年間程度と非常に短く限定される、という問題をもたらしてきた。

避難長期化の要因になってきたにも拘わらず、判決に反映されていない点の一つに、避難者が抱える、原発事故や放射線量などについての情報を発信する主体であった政府や東電、メディア、そしてそれらの機関に関係する専門家等への根強い不信感がある。新潟訴訟を含む多くの判決は中間指針追補に倣い、政府や地方公共団体から公表された放射線量に関する情報を客観的な放射能汚染情報として扱い、メディアからの情報を含めて、それらが入手可能であり、人々に知られていたかどうかを問題にしている。しかし原発事故後に多くの被害者が経験したのは、政府によるSPEEDIデータの非公開や、東電による「メルトダウン隠し」など、被ばく防護のために必要な情報が公開されず、または隠蔽されるという事態であった。その後の東電による不祥事も後をたたず、現在も帰還を迷う理由としてあげられていた汚染水問題では、政府は二〇二一年四月に一方的に海洋放出の方針を打ち出して地元漁業関係者や住民らの批判を受けていることに加えて［『毎日新聞』二〇二一年四月一四日］、東電は二〇二一年八月末以降、汚染水を処理するとされる多核種除去設備（ALPS）の汚泥タンクのフィルター二五基のうちほとんどで損傷を確認し、二年前にはこのフィルターが全て損傷していたが、交換だけして原因を調べずに定期的な点検もしていなかったことが明らかになっている［『東京新聞』二〇二一年九月二一日］。また政府も二〇一三年以降、帰還ありきの「避難終了政策」を採用し、東電と政府にとって負担が過剰にならないような「賠償政策」を進めてきたことは、先行研究において数多く指摘されてきた［除本、二〇一六、二〇二〇］。社会的な信用を回復できていないのは東電や政府の側の責任であり、不信感を持ちつづけている避難者の側の問題ではない。

避難の合理性や相当性が認められる期間が限定されるということは、その期間以降の避難は自己責任とされることを意味している。またその結果、区域内避難者と区域外避難者の間に存在する賠償格差を、避難者訴訟判決が埋め合わせることができない要因になっている点においても、問題である。表4-5は新潟避難者訴訟第一審判決で避難の合理性・相当性が認められた期間をまとめたものである。避難元区域の違いによって認定される期間に大きな違いが発生したことがわかる。二〇一一年七月の第一陣による提訴から八年が経過するなかで下された判決は、国の責任は認定せず、東電に対する損害賠償請求は一部認めたものの、原告のうち六三六人に計一億八三七五万八六〇〇円を支

表 4-5　新潟避難者訴訟第一審判決で避難の合理性・相当性が認められた期間と慰謝料額

	2011/9/30まで	2012/2/29まで	2012/8/31まで	2018/3/31まで	2021/6現在
帰還困難区域他[1]	○	○	○	○	○
旧居住制限区域・旧避難指示解除準備区域[2]	○	○	○	○	×
旧緊急時避難準備区域	○	○	○	×	×
南相馬市独自避難要請区域	○	○	×	×	×
自主避難等対象区域	○	○	×	×	×
県南区域	○	×	×	×	×

注：1)　事故時の住所が帰還困難区域、ならびに大熊町および双葉町において居住制限区域または避難指示解除準備区域として指定されたことがある区域。
2)　事故時の住所が大熊町および双葉町以外の旧居住制限区域および旧避難指示解除準備区域。
出所：判決を参考にして筆者作成。

払うよう命じるにとどまった。原告らの請求内容は、避難指示区域内外を問わず避難者一人あたり一千一〇〇万円、合計で約八八億五五〇〇万円の損害賠償を求めるものであった。ところが裁判所は避難指示等の有無に基づいて区域を分けて慰謝料の金額を算定し、さらに東電から原告等にすでに支払われている慰謝料額を差し引いた額の支払いを命じたことから、一定程度の慰謝料を受け取っていた避難指示区域内の原告への支払金額は〇円が多数となり、残る六三六人に対して、請求額よりも大幅に少ない金額が支払われることになったのである。これは、すでにみてきた区域外避難者に特有の避難に伴う困難が考慮されていないという点において、公正さを欠く判断だと言えよう。

さらに深刻な問題として、二〇一九年九月に東京高裁での群馬避難者控訴審において提出された国側の第八準備書面では、避難の自己責任化を越えて、避難者の「加害者化」とも言える衝撃的な主張が展開されたことに注目する必要がある。国側は自主的避難等対象区域では二〇一二年一月以降の避難には合理性・相当性がないと主張するなかで、以下のように立論した。

自主的避難等対象区域からの避難者について、特別の事情を留保することなく、平成二四年一月以降について避難継続の相当性を肯定し、損害の発生を認めることは、自主的避難等対象区域での居住を継続した大多数の住民の存在という事実に照らして不当である上に、自主的避難等対象区域は、本件事故後の年間積算線量が二〇ミリシーベルトを越えない区域であり、〔中略〕そのような低線量被ばくは放射線による健康被害が懸念されるレベルのものではないにもかかわらず、平成二四年一月以降の時期において居住に適さない危険な区域であるというに等しく、自主的避難等対象区域に居住する住民の心情を害し、ひいては我が国の国土に対する不当な評価となるものであって、容認できない。(7)〔傍点筆者〕

この主張は結果的に判決において採用されなかったものの、原発事故の被害者である避難者を「加害者」にすり替え、原発事故による一次被害とその後の政策によって二次被害をもたらした政府や東電の加害責任を曖昧にするものである。こうした論理は、二〇二一年五月に環境省主催で開催されたフォーラムにおいて、小泉進次郎環境大臣（当時）が用いた「風評加害者」という言葉づかいにも共通している〔『読売新聞』二〇二一年七月一四日〕。不正確な情報を意図的に拡散して存在しない被害を言い立てる行為や、被害を受けた福島県内外の地域や人々への不当な差別は、当然許されることではない。しかし、避難を続け、また被害の可視化を進めてきた人々は、自ら測定し、記録し、または情報公開を求めることで「風評被害」ではなく、事故と事故後の対策の「実害」についての事実を共有し、その実害をもたらした責任の追及を求めてきた。被災地における広範できめ細かい土壌汚染の測定値や、原発で発生しつづけている汚染水に含まれる放射性核種の詳細とその総量をはじめとして、事故被害を判断するうえで必要な情報が公開されていない現状で、放射能汚染の影響を懸念する人々のみを一方的に批判することは不適切である。

さらに問題として指摘できる点は、「心情を害された」とされる自主的避難等対象区域内の住民についても、あまりに一面的な決めつけがなされている点である。福島県内で事故後も生活している住民の間にも、事故による影響を不安視する声は現在でも存在する。問題は住民を対象にした意向調査が政府や県によって行われていないために、その「心情」を知ることは困難でありつづけてきたことにある。特に事故からの「再生」や「復興」が強調されてきた福島県内においては、事故の受け止め方は多様であるにもかかわらず、放射能汚染への不安について「語りにくさ」が指摘されてきた〔疋田、二〇一八、一四二〜一五六頁〕。二〇一三年から継続的に、福島県中通り九市町村の二〇〇八年度出生児とその母親（保護者）を対象としたアンケート調査やワークショップを継続している成元哲によれば、「原発事故と放射能汚染が、福島の母親にとって、現在及び将来の危険・脅威という持続的なトラウマとなっていることが明らかになった」という。そして福島の親子がレジリエンスを獲得するために必要なこととして、「原発事故の受け止め方、原発不安の有様、原発事故からの回復の仕方」は各人で異なることを認めること、「再生」あるいは「回復」という言葉に違和感を覚える人もいることを認識すること、多様な選択ができるようにサポートすることの三点を指摘している〔成・牛島、二〇二〇、一〇九〜一一〇頁〕。避難する、しないの判断を相互に尊重しあう住民同士の関係構築〔森松、二〇二一、一〇一〜一一六頁〕は事故から一〇年を経た現在も課題のままである。だが政府による自己責任を強調する立論は、避難者をはじめとする数多くの原発事故被害者に対する偏見やバッシングを強化する。いま以上に追い詰められる避難者を生まないためにも、被害者を加害者化する議論の問題点について、今後も批判的な検証を続けていく必要がある。

6　おわりに——限定できない被害を可視化する避難者

本章では、特に区域外避難者はなぜ本避難を決断したのか、その結果いかなる影響や被害を受けたのか、また帰還をめぐっていかなる葛藤を抱えてきたのかについて検証してきた。そして国の政策として避難の自己責任化が進められると同時に、被害の救済を求めて続けられている裁判においても、避難の合理性や相当性を、避難者の置かれた状況や被害の実態を十分に踏まえていない限定的な基準を採用して判断している結果、多くの避難者の権利が保障されない状態が続いている。埼玉県への避難者の以下の言葉は、望まない選択を強いられつづけることで人々の尊厳が傷つけられてきたことを端的に表している。

私たちは、この道を右に行くか、左に行くか、というところから、何かを選ばなくてはならなかった。そして、「いまのあなたの置かれた状況は、あなたが選んできたものだ」と言われてしまう。でも、いつも、「選びたい」と思う選択肢なんて一つもなかった。［吉田、二〇二〇、二〇六頁］

原発事故被害とその影響は、放射性物質の半減期等によって本来長期間継続するものである。にもかかわらず、その対策や賠償は無制限には行えないとする政府や東電といった事故の加害者の主張が優先され、限定できない被害が人為的に限定可能なものとして扱われてきた。原発事故そのものがもたらした被害の甚大さに加えて、原発事故の解決を難しくしているのは、その後の政府や東電による対応策によって二次被害が増幅していることにある。避難を継続する人々は、本来限定できない被害を可視化することで、原発事故とその後の政策がもたらす深刻な被害を社会に伝えつづけている存在だと言えるだろう。同じような事故を繰り返さないためにも、その教訓から学ぶことが今求められているのである。

付記　本章は、ＪＳＰＳ科研費（二〇Ｋ〇二一三〇）による助成研究の成果の一部である。

注

（1）原子力災害対策本部「原子力災害からの福島復興の加速に向けて 改定（案）」、二〇一五年六月一二日、七頁[https://www.kantei.go.jp/jp/singi/genshiryoku/dai37/siryou2.pdf]（最終閲覧日二〇二一年九月二〇日）。

（2）福島県「福島県からのお知らせ　応急仮設住宅（仮設・借上げ住宅）の供与期間について」[https://www.reconstruction.go.jp/topics/main-cat2/sub-cat2-1/kyoutsuu01_11hinanmoto.pdf]（最終閲覧日二〇二一年九月二〇日）。

（3）復興庁「今村復興大臣閣議後記者会見録（平成二九年四月四日（火））」[https://www.reconstruction.go.jp/topics/17/04/20170405115121.html]（最終閲覧日二〇二一年九月二〇日）。

（4）復興庁「今村復興大臣閣議後記者会見録（平成二九年三月一四日（火））」[https://www.reconstruction.go.jp/topics/17/03/20170315125743.html]（最終閲覧日二〇二一年九月二〇日）。

（5）二〇二一年一月九日に実施したオンラインによる聞き取り調査による。

（6）原子力損害賠償審議会「東京電力株式会社福島第一、第二原子力発電所事故による原子力損害の範囲の判定等に関する中間指針追補（自主的避難等に係る損害について）」二〇一一年一二月六日[https://www.pref.fukushima.lg.jp/uploaded/attachment/162382.pdf]（最終閲覧日二〇二一年九月二〇日）。

（7）「国第八準備書面」二〇一九年九月一一日、二七頁、原子力損害賠償群馬弁護団ホームページ[https://gunmagenpatsu.bengodan.jp/category/shiryo/]（最終閲覧日二〇二一年九月二〇日）。

参考文献

青木美希[二〇二一]『いないことにされる私たち――福島第一原発事故一〇年目の「言ってはいけない真実」』朝日新聞出版。

髙橋若菜・清水奈名子・阪本公美子・小池由佳・関礼子・髙木竜輔・藤川賢[二〇一八]『二〇一七年度　新潟県委託　福島第一原発事故による避難生活に関するテーマ別調査業務　調査研究報告書　子育て世帯の避難生活に関する量的・質的調査』（研究代表者・髙橋若菜）[https://www.pref.niigata.lg.jp/uploaded/attachment/93783.pdf]（最終閲覧日二〇二一

年九月二〇日)。

髙橋若菜・小池由佳［二〇一八］「原発避難生活史（一）事故から本避難に至る道――原発避難者新潟訴訟・原告二三七世帯の陳述書をもととした量的考察」『宇都宮大学国際学部研究論集』第四六号、五一〜七一頁。

髙橋若菜・小池由佳［二〇一九］「原発避難生活史（二）事故から本避難に至る道――原発避難者新潟訴訟・原告二三七世帯の陳述書をもととした量的考察」『宇都宮大学国際学部研究論集』第四七号、九一〜一一一頁。

成元哲・牛島佳代［二〇二〇］「持続的なトラウマ原発不安の変化と特質に関する研究」『中京大学現代社会学部紀要』第一四巻第二号、七九〜一一二頁。

疋田香澄［二〇一八］『原発事故後の子ども保養支援――「避難」と「復興」とともに』人文書院。

森松明希子［二〇二一］『災害からの命の守り方――私が避難できたわけ』文芸社。

除本理史［二〇一六］「損害賠償と情報――放射線被曝と賠償に関する論点」『災害情報』第一四号、五〇〜五五頁。

――［二〇二〇］「福島原発事故における「賠償政策」――政府の復興方針は賠償指針・基準にどう影響を与えてきたか」『経営研究』第七一巻第一号、一〜一六頁。

吉田千亜［二〇二〇］『孤塁　双葉郡消防士たちの三・一一』岩波書店。

吉村良一［二〇二〇］「福島原発事故賠償訴訟における「損害論」の動向（一）――仙台・東京高裁判決の検討を中心に」『立命館法学』二〇二〇年一号、二〇五〜二五四頁。

ｓｔｕｄｙ２００７［二〇一五］『見捨てられた初期被曝』岩波書店。

コラム2　栃木県と低認知被災地

清水奈名子

東京電力（東電）福島第一原発事故による被害について考える際に、しばしば見過ごされてきた問題として、福島県周辺の「低認知被災地」における被害がある［原口、二〇一三］。各地の市民が土壌測定に協力して作成された「東日本土壌ベクレル測定プロジェクト」の汚染マップによれば、原発から放出された放射性物質は福島県境を越えて、広く東北・関東地方一帯にまだら状に広がった。除染事業を所管する環境省も、二〇一一年一二月以降に、空間線量率が毎時〇・二三マイクロシーベルト以上の地域を含む市町村（平成二三年八月を基準）を「汚染状況重点調査地域」として指定したが、この地域は実に八県（岩手、宮城、福島、茨城、栃木、群馬、埼玉、千葉）の一〇四市町村に及ぶ［環境省、二〇一二］。

こうした原発事故による「低認知被災地」の一つである栃木県は、福島県の南隣に位置しているが、その県北地域を中心に放射性セシウム一三四、ならびに一三七による深刻な汚染を受けた。また甲状腺ガンを引き起こすとされる放射性ヨウ素一三一も、県全体に拡散したと推測されている。しかし、事故直後の最も汚染が深刻だった時期に、県境を越えた汚染の実態は住民に明確には伝えられず、政府や自治体からも被ばく防護の呼びかけが適切に発せられなかった。その結果、汚染の実態が公になるにつれて、子育て世帯を中心に汚染による健康影響への懸念が高まったが、表土除去を含めた除染や子どもの甲状腺検査をはじめとする健康調査など、福島県において実施された対策は、栃木県を含む低認知被災地においては十分に実施されないことが問題となってきた［清水、二〇一六］。

福島県の区域外避難者と同様に、家族の健康や今後の事故への不安から、低認知被災地から他の地域へと広域避難を選択した被災者は数多く存在すると言われているが、これらの人々は避難者登録制度の対象外となっているためにその実数は把握されていない。また避難先自治体や民間団体による支援の対象外となることも多く、その被害の実態は福島県からの避難者以上に不可視化されてきたと言えるだろう。

その一方で、福島県周辺に位置する低認知被災地は避難者の受け入れ地域ともなり、自治体や民間団体が多様な支援を続けてきた。栃木県においても、登録されている福島県からの避難者だけで、最も多かった二〇一三年七月の二九八〇人をピークとして、二〇二一年九月現在も二六三五人が生活を続けている［福島県、二〇二二］。避難者自身が当事者団体を立ち上げ、避難者の支援活動を展開すると同時に、低認知被災地で民間基金による甲状腺検査を実施する市民活動に、低認知被災地で暮らしている福島県の避難者も協力するなど、被災と支援の狭間で苦しむ低認知被災地ならではの相互支援活動も実施されてきたことがその特徴である［福島原発震災に関する研究フォーラム、二〇一六、大山、二〇一六］。

参考文献

大山香［二〇一六］「「栃木避難者母の会」活動の記録——避難先の出会いに支えられて」『宇都宮大学国際学部附属多文化公共圏センター年報』第八号、一九五～二〇七頁。

環境省「放射性物質汚染対処特措法に基づく汚染状況重点調査地域の指定について（お知らせ）」二〇一一年一二月二四日［https://www.env.go.jp/press/press.php?serial=14879］（二〇二一年九月二〇日閲覧）。

清水奈名子［二〇一六］「甲状腺検査を求める福島県外の被災者たち——栃木県からの報告」『科学』第八六巻第八号、八一〇～八一三頁。

原口弥生［二〇一三］「低認知被災地における市民活動の現在と課題——茨城県の放射能汚染をめぐる問題構築」『平和研

究』第四〇号、九、一〇頁。

福島県［二〇二二］「福島県から県外への避難状況」[https://www.pref.fukushima.lg.jp/uploaded/attachment/472176.pdf]（二〇二二年九月二〇日閲覧）。

福島原発震災研究フォーラム［二〇一六］「研究会報告「とちぎ暮らし応援会による広域避難者支援の取組み」」『宇都宮大学国際学部附属多文化公共圏センター年報』第八号、一八三～一九四頁。

第五章　二次被害としての差別――いじめ対策がもたらす被害の不可視化

清水奈名子

1　はじめに――原発事故と差別をめぐる問題

東電福島原発事故は、広域にわたる深刻な放射能汚染という直接的な被害に加えて、被害者が事故後の社会において暮らしていくことを困難にする「分断」や「差別」など、社会的な関係性に関わる多様な二次被害をもたらしてきた。原発事故被害を総体的に把握するうえで、こうした二次被害をも視野に入れることが不可欠である。なぜなら多くの被害者にとって、一次被害によって受けた損害や苦痛だけでも甚大であるにもかかわらず、人間関係をめぐる二次被害が更なる困難をもたらし、状況を深刻化させているからである。

特に原発事故によって避難を余儀なくされた人々にとって、負担の多い避難生活をさらに困難にする要因として、避難先での差別やいじめが指摘されてきた。二〇一六年以降、新潟市や横浜市において、福島県から避難をしてきた子どもたちが同級生や教員から「菌（きん）」などと呼ばれ不登校になり、または「お金をもらっている」ことを理由に同級生から多額の遊興費を支払われされていたなど、避難者いじめ問題が大きく報道され、社会の注目を集めた。いずれの事例も避難当初から長期間にわたっていじめが続いていたにもかかわらず、学校が適切な対応をとっておらず、被害者の苦痛を増幅してきたことが問題視されている［『毎日新聞』二〇一六年一一月一七日］。

また、新潟原発避難者訴訟の陳述書を分析した髙橋と小池の調査によれば、避難による葛藤や苦しみに関する記述を分析した結果、原告二三七世帯の二八・九％が避難先でのいじめや人間関係に苦しんできたことが明らかにされている。特に避難指示区域外からの避難者だけをみると三一・五％にのぼり、避難指示区域内からの避難者世帯の一八・六％を大きく上回っていた［髙橋・小池、二〇一九］。避難指示区域外からの避難者にとっては、放射能汚染という事故の一次被害を回避するための避難によって、避難先でのいじめをはじめとする二次被害に直面するという、どの選択をしても重層的な被害から逃れられない状況に陥っていたと言えるだろう。

本章では、偏見や先入観などを根拠として、特定の人々や集団に不利益をもたらす扱いを指す用語として差別の語を用い、避難をした子どもたちが受けたいじめをはじめ、原発事故や避難を経験したことが理由となって受けた心身に苦痛をもたらす扱いを、原発事故をとりまく差別の問題として考察していく。被害者への差別という問題は、広島、長崎の原爆症患者や、四大公害病をはじめとする公害の被害者に対してもくり返し発生してきたことが知られており［宇井、一九八一］、その意味において原発事故に固有の新しい問題ではない。差別をもたらす要因ついても、健康被害などの直接的な一次被害を根拠とした偏見や排除だけでなく、公的な支援制度や賠償金、慰謝料などの社会的、経済的な救済策に対する嫉妬や非難など多様である点においても、原発事故の差別問題は過去の事例と共通する点を有している［関、一九九四］。

これらの共通点を踏まえたうえで、本節で特に注目したい点は次の点である。すなわち、東電福島原発事故に由来する差別を克服することを目的に展開されている政策や対策が、差別の根本的な原因や事故被害を不可視化しているのではないか、という問題である。原発事故被害者に対する不当な差別やいじめは許される行為ではなく、早期の対策と被害者の救済が必要であることは言を俟たない。しかしながら、特に政府による差別対策のなかには、差別の原因の一つとなっている原発事故対策の問題点を取り上げることなく、原発事故被害の評価をめぐる対立や、被災地の現状や放射線についての知識、認識不足を差別の原因と見なすことで、結果として被害者個人の多様な判断や選択を阻害するという問題を抱えている。

本章では第一節において「避難者いじめ」問題として注目されるようになった、原発事故によって避難をした子どもたちが経験した差別的な扱いを、つづく第二節では、子どもたちへのいじめの背景にある避難をした大人たちが受けた差別の実態について概観する。そのうえで、第三節では政府が刊行した原発事故に関する資料が打ち出した差別対策の問題点について検討していく。

2　避難者いじめ問題――子どもたちが経験した差別

(1)　文部科学省による対応と全国実態調査

前述したように、原発事故によって避難を余儀なくされた人々が受けてきた差別的な扱いが注目を集めたきっかけは、二〇一六年一一月以降に全国紙をはじめとするマスメディアが、福島県外に避難した子どもたちが受けてきたいじめについて、詳細に報道したことであった。

いずれの事例においても問題を深刻化させた要因として、学校側が原発事故避難に伴ういじめとして認識せずに、被害の認知と対応が遅れたことが指摘されている。相次いで報道された避難者いじめ問題を重くみた文部科学省は、二〇一三年に成立した「いじめ防止対策推進法」の内実を定めた「いじめの防止等のための基本的な方針」の二〇一七年三月改定の際に、原発事故によって避難をしている児童への特別な配慮の必要性を追記している。具体的には、「東日本大震災により被災した児童生徒又は原子力発電所事故により避難している児童生徒（以下「被災児童生徒」という。）については、被災児童生徒が受けた心身への多大な影響や慣れない環境への不安感等を教職員が十分に理解し、当該児童生徒に対する心のケアを適切に行い、細心の注意を払いながら、被災児童生徒に対するいじめの未然防止・早期発見に取り組む」ことが明記されたのである[1]。

加えて文部科学省は二〇一六年一二月から二〇一七年三月までに全国規模での避難者いじめに関する実態調査を行い、その結果を二〇一七年四月に公表した[2]。公表された資料によると、福島県から避難している児童生徒（福島県内において県内の他の学校から受け入れた人数を含む）一万一八二八人（二〇一六年五月時点）のうち、二〇一六年度には一二九人がいじめを受けていたという。この場合のいじめの認知度は一〇〇〇人当たり一〇・九件となるが、避難者に限定しない場合の全国のいじめの認知度は一〇〇〇人あたり一六・五件（二〇一五年度）であることも併せて報告されており、避難者へのいじめの認知度だけが特に高い割合ではないことが示唆されている。また認知された一二九件のうち、「東日本大震災又は原子力発電所事故に起因又は関連するもの」は四件のみであったという。公立小学校で二件、公立中学校で二件であり、いずれも冷やかしやからかい、悪口が認められたものの、学校による対応の結果、被害生徒は通常通りに学校に通うことができている事例のみが報告されていた。

一方で同じ文部科学省の資料には、二〇一五年度以前に確認されたいじめ七〇件のうち、原発事故に関わる九件についても報告されている。これらの事例についてはその詳細が記載されており、「福島に帰れ」「お前らのせいで原発が爆発したんだ」「放射能がうつるから来ないで」「放射能がつくから近づくな」と言われた事例や、小学校時代に物を壊される、叩かれる、遊興費を要求されるなどによって不登校になり、人間不信になり人づきあいが苦手になった結果、その後もいじめを受けたなどの、深刻な事例が報告されていた。

(2) 避難者いじめの実態把握の困難さ

前述した文部科学省による調査結果を批判的に分析している辻内琢也は、いじめが発生した場合に対策の責任を有する学校自体が調査を実施していることから、同調査は避難者いじめの実態を反映できておらず、むしろ「それほど重大ではないいじめだ」という印象をもって受け取られてしまう危険性があることを指摘している［辻内、二〇一八、五〇頁］。

辻内は避難者への支援を行っている「震災支援ネットワーク埼玉」とNHKとの共同で、文部科学省が調査を行った同時期にあたる二〇一七年の一月から二月にかけて、福島県南相馬市の全戸六二〇〇世帯と、関東一都六県において避難生活を送る、双葉町住民八七五世帯、富岡町住民一五〇〇世帯、大熊町住民一〇〇〇世帯、合計九五七五世帯を対象に、アンケート調査(3)「原発避難に関するいじめ問題についての実態調査」を行っており、その回収数は七八二件（八・二％）であった［辻内、二〇一八、一八〜一九頁］。

同調査によれば、「原発避難を理由に学校でいじめを受けたことはありますか」という問いに「はい」と答えたのは五五件（七・〇％）、「いいえ」が二八七件（三六・七％）、無回答が四四〇件（五六・三％）であった。学校でいじめを受けたと回答した五五件のうち、いじめについて学校に伝えていないと答えたのは一九件（三四・五％）、約三分の一であった。また学校にいじめを伝えたとしても、「あまり対応してくれなかった」「まったく対応してくれなかった」の回答を合わせると一五件（二七・二％）にのぼるなど、学校に伝えたとしても学校側にいじめとして認知されていない事例が少なくないことがわかる。学校による調査では、これらの学校には報告されていない、または認知されていない避難者いじめについては把握されないことになるのである［辻内、二〇一八、一九〜二三頁］。

さらに辻内らの調査では、学校でのいじめ五五件に関してその加害者を複数回答でたずねたところ、同級生によるものが四九件と多数にのぼるが、「担任の教師」や「担任以外の教師」によるものが九件報告されている。また学校以外（塾や地域）でのいじめを受けた経験については「はい」が二三件（二・九％）、「いいえ」が二一六件（二七・六％）、無回答が五三四件（六九・四％）となっているが、その加害者は近隣や塾・習い事先の友人の一二件だけでなく、近隣や塾・習い事先の大人であった事例が一三件にものぼっている。これらの教師によるいじめや、学校外でのいじめの実態についても文部科学省の調査からは読みとることができない［辻内、二〇一八、二〇～二一頁］。
実際に、福島県から新潟県ならびに栃木県への避難者二八名を対象に二〇一七年に行われた聞き取り調査時の証言のなかにも、大人には言えなかったいじめがあったことや、教師の原発事故についての認識不足が、子どもたち自身、または子どもたちの親の証言によって語られている［髙橋他、二〇一八］。

引っ越しした後、最初はみんな結構話をしてくれました。でもしばらくすると、学校のことがよくわからないので、いじめが始まりました。小学校卒業するまで、いじめは日常茶飯事でした。別の地域から転校してきた子がターゲットでした。〔中略〕三年生や四年生ぐらいの時は、暴力もありました。高学年になるとさすがに暴力はなくなりましたが、「先生には言うなよ」と言われていたので、怖くていうことができませんでした。（中学生［髙橋他、二〇一八、二九三頁］）

何かあれば、福島とすぐ言われ、いじわるされたりするようになりました。長女は、何をしたわけではないのに、福島というだけでも、いじめられました。いじめは、低学年のうちは言っていましたが、段々言わなくなってきました。〔中略〕最初の二年時のときの担任の先生はいい先生でしたが、三年の先生は、無気力で、守ってくれないタイプでした。いじめられたと話を聞き、後から話を聞くと、相手が手を出したのは事実だけれど、長女も言い方が悪かったと。先生、違いますよね、いじめられる方に非があると言うのは、おかしくありませんかと思ったけれど、この先生には何を言っても期待できない、もう頼れないと思いました。（三〇代女性、中通り［髙橋他、二〇一八、二三八頁］）

加えて、その学校では先生の認識不足にも悩まされました。「被災地に住所を残していることは違法です」なんて子どもに言うんです。問い合わせると、私にも同じことを言いました。そんなことはないのに。まるで犯罪者のような扱いを受けたりもしました。（五〇代女性、浜通り［髙橋他、二〇一八、二三六頁］）

なお、辻内らのアンケート回答者のうち学校内外でのいじめの有無について「無回答」を選んだ割合が最も高いのは、アンケート回答者の年齢が、一〇代から二〇代が一九件（二一・四％）であるのに対して、三〇代以上が七一三件（九一・二％）となっていることと関係しているものと思われる［辻内、二〇一八、一九〜二二頁］。当事者の両親ないし祖父母が記入していると推測されるが、学校でいじめを受けた当事者が家族に伝えていない場合には、その実態を把握することが困難になっていると考えられる(4)。

3　避難者が受ける差別的な扱いとその問題構造

(1)　大人が経験した差別的な扱い

子どもたちへのいじめ問題と同様に注目すべきは、大人たちもまた原発事故による避難をしたことで周囲の人々から差別的な扱いを受けているという問題である。第一節で取り上げた辻内らのアンケートによると、「大人社会でも、原発避難に関連することで、心ない言葉をかけられたり、精神的な苦痛を感じることをされたりしたことはありますか」という問いに対して、「はい」と答えたのは三五九件（四五・九％）、「いいえ」と答えたのは三二四件（四一・四％）、無回答九九件（一二・七％）であり、原発避難に関して精神的に苦痛を感じる経験を大人たちの多くがしていたことが浮かびあがる。

「はい」と回答した三五九件に関して、誰から受けたのかという問い（複数回答）に対しては、「近隣の人から」が最多で一八八件（五二・四％）、職場の人からが一〇二件（二八・四％）と続き、学校関係者が二〇件（五・六％）、親・兄弟からが二三件（六・四％）、親戚からが三五件（九・七％）、その他一一六件（三二・三％）となっている。親・兄弟や親戚から受けたとの回答が見られることについて辻内は、「家族・親戚内で放射線の健康影響に関する価値観が異なり、家族内の分断が起きていることと関係があるのではないか」と指摘している［辻内、二〇一八、二三～二六頁］。

同時に、家族・親戚内でも居住地域によって賠償金や慰謝料、公的な支援策に格差があることも関係している可能性がある。賠償金額は「避難指示解除準備区域」を一とすると、「居住制限区域」はおおよそ一・五倍、「帰還困難区域」はおおよそ二倍に設定され、夫婦と子ども二人の四人世帯の想定で、約五七〇〇万円から一億五〇〇〇万円までの幅がある。(5) その一方で、避難指示が出ていない福島県内の地域は、一人あたり四万円から数十万円程度が支払われたのみであり、さらに福島県外であっても汚染を受けた地域の住民には、宮城県丸森町を例外として賠償は支払われていない。(6) こうした被害者間の賠償格差もまた、差別や偏見を発生させる原因となってきたことが指摘されてきた［辻内・増田、二〇一九］。

辻内らのアンケートにある「いじめはどのようなことと関係があると思いますか」という問いに対して、子どもが受けた五五件に関する回答と、大人が受けた三五九件に関する回答を比較したのが、表5-1である。回答数の相違が大きいために厳密な比較はできないが、大人の場合には「賠償金に関すること」が二九六件（八二・五％）と突出して高い点に特徴があると言えるだろう。

先述した避難者への聞き取り調査による大人たちの証言のなかにも、賠償金や金銭に関して質問され、心ない言葉をかけられた経験が語られていた。特に避難指示区域外から避難を余儀なくされた人々は、十分な経済的支援がないにも拘らず、多額の賠償金をもらっているという偏見に苦しむことが多い。

金銭的には全く余裕がないのに、私立に入れるなんて、やっぱりお金持ちね、うちは無理ね、と言われます。避難はいいね、向こうに家はあるんでしょうとも言われます。いえいえ、違うんですよ、公立幼稚園は入れてくれなかったから、私立なんですよ。現状は、お金を持っていたら一戸建て借りていますよ、と内心で返しています。言われても仕方ない、このままやらざるを得ない、言い聞かせるしかない、そういう思いです。（三〇代女性、中通り［髙橋他、二〇一八、二六七頁］）

私は自主避難、しかも借り上げ住宅じゃない。少し話せるようになると、一番聞きたかったんでしょうね、お金もらっているの？　家賃はただなの？　とか、きかれました。私の場合は、時期が遅かったから、そういう対応はないんだよといったら、ああ、そうなの？　福島県全体がもらっているのかと思ってたよ、それは平等じゃないよね、と言われました。福島県全世帯が、月一〇万という慰謝料をもらっていると、他県民にはみえる。相当勘違いされているんですね。そんなこと、しょっちゅうです。（五〇代女性、中通り［髙橋他、二〇一八、二七三頁］）

他方で、まとまった金額の賠償金を受け取ることになった避難指示区域内からの避難者も、複雑な想いを抱えてきたことが証言されている。望まない原発事故による避難を強いられた被害者であるにも拘らず、賠償金が支払われることで妬みや非難の対象となるという理不尽な状況に置かれてしまうのである。

表 5-1　いじめと関係する問題（複数回答）

関係する問題	子どもの回答数（割合%）	大人の回答数（割合%）
1. 放射能に関すること	6（10.9）	132（36.8）
2. 原発に関すること	5　（9.1）	95（26.5）
3. 賠償金に関すること	5　（9.1）	296（82.5）
4. 住宅に関すること	1　（1.8）	77（21.4）
5. 避難者であること	4　（7.3）	211（58.8）
6. その他	1　（1.8）	17　（4.7）

出所：辻内［2018］表 1-7、1-12 を参考に筆者作成。

賠償金で得るお金は、働いて得るお金とは意味合いが異なります。東京電力からの賠償金を、自分の中でどう考えて良いのか未だによくわかりません。働いて得るお金も、賠償金のお金もお金自体の価値は変わらない筈ですが、なぜか後ろめたい気持ちになります。生活を考えると受け取りを拒否することはできないので貰うことには変わりはありませんが、素直に喜べないお金です。（四〇代女性、中通り［髙橋他、二〇一八、二七五頁］）

勿論私たち家族も被害を受けましたが、立ち直れない程ではありません。そしてその被害に対して、他人が勝手に値段をつけ、そのお金が私たちに支払われます。その様にしてお金を手にしたことを日本中の人がみんな知っているのです。直接言われたことはありませんが、「大した被害もないくせに金を貰った」と思われている気がします。

実際に、私の自宅から近い地区は、同じ市内で放射線量は殆ど変わりがないにも拘らず、原発から三〇キロ圏外のために避難指示区域に指定されなかったので、賠償金の支払いは対象外の区域となっています。どこかで線引きをしなくてはいけないのもわかりますが、釈然としません。（四〇代女性、中通り［髙橋他、二〇一八、二七五頁］）

これらの証言にもあるように、政府によって設定された避難指示区域が、その後の東京電力による賠償格差の根拠となり、被害者の中に分断や混乱をもたらしてきた。多額の賠償金が支払われた結果、遺産をめぐる相続争いが家族内で発生した事例が報告されている［辻内・増田、二〇一九］。

(2) 避難をめぐる選択と賠償格差がもたらす分断

さらに注目すべきは、避難者が差別的であると感じる言動は、避難生活に終止符を打って福島県内に帰還した後も続いていることである。避難する、しないの選択に引き裂かれた避難指示区域外では地域内での分断が続き、また福島県内における賠償金額の格差に由来する偏見も深刻であるという。

避難しなかった人からの妬みもあると思います。本当は避難したかったのにできなかった、という妬みです。よく「いいよね、お金があるから避難できたんでしょ」と言われます。こういう妬みが温度差につながると思います。実際に避難したかった人がもっといました。お金があれば避難したかったという声を聞いたこともありました。（四〇代女性、中通り〔髙橋他、二〇一八、二六五頁〕）

（避難についての）職場の理解はあんまりなかったですね。だから今でも、あのとき逃げていた人と、残って頑張った人みたいな温度差ありますよ。いろいろなところで出てくる、会議とか会話の端々で。これ、なくならないんじゃないかな。（四〇代男性、中通り〔髙橋他、二〇一八、二六六頁〕）

さらに避難指示区域から避難していた人々への偏見も生まれてしまいました。避難指示が出ていないこの地域では賠償がでないのに、避難指示区域の人々が「大金を受けとって、豪華な家を新築している」ことへの不満です。帰還する人が少ないと聞くと、「賠償を引き延ばすために、帰還しないのだ」と言って、賠償を受けとっていない地域では不公平感がさらに強まっています。

ニュースでも、復興といえば避難指示区域だった地域に新しい施設が出来たといった報道が多く、やはり被害がある私たちの地域ではなく、避難指示区域の人々にだけお金が使われている印象を受けてしまいます。その一方で、避難指示区域からの避難者であっても、まだ苦労している人がいるという話は聞く機会がありません。福島県内での賠償の格差をめぐる分断と偏見はとても深刻で、皆の心がギスギスしていて、簡単にはその溝は埋まらないと思います。こうした被災者の間の分断を、誰かが狙っているのではないかと思うこともあります。（三〇代女性、中通り［髙橋他、二〇一八、二五二頁］）

金銭的な問題に加えて、避難指示が出されなかった区域からの避難者は、避難についての周囲の無理解に苦しめられた経験を多く語っている。

最初に（身に）こたえたのは、あんたらの所は大丈夫でしょ？　みたいな理解の無さがやっぱり、一番ダメージとしては大きかったですね。ちゃんと実際測りましたか？　と訊きたいです。政府が言っている数字が本当で、政府が言う安全基準が基準だと思っていて、二重にも三重にも前提が違い過ぎる。〔無理解を感じることは〕いろんなところでありましたよ。たとえば、研究者の人が避難者って言ったときは、まず避難指示を受けた所。そういうイメージなんです。ほぼ十中八九、避難指示区域です。これは何だろうと思いましたよね。すぐ双葉郡の話になる。（四〇代男性、中通り［髙橋他、二〇一八、二七二頁］）

裁判には参加しています。友達と一緒に参加しましたが、その理由は悔しいのが一番かな。そう。悔しい。原発の事故さえなかったら、いわきで普通の生活送れたんだけれども、放射能ばらまいちゃったから、こうやって避難しているのに、勝手に避難したのはあなたたちが悪いからなんて言われて。「悔しいよね、責任をちゃんと取ってほしいよね」と話して参加しました。（四〇代女性、浜通り［髙橋他、二〇一八、二七七頁］）

新潟の人に「なんで福島に帰らないの?」って言われたことがあります。長男が学校にいくことができていないのを知っている人から、夫が一緒の生活の方がいいって言われて、「なんで帰らないの？　だんなさん、お母さんと子どもだけで新潟で生活させて、おかしいんじゃない?」と言われて泣いたこともありました。そんなことはない、違うって言ってくれる人もいるけど。避難について言うのは、福島の人だけの問題じゃないと思います。その家にはその家の事情があるってことなんだけど、他の人から見たら、おかしいんじゃないって思うこともあるようです。（四〇代女性、中通り［髙橋他、二〇一八、二六七頁］）

(3)　避難者への差別を生む重層的な構造

これらの証言から見えてくることは、避難をした大人たちが「差別的」と感じた言動の多くが、原発事故後の避難指示区域の設定や、これらの区域に応じた賠償金額の格差、原発事故被害特有の避難の長期化等、事故後の対策そのものや、事故の影響に関する無理解や偏見に由来していることである。

辻内は、二〇一七年に実施したいじめに関するアンケート結果を踏まえて、避難をした子どもへのいじめの背景には大人へのいじめがあり、大人へのいじめの背景には「原発・福島に対する無理解・偏見・差別」があり、さらにその背景には「社会の格差・差別・不平等・不正義をもたらす「構造的暴力」」があると指摘している。そしてこの「構造的暴力」として、年間追加被ばく線量を二〇ミリシーベルトとした不合理な避難・帰還区域の設定があり、核エネルギー利用を推進しようとする関係者によって流布されてきた原子力や放射線に関する「作られた安全・安心神話」があると指摘する〔辻内、二〇一八、三八～四八頁〕。

二〇ミリシーベルトの基準では安全ではないと判断した避難指示区域外の人々は、避難するかしないかの選択に引き裂かれ、さらに原発事故後の「リスクコミュニケーション」の名を冠して拡散されつづける「安心・安全神話」によって、区域外の避難者は「不必要な」避難をしたと責められてきた。また区域内の避難者も、避難指示が解除されても帰還しないことを非難されるといった二次被害が発生している。こうして被害の評価をめぐって複雑な対立構造がうまれ、その複雑さを十分に理解しない大人たちが一部の被災者に対する援策への妬みや偏見にもとづいて差別的な発言を行う。そしてその影響をうけた子どもたちの社会においてもいじめが発生するのではないか、という辻内の分析は、これまでに引用してきた証言との整合性も高く、説得力がある。

このような重層的な構造のもとで避難者いじめが発生しているのであれば、必要となる対策は、構造の根幹部分にある「不合理に設定された避難・帰還区域」や「作られた安全・安心神話」〔辻内、二〇一八、四〇～四五頁〕についての批判的な再検討であり、避難者を含めた原発事故被害者が経験した被害の深刻さと、長期的な支援と対策の必要性を改めて伝えることであろう。しかしながら、避難者いじめ報道後に次々と発表された政府機関による対策は、避難や帰還に関わる政策上の問題を取り上げるのではなく、事故被害や放射線の健康リスクの評価をめぐる対立を差別の原因とするものであった。つづく第四節では、二〇一八年三月に復興庁が「風評払拭・リスクコミュニケーション強化戦略」にもとづいて発行した資料集『放射線のホント』、ならびに二〇一八年一〇月に文部科学省が改訂した小・中学生用の『放射線副読本』の三点を取り上げ、原発事故をめぐる差別問題にいかなる対策が提唱されているのかを検討し、これらの提言がどのような問題をもたらすのかについて検討していく。

4　政府によるいじめ対策の問題点

(1)　復興庁作成資料『放射線のホント』とその問題

避難者いじめを受けて日本政府が講じた対策として、まず注目すべきは二〇一八年三月に復興庁［二〇一八］が刊行した資料『放射線のホント』である。これは二〇一七年一二月に復興庁ほか関係省庁が策定した「風評払拭・リスクコミュニケーション強化戦略」(7)に基づき作成された啓発的な資料であり、イラストが多用された三〇頁のカラー印刷で、「放射線を受けると体に悪いの?」「私たちがふだん口にしている食べ物は安心して食べていいの?」などの基本的な一二の質問に答えるかたちで構成されている。

この「風評払拭・リスクコミュニケーション強化戦略」では、避難者いじめ問題に言及しつつ、「このような科学的根拠に基づかない風評や偏見・差別は、福島県の現状についての認識が不足してきていることに加え、放射線に関する正しい知識や福島県における食品中の放射性物質に関する検査結果等が十分に周知されていないことに主たる原因がある」と分析している(8)。また、『放射線のホント』の表紙には「知るという復興支援があります」という文句が謳われており、この資料が情報を伝えようとする対象は被災者よりも、むしろ被災地域以外に暮らす人々であることが伝わってくる。

『放射線のホント』の内容については、これまで政府によるリスクコミュニケーションに関して批判されてきた記述内容が、今回も再び採用されていると批判されてきた。民間シンクタンクである原子力資料情報室の資料で主に指摘されている問題は、以下の三点である(8)。第一の点は、『放射線のホント』の中の「(放射線の影響は)遺伝しません」という記述をめぐって、環境省の「放射線による健康影響等に関する統一的な基礎資料(平成二九年度版)」では、「国際放射線防護委員会(ICRP)では、一グレイ当たりの遺伝性影響のリスクは〇・二%と見積もっています(10)」と書かれているにも拘らず、本資料では「遺伝しません」と断定している点である。

第二は、放射性セシウム一三四と一三七の「食品中の放射性物質に関する基準」を示した表の中で、日本の「平時」の食品基準値が、「緊急時」のEU、アメリカ、コーデックスの基準値と比較されたうえで「日本は世界で最も厳しいレベルの基準を設定して食品や飲料水の検査をしており、基準を超えた場合は、売り場に出ないようになっています」と説明されている点である。例えば資料では、飲料水の基準が日本では一キログラムあたり一〇ベクレルである一方で、EUでは一〇〇〇ベクレル、米国とコーデックス（国際的な食品基準）は基準なしと記載されているが、平時にはEUは八・七ベクレル、米国は四・二ベクレル、コーデックスは基準なしとするのが正確である。指摘を受けて厚生労働省、消費者庁、復興庁は誤りを認めたものの、現時点では訂正していない。

第三は、「一〇〇〜二〇〇ミリシーベルトの被ばくでの発がんリスクの増加は、野菜不足や塩分の取りすぎと同じくらいです」という記述についても、もとのデータを提供した国立がん研究センターが、野菜の摂取量とがんの関連は見られなかったと二〇〇八年に発表している点が問題視されている(11)。前記いずれの点も、低線量被ばくの健康影響を過小評価し、または日本における食品基準値を他の地域との誤った比較によって、数倍から数百倍も厳しく見せる効果をもたらす点で、今回の原発事故被害を過小評価する意図があったのではとの批判を招いているのである。

(2)　文部科学省二〇一八年版『放射線副読本』とその問題

『放射線のホント』と同じく、二〇一七年一二月の「風評払拭・リスクコミュニケーション強化戦略」を踏まえて文部科学省によって作成されたのが、二〇一八年版の『放射線副読本』［文部科学省、二〇一八a、二〇一八b］である。原発事故後の二〇一一年一二月に作成され、全国の学校に配布されてきた。二〇一四年に第二版が、二〇一八年九月に第三版が刊行されたが、第三版の改訂のポイントとして文部科学省が掲げた項目には、「復興が進んでいる一方で避難児童生徒に対するいじめが課題となっていることを踏まえ、いじめは決して許されないことについて強く言及」することが盛り込まれていることから、この副読本もまた、いじめ対策を意識して改訂された資料であると言えよう。[12]実際に「風評被害と差別、いじめ」という項目が、小学生向け、中高生向けのいずれの資料にも設けられ、「お前たち、福島だろ。放射能がうつるからさわんなよ」という言葉をかけられた子どもの証言を掲載し、いじめを受けたらどんな気持ちになるか、差別やいじめが起きないようにするにはどうすればよいか考えるように促す教材が取り入れられている。

しかしながらこの副読本もまた、『放射線のホント』と同様に、原発事故被害を不可視化するという問題が指摘されてきた。二〇一四年版と二〇一八年版の相違点を分析した後藤忍は、中高生向けの副読本について以下の複数の変更点を問題視している［後藤、二〇一九］。まず、二〇一四年版では東京電力福島第一原発における事故について先に学んだ後で、一般的な放射性物質や放射線、放射能について学ぶ構成になっていたものが、二〇一八年版ではこの順序が逆転し、原発事故の説明は後半に置かれているだけでなく、二〇一四年版では使用されていた水素爆発で破損した一号機と四号機の建屋の写真が二〇一八年版には掲載されず、最も深刻な事故を意味する国際原子力事象評価の「レベル7」であったという説明も削除されている。また、二〇一四年版では七か所に使われていた「汚染」という用語が二〇一八年版では「廃炉・汚染水ポータルサイト（経済産業省）」という固有名詞の中でのみ使われ、他はすべて削除された。

さらに、二〇一四年版では言及されていた放射線に対する感受性は子どもの方が大人より高い点や、「国際放射線防護委員会（ＩＣＲＰ）は、科学的には影響の程度が解明されていない少量の放射線を受けた場合でも、線量とがんの死亡率増加との間に比例関係があると仮定して、合理的に達成できる範囲で線量を低く保つように勧告しています」というＬＮＴ（直線しきい値なし）仮説の説明も、二〇一八年版には掲載されていない。加えて、『放射線のホント』で問題となった食品や飲料水に関する日本の「平時」の基準値と、他地域における「緊急時」の基準値とが比較されている表、ならびに喫煙や大量飲酒、肥満や痩せ、運動不足、野菜不足などの発がんのリスクと被ばくのリスクを比較する表が、二〇一八年版で新たに採用されているのである。

(3)　原発事故によって発生した人権侵害

副読本を比較検証した後藤は、『放射線のホント』についてもその問題点を指摘している。後藤によれば、情報発信側である日本政府は、放射線に対する健康影響への不安を抱える住民に対して「理解していない」「パニックを起こしている」という「欠如モデル」に基づいて、「非論理的」「リスク・ベネフィット（不利益と利益を勘案したバランス）がわかっていない」とする立場からリスクコミュニケーションを強化すればいいという方向に向かっていると述べたうえで、「これは、単なる上位下達の「リスク伝達」であり、双方向を旨とする「コミュニケーション」ではない」ことを指摘する[13]。

さらにいじめと関連して問題となるのは、原発事故によって発生した人権侵害を論じているにも拘わらず、日本政府や東京電力による人権侵害について取り上げることなく、市民からの差別やいじめだけが「風評被害」と一括りにされて取り上げられている点であるという。

人権問題と捉え、因果関係を考えれば、相対的により重大なのは、国や東電が侵した人権侵害です。それにもかかわらず公的な教材では、その人権侵害には触れず、「世間の理解不足によるいじめ」ばかり取り上げています。

活用されなかったＳＰＥＥＤＩ、機能しなかったオフサイトセンター、適切な配布がされなかったヨウ素剤など、政府や国会の事故調査報告書にも明記されているこれらの責任や教訓については、語らない。放射線に関する国や福島県の公的教材にも、福島県内にできた「環境創造センター交流棟（コミュタン福島）」にも、これらは出てきません。[14]

さらに後藤は、リスクの比較に関しての記述も、例えば放射線管理区域（年間五ミリシーベルト）と福島の避難指示区域の基準（年間二〇ミリシーベルト）について、「被曝による人権侵害の可能性に気づき、帰還政策の妥当性について考えるためにもとても重要な情報ですが、リス〔ク〕コミ〔ュニケーション〕のための政府資料では表に出てこない」と指摘する。『放射線のホント』と副読本の双方に採用されている、喫煙や飲酒、野菜不足などのリスクとの比較に関しても、乳幼児から大人まで選択の余地のなかった被ばくによるリスクと、大人の嗜好品であるタバコや酒類のリスクとを比較することの不適切さは過去にも繰り返し指摘されてきたが、是正されていないことを問題視している。[15]

以上で見たように、避難者いじめ問題が報道されて以降、政府が刊行する資料が採用してきたいじめ対策は、差別やいじめの原因を事故被害や放射線に関する「欠如モデル」に基づいて一方的な情報発信を続けただけでなく、政府や東京電力によってもたらされた人権侵害を取り上げない点において、被害者が受けた被害の全貌が見えなくなるという問題をもたらしていると言えるだろう。このように、差別やいじめへの対策として実施される政策によって、むしろ原発事故被害の過小評価と不可視化がもたらされているのである。

5　おわりに——被害の過小評価と不可視化は何をもたらすのか

前節においてみてきたように、全国に配布されている政府作成の資料において、不適切な基準値やリスクの比較がなされ、原発事故の実態やその被害の説明、放射線の健康影響に関する記述が削除されることが、いじめ対策と同時に、またはその一環として行われている。しかしながら、こうした政府の対応は、原発事故被害の過小評価や不可視化につながり、その結果として避難者を「たいした被害がないにも拘らず避難をしている」人々であると見なす傾向に拍車をかけることになるであろう。原発事故直後、十分な情報がないなかで避難を強いられた多くの人々の恐怖や苦しみ、その後の不安や困難が理解されず、さらにレベル7に分類されるほどの深刻な被害が発生したことが認識されないことになる。それは、差別やいじめの対策となるどころか、むしろいじめの背景にある原発事故被害者への無理解や偏見を助長する可能性が高い。

大人に対する差別的な言動の多くは、賠償金や避難者への支援策に関わるものであったが、被害が過小評価され、不可視化されるならば、賠償金や支援を受ける正当な理由があることも理解されずに、こうした言動はさらに増える可能性もあるだろう。提供すべき情報はむしろ、原発事故の深刻な被害は長期間にわたって続くものであり、十分な情報がないなかで最も深刻な汚染があった事故直後の初期被ばくを回避できなかったこと、そして汚染の程度と避難指示区域にずれがあったこと、安定ヨウ素剤の服用が適切に実施されなかったこと等、事故後の不適切な対策によって望まない被ばくを強いられたという被害の過酷な実態である。

しかしながら、政府による「リスクコミュニケーション」の前提となっている、「被災地の現状や放射線についての正確な知識・認識の欠如」モデルを採用した議論は、避難をかつて選択した人々、または現在も避難を続けている人々に対して、「被災地の線量は下がり、食品汚染も深刻ではないにも拘らず、情報更新ができずに不必要な避難をしている人々」という一面的な評価を下しがちである点でも問題である［黒川、二〇一七］。避難をした世帯への聞き取り調査によって集められた証言からは、事故直後に適切な防護対策がとられなかった結果、家族や自分自身が最も線量が高かった時期に初期被ばくを避けることができなかったことへの後悔が多く語られている。

妥協して帰るのだけはよそう。もう言い訳はしたくない。三月一二日から一四日は情報がなく、初期被ばくさせてしまいました。「情報がなかった」というのも言い訳ですよね。調べようと思えばいくらでも調べられたはずなのに、危機感がなかったんです。放射線を浴びさせたことに、「どうしようもない状況だった」と言い訳を作っていました。でも、被ばくしたことは取り返しがつかないんです。（三〇代女性、中通り［髙橋他、二〇一八、二七〇頁］）

放射能の濃度が濃い時に外に出ていたから、追加被ばくはさせたくないです。低線量被ばくも心配です。チェルノブイリのデータがどれほど参考になるのか。人間が核と向き合ってからの歴史が短いので、わかっていないことが多いですよね。放射線被ばくの影響を証明することは難しいし、福島から離れるしかないんだなと思っています。（三〇代女性、中通り［髙橋他、二〇一八、二七〇頁］）

放射線の影響は、私にはわかりません。専門家の意見が分かれているからです。今は「何を信じるか」「誰を信じるか」でしか放射線を語れないのではないか、とも思ってしまいます。放射線の人体への影響がゼロだとは思っていませんが、避難を選択しても、環境が変わるというリスクがあると思います。放射線の影響をうけやすい人、そうではない人がいて、それぞれが自分にとって最良の選択をした。その個人が選択したことを非難する

ことは、誰にもできないんじゃないかな。そう思っています。（四〇代女性、中通り［髙橋他、二〇一八、二七〇頁］）

初期被ばくによる健康リスクを踏まえれば、これ以上はわずかであっても追加被ばくは避けたいと考え、そのために避難という選択をする（した）人々の判断と、その判断に至った過程や想いについて、原発事故後の社会はどれだけ耳を傾けてきただろうか。相対立する事故被害やリスクへの評価が分断や差別をもたらしているというよりも、異なる評価や判断をした人々の選択を尊重する対策を講じ、環境を整えることができなかったことがより根源的な問題であった。異なる選択をした人々は、いずれも原発事故によって多様な被害を受けた被害者であるという点では共通する立場にある。異なる判断はお互いを追いつめるものではなく、各人の生活や家族、健康を守るための選択であって、それらを尊重しながら長期にわたる原発事故被害に向きあいつづける対策と環境づくりをどのようにしていくか、そのための議論が差別といじめへの対策として必要なのである。

付記　本章は、ＪＳＰＳ科研費（二〇Ｋ〇二一三〇）による助成研究の成果の一部である。

注

（1）文部科学大臣決定［二〇一七］「いじめの防止等のための基本的な方針」（別添二「学校における『いじめの防止』『早期発見』『いじめに対する措置』のポイント」二〇一三決定・二〇一七改訂）。［https://www.mext.co.jp/a.meu/shotou/seitoshidou/_icsFiles/afieldfile/2018/01/04/1400142_001.pdf］（最終閲覧日二〇二二年二月一九日）。

（2）調査の対象となったのは、全国の小学校、中学校、高等学校、義務教育学校、中等教育学校、特別支援学校である。

文部科学省初等中等教育局児童生徒課生徒指導室「原子力発電所事故等により福島県から避難している児童生徒に対するいじめの状況等の確認に係るフォローアップ結果について（平成二九年四月一一日現在）」[http://www.mext.go.jp/b_menu/houdou/29/04/_icsFiles/afieldfile/2017/04/11/1384371_2_2.pdf]（最終閲覧日二〇二一年五月一六日）。

（3）このアンケートは「震災支援ネットワーク埼玉（ＳＳＮ）」、ならびに「ＮＨＫ報道局社会部・ＮＨＫクローズアップ現代プラス番組制作班」との共同で行われている［辻内、二〇一八］。

（4）いじめを受けたことがあると回答した五五件の回答者の内訳は父が九件（一六・四％）、母が二三件（四一・八％）、祖父が一〇件（一八・二％）、祖母が四件（七・三％）、自分／本人二件（三・六％）、その他一件（一・八％）、無回答六件（一〇・九％）であったという［辻内、二〇一八、二〇頁］。

（5）文部科学省ホームページ「原子力損害賠償紛争審査会（第三九回）配布資料（書三九）、参考二、原子力損害賠償の世帯当たりの賠償額の試算について」二〇一三年、[http://www.mext.go.jp/b_menu/shingi/chousa/kaihatu/016/shiryo/_icsFiles/afieldfile/2013/12/26/1342848_3_1.pdf]（最終閲覧日二〇二一年五月一六日）。

（6）福島県に隣接する宮城県丸森町は、福島県南部九市町村と同じく、大人に四万円、子どもや妊婦に二八万円が支払われた。（東京電力「賠償項目のご案内」[http://www.tepco.co.jp/fukushima_hq/compensation/guidance/]（最終閲覧日二〇二一年五月一六日）。

（7）復興庁ホームページ「風評払拭・リスクコミュニケーション強化戦略」二〇一七年一二月一二日 [https://www.reconstruction.go.jp/topics/main-cat1/sub-cat1-4/fuhyou/20171212_01_kyoukasenryaku.pdf]（最終閲覧日二〇二一年五月一六日）。

（8）注(7)に同じ。

（9）原子力資料情報室ホームページ「『放射線のホント』と『放射線副読本』」二〇一九年二月八日 [http://www.cnic.jp/8394]（最終閲覧日二〇二一年五月一六日）。

（10）環境省ホームページ「放射線による健康影響等に関する統一的な基礎資料（平成二九年度版）」一〇二頁 [https://www.env.go.jp/chemi/rhm/kisoshiryo/pdf_h29/2017tk1s03.pdf]（最終閲覧日二〇二一年五月一六日）。

(11) 国立研究開発法人国立がん研究センターＨＰ「多目的コホート研究（JPHC Study）野菜・果物と全がん・循環器疾患罹患との関連について」[https://epi.ncc.go.jp/jphc/outcome/307.html]（最終閲覧日二〇二一年五月一六日）。
(12) 文部科学省初等中等教育局教育課程課「放射線副読本の改訂について（報道発表）」文部科学省ホームページ二〇一八年一〇月一日、[https://www.mext.go.jp/component/a_menu/education/micro_detail/_icsFiles/afieldfile/2019/06/26/1400525_04.pdf]（最終閲覧日二〇二一年五月一六日）。
(13) 吉田千亜［二〇一八］「復興庁の『放射線のホント』を検証する① 福島大学准教授 後藤忍さんインタビュー」『Level7 News』[https://level7online.jp/2018/%E5%BE%A9%E8%88%88%E5%BA%81%E3%81%AE%E3%80%8C%E6%94%BE%E5%B0%84%E7%B7%9A%E3%81%AE%E3%83%9B%E3%83%B3%E3%83%88%E3%80%8D%E3%82%92%E6%A4%9C%E8%A8%BC%E3%81%99%E3%82%8B%E2%91%A0/]（最終閲覧日二〇二一年一一月一五日）。
(14) 注(13)に同じ。
(15) 注(13)に同じ。

参考文献

宇井純［一九八二］「公害病患者」新泉社編集部編『現代日本の偏見と差別』新泉社。

黒川祥子［二〇一七］『「心の除染」という虚構――除染先進都市はなぜ除染をやめたのか』集英社。

後藤忍［二〇一九］「紙面が〝除染〟された「放射線副読本」――削除された「汚染」「子どもの被ばく感受性」「ＬＮＴモデル」」『科学』二〇一九年六月号、五二一～五三七頁、岩波書店。

関礼子［一九九四］「新潟水俣病における地域の社会的被害――重層的差別の生成およびその要因としての制度・基準の媒介」『年報社会学論集』第七号、一一三～一二四頁。

髙橋若菜・小池由佳［二〇一九］「原発避難生活史（二）事故から本避難に至る道――原発避難者新潟訴訟・原告二三七世帯の陳述書をもとにした量的考察」『宇都宮大学国際学部研究論集』第四七号、九一～一一一頁。

髙橋若菜・清水奈名子・阪本公美子・小池由佳・関礼子・高木竜輔・藤川賢［二〇一八］『二〇一七年度 新潟県委託 福島

査』（研究代表者・髙橋若菜）［https://www.pref.niigata.lg.jp/uploaded/attachment/93783.pdf］（最終閲覧日二〇二一年九月二〇日）。

辻内琢也［二〇一八］「原発避難いじめの実態と構造的暴力」戸田典樹編『福島原発事故 取り残される避難者——直面する生活問題の現状とこれからの支援課題』明石書店。

辻内琢也・増田和高編著［二〇一九］『フクシマの医療人類学——原発事故・支援のフィールドワーク』遠見書房。

復興庁［二〇一八］『放射線のホント』［https://www.fukko-pr.reconstruction.go.jp/2017/senryaku/pdf/0313houshasen_no_honto.pdf］（最終閲覧日二〇二一年五月一六日）。

文部科学省［二〇一八ａ］『小学生のための放射線副読本——放射線について学ぼう』［http://www.mext.go.jp/b_menu/shuppan/sonota/attach/1409776.htm］（最終閲覧日二〇二一年五月一六日）。

——［二〇一八ｂ］『中学生・高校生のための放射線副読本——放射線について考えよう』［http://www.mext.go.jp/b_menu/shuppan/sonota/attach/1409776.htm］（最終閲覧日二〇二一年五月一六日）。

第六章　ふるさと疎外・損傷・剥奪

関　礼子

1　はじめに

法学者の高橋信隆は、放射性物質による環境汚染について「福島第一原子力発電所事故によるさまざまな被害・影響を例示するまでもなく、環境問題として法学的検討の対象とすることも可能」であるが、実際には、放射性物質による大気汚染・水質汚濁・土壌汚染防止のための措置が、環境法体系ではなく、原子力法体系に属することに違和感を示した〔高橋、二〇一二、六四頁〕。

原発事故が放射能による公害・環境汚染であるならば、第一に被害の実態解明と加害責任の究明がなされ、第二に原状回復と被害の救済がなされ、そのうえで、第三に疲弊した地域の振興に責任を果たすことが求められる。ところが、肝心の被害の広がりや実態は十分に解明されず、加害責任の所在が曖昧なまま放置され、環境の原状回復（汚染の除去、除染）も中途半端なままである(1)。本来ならば、ダメージを受けた被害者の補償・救済のうえに被害地域の振興が図られるべきだが、「人間の復興」〔福田、二〇一二〕という視点、人々が命を生み育て、生活を営み、人生を全うするための「ライフ（Life）の復興」という視点が欠如して、誰のための、何のための復興かが曖昧なままに復興事業が進められている。

この章では、原発事故一〇年を経て、複雑さを増した原発事故被災地の状況を「ふるさと」という観点から整理し、避難指示の有無など制度との関連から、それぞれの「ふるさと」をめぐる被害の状況や「復興」の功罪について論じていく。

2　避難者の見取り図

原発事故避難者は、避難をめぐる制度的な線引きによって、大きく三つに区分できる。福島県の避難指示等区域からの避難者、福島県の避難指示区域外からの避難者、福島県外からの避難者である（図6-1）。

避難指示等区域からの避難者（第一型）とは福島第一原発から二〇キロ圏内の旧警戒区域、二〇～三〇キロ圏の旧緊急時避難準備区域、さらには旧計画的避難区域など、原発事故後に何らかの避難指示があった地域からの避難者である。避難指示の拘束力が強いので「強制避難者」と呼ぶのが相応であった避難者である。

避難指示区域外からの避難者（第二型）は、福島県の中通りやいわき市などから福島県外への避難者である。避難指示区域外からの避難であるため、しばしば「自主避難者」と呼ばれる。福島県は全域が災害救助法適用地域となったため、福島県内での避難は支援の対象にはならないが、県境を越えると災害救助法の対象となり避難者として支援を受けることができた。

福島県外からの遠隔地避難者（第三型）は、茨城県、千葉県、栃木県、東京都などから遠隔地避難（広域避難）した人々である。東京都の浄水場で放射性物質が検出されるなど原発事故の汚染は広域に及び、局地的に高い線量を示すホットスポットも各地でみられた。そのため関東などからの「自主避難者」は、災害救助法適用地域外からの「自主避難者」も受け入れた遠隔地の自治体に避難した。

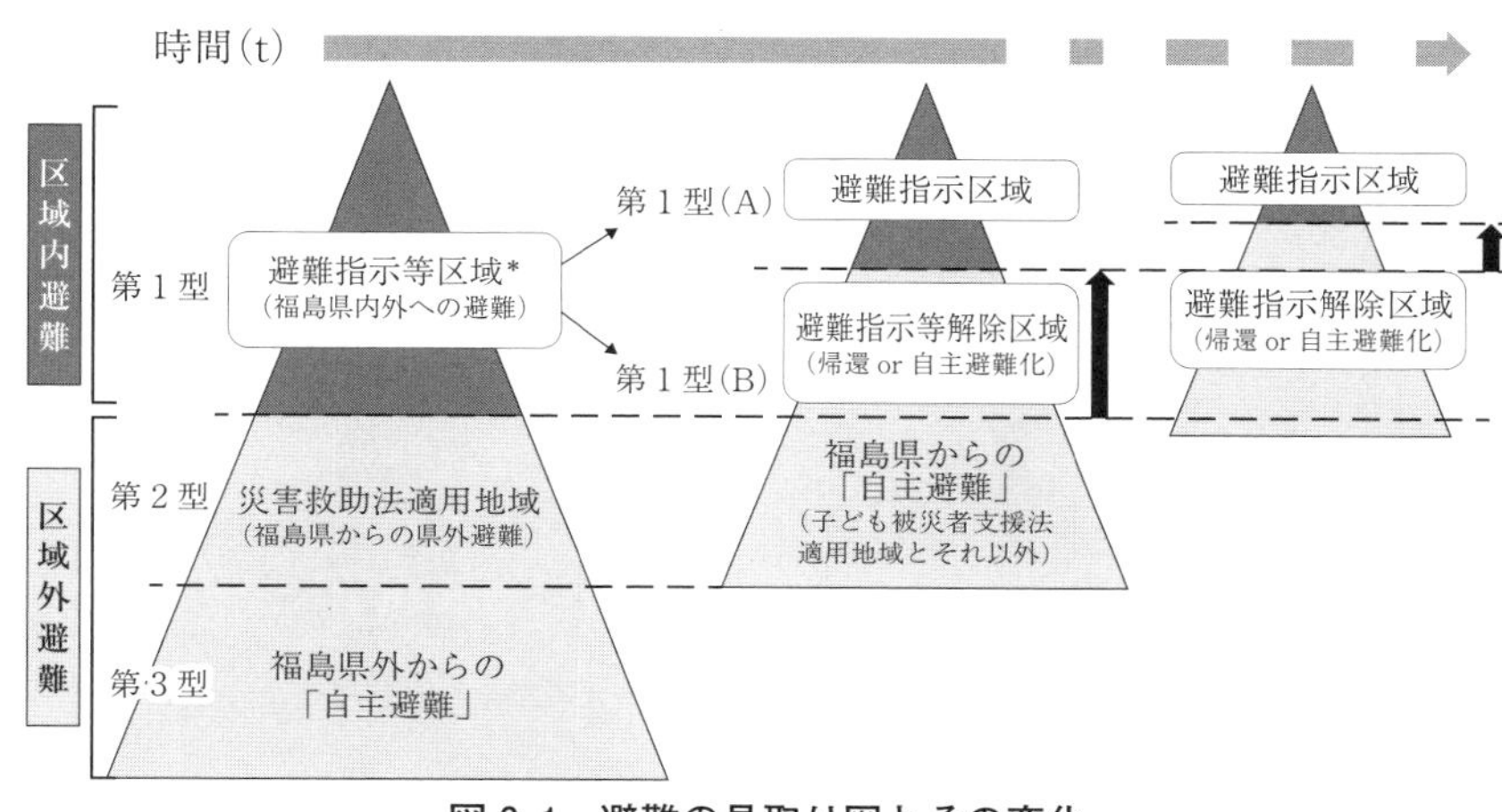

図 6-1　避難の見取り図とその変化

注：＊は、特定避難勧奨地点等を含む。
出所：関［2018］224 頁をもとに作成。

このような三つの避難者像は、時間の経過によって区分があいまいになってきた。

被害は周辺から不可視化されていく。第三型の福島県外からの避難者は、受け入れ自治体の住宅支援終了によって不可視化された。

第二型の福島県からの県外避難者は、子ども被災者支援法の適用地域（中通りと浜通り、避難指示区域を除く）とそうでない地域に区分された。二〇一七年三月末には「避難の命綱」であった応急仮設住宅（借上げ住宅を含む）の供与が打ち切られ、避難者の姿も見えにくくなった。

第一型の避難指示等区域からの避難者は、避難指示が続く地域（第一型（A））の避難者と解除された地域（第一型（B））の避難者に分かれた。だが、避難指示が解除されたからといって、全員が帰還できるわけではない。放射能への不安もあり、就学・就労・病院通院など、さまざまな理由を抱えて、帰還はなかなか進まない。こうしたなかで、復興の指標のように用いられてきた「帰還者」に代わって、一時滞在の作業員などを含めた「町内居住者」や「現住人口」といった人口の把握がなされるようになり、帰還しない避難者は「自主避難者」化してきた。

3　「資格」化された避難——制度外の「自主避難者」

原発事故避難は、通常の災害からの避難とは異なり、広範な地域から遠隔地へ避難する傾向がみられた。放射能の影響からできるだけ遠くへ逃れたいと、九州・沖縄方面へ、なかには海外にまで［若松、二〇二〇］、母子で緊急避難する人がいた。遠隔地の自治体には、避難指示等区域の避難者（第一型）、避難指示区域以外の福島県からの避難者（第二型）、関東圏など福島県外からの避難者（第三型）という、制度的に異なるカテゴリーの避難者がいた。そこで「自主避難」という言葉でイメージされたのは、もっぱら第三型の避難者だった。以下、制度外の第三型「自主避難」の合理性と正当性が不可視化されていく状況を振り返っておこう。

(1)　避難の合理性の不可視化

関東圏では、東京都や神奈川県などの下水処理施設で、汚泥焼却灰から高い放射性物質が検出された。茨城県、栃木県、群馬県、埼玉県、千葉県でも「汚染状況重点調査地域」の指定を受ける市町村があった。原発事故汚染は、福島県にとどまらない広域汚染の問題だった。

二〇一一年三月一七日に三歳の子どもと海外に緊急避難したAさん（東京都）は、帰国後に放射能汚染に対する危機感がないことにショックを受けたという。

三日間は子どもを、通わせたのですが、子どもが大量の鼻血を出しました。もうダメでした。いろいろなことを検査してみたんですが、家の庭の土から二一八ベクレルが検出されたんです。一〇〇ベクレル以上のものはドラム缶にいれて保管しなくてはならないのに、自分の家の土が高線量だったのがショックでした。私の周囲でも中学校の同級生とか三組が避難しました。一組は神戸にご家族で、もう一組は調布の友達なんですが、岡山に母子避難し、五月に岡山でシェアハウスに入りました。

私の周りにいるみなさん、尿検査をして、子どもの尿から放射線が検出されたということで避難しました。子どもの鼻血や下痢が止まらない友だちが多くて、その友だちの庭の検査をしたら四〇〇ベクレル出た、という話でした。その友だちは、「東京での仕事に見切りつけられなくて、子どもを被曝させてしまった」と後悔していました。「キャリアを捨てて逃げてきた」と話していました。離婚した人も、四組くらい知っています。［関編、二〇一三、四二頁］

子どもの入園式が普通に行われ、給食や飲み水の汚染を気にかける人もいない。原発事故の影響がないかのように日常が続く感覚は、海外に避難した人だけが恐怖に感じたのではない。国内で避難した人、避難せず留まった人でさえ、違和感を抱いていた。

放射能の影響を可能な限り受けないようにしたいと遠隔地に避難した人々は、「子どもを放射能から守る」という強い思いを抱いていた。Aさんも、「子どもを放射能から守りたい」と、仕事を辞め、家族や友人と離れ、九州に避難することを選択した。だが、そこまでして避難する行為は、「放射脳」「放射能ヒステリー」と揶揄された。さらに、Aさんが述べたような一〇〇ベクレル／キログラム以上を低レベル放射性廃棄物として管理するという基準が、原発事故後に八〇〇〇ベクレル／キログラムまで引き上げられるなど(2)、そこにあったはずの放射能の問題を問題でなくしていく基準値の変更も相次いだ。現状の汚染を追認する基準値の変更は、Aさんが語ったような避難の合理性を不可視化させていった。

(2)　避難の正当性の不可視化

制度外の「自主避難」とはいえ、福島県以外からの原発事故避難者の存在と被害が認知されたのは、受け入れる自治体やＮＰＯ等の姿勢に負うところが大きい。佐賀県などの自治体は、広く災害救助法適用外の避難者も受け入れて住宅支援を行った［関・廣本編、二〇一四］。沖縄県石垣市では、市民による避難者ネットワークが民間から提供された空き家・空き室を整備し、沖縄県の支援対象から漏れた災害救助法適用地域外の避難者に、最長三か月の避難住宅を提供した［関・廣本、二〇一八］。

さまざまなカテゴリーの避難者を受け入れていた遠隔地では、災害救助法の適用外にあった福島県外の避難者が、もっぱら「自主避難者」であった。避難のための制度的「資格」を持たず、一部の自治体や市民のボランタリーな支援に支えられて避難をしていたからである。彼／彼女らはこうした支援が打ち切られた後も、避難先に留まる場合には、転居者・移住者となって、避難者のカテゴリーから外れていった。

4　制度内の避難者――避難指示の内と外

福島県からの避難者は、避難指示の内（第一型）と外（第二型）に区分できる。避難指示があった地域からの避難者は、福島県内に避難しても、福島県外に避難しても、避難者として制度的な支援を受けることができた。対して、避難指示がなかった地域からの避難者は、福島県外に避難しなければ、支援を受けることができなかった。

避難指示区域内では居住地への立ち入りを禁止または制限され、就業の場を失うなど、生活の見通しが立たない状況が続いた。二〇一一年八月、原子力損害賠償紛争審査会（原賠審）の中間指針が示され、避難指示区域内の避難者には精神的損害賠償が支払われることになった。他方で、避難指示区域外からの避難の場合、住宅支援があったとしても、避難の生活費は自力で工面しなければならない。父親が福島に残り、母子で避難する状況に、避難指示区域内からの避難者でさえ、しばしば「自主避難者は気の毒である」と語った。避難指示区域外からの避難者へ支援を求める声は、「避難する権利」［河﨑他、二〇一二］の提唱や、「子ども被災者支援法」（二〇一二年）の制定につながっていった。

区域内と区域外での避難の相違は、当初は「強制避難」と「自主避難」[3]に区分することができた。しかし、自主避難の「自主」は、避難指示区域外からの避難の合理性や正当性を否認し、避難による苦痛や困難を自己責任とする言説をもたらした。一方、避難指示区域内であっても、避難指示が解除されて帰還という選択肢が生まれた地域では、避難は「強制」ではなくなった。こうして、時間の経過とともに、「強制避難」と「自主避難」は実態を把握するにはそぐわなくなり、代わりに「区域内避難」と「区域外避難」という呼称が用いられるようになってきた。

(1)　区域外避難（第二型）の「ふるさと疎外」

避難指示区域外からの避難（第二型）は、制度外の避難であると同時に制度内の避難であるという両義的な性格を持っていた。福島県外からの避難者（第三型）と同様に一面では「自主避難」であったが、福島県を出れば、区域内避難者（第一型）と同様に避難の「有資格」として住宅支援を受けることができた。

区域外避難（第二型）の両義性は、避難元との関係性においてもみられる。「自主避難」の避難元である地域社会は、原発事故による放射能汚染によって大きなダメージを被ったが、なくなってはいない。他方で、放射線量が高い、現に子どもや自身の体調に問題が生じたなど、地域社会で平穏な日常を送ることができないと考えて避難した人々は、地域での人間関係に大きなダメージを被ることになった。地域に住みつづける者の生活破壊と、住みつづけられなくなって避難した者の生活破壊は、原発事故がもたらした表裏一体の被害である。このような被害は「ふるさと喪失」として裁判でも争われている[4]［淡路監修、二〇一八、吉村、二〇一八など］。

ここでの「ふるさと喪失」は、避難することで、避難元の地域との関係性が失われてしまう状況を指す。避難指示があれば、避難の正当性が問われることはない。避難を理由に人間関係に亀裂が生じることもない。だが、避難指示がない地域では状況が異なった。地域に留まる人には、「仕事や家族、家や土地など、さまざまなものを天秤にかけると、逃げられない。健康より現状を優先して、引き受けなくてはならない[5]」という現実があった。

それだけに、事故当初に緊急避難したまま避難生活を継続した人、一度は戻ったものの再避難に踏み切ることになった人、緊急避難はしなかったが一定期間を経てようやく避難に踏み切る人など、さまざまな時期にさまざまな避難の選択が生まれることになった。

区域外避難者の語りには、被ばくの不安や体調の悪化、避難に至るまでの葛藤や苦悩、避難継続の困難が色濃く表れた。母子避難の場合には、二重生活による経済的負担、離れて暮らす夫婦関係の悪化、避難を選択しつづける理由が理解されないという社会的な孤立感が語られてきた。

乳幼児や小学生を抱えた家族が、殊に母子避難という形態をとらざるをえなかったのは、避難できない現状と差し迫った健康不安との綱引きの結果である。力加減で避難できた人がいれば、避難できなかった人もいる。避難元では、「余裕があるから避難できる」と陰口されることもあったし、避難先では、避難の精神的賠償がないにもかかわらず、「賠償されている」と誤解されることもあった。夫や親族、友人から、避難することを理解されないこともあった。この状況は、数年にわたる避難生活にピリオドを打って、避難元に戻ってからも続いた。

避難で、A市（避難元）にあった関係は全部崩れました。（家族の都合で避難を中断して）A市に戻ってからは辛いものです。「避難したのに、結局、戻って来たんだね」、「B県から食べ物を取り寄せて異常だね」と言われます。〔中略〕避難したことをバカにされ、友人関係も壊れました。(6)

避難指示区域外からの避難者は、避難することで避難元＝「ふるさと」の関係性からはじきだされ、「ふるさと」の関係性から疎外された。区域外避難者の「ふるさと喪失」が意味するのは、「ふるさとからの疎外（ふるさと疎外）」である。

他方で、避難せずに留まった人にとって、若い世代や友人たちが避難していく状況は、地域社会への大きなダメージとして経験された。留まった人にとっても、「ふるさと」は大きく傷つけられてしまった。これを「ふるさと損傷」と呼ぶならば、「ふるさと疎外」と「ふるさと損傷」は表裏一体の関係にある。(7)

(2)「ふるさと喪失」の多義性

避難指示の有無にかかわらず、「ふるさと喪失」は、原発事故の重大な被害であると指摘されてきた。ただし、「ふるさと喪失」が意味する内容は多義的である。

避難指示区域内の避難者（第一型）は、避難の合理性と正当性を問われることはない。避難指示区域外の避難者（第二型）が「なぜ避難したか」という避難の合理性に力点をおいて避難した理由を説明するのに対し、避難指示区域内の避難者は、「ふるさと」を追われた辛苦や、「ふるさと」を放射線に汚染され、生活をまるごと奪われてしまった苦渋に力点をおいて避難を語ってきた。そこでの「ふるさと喪失」は「ふるさと剥奪」の意味である。

「ふるさと」（故郷／country home）は、「家郷」「家山」を意味している。風土の自然というまとまりある空間のなかで、周回する時間を共有しながら年中行事を営み、祖先から子孫への連続性のなかに身を置く関係性の場所である。

「ふるさと」は、人と自然とのかかわり、人と人とのつながり、その持続性が三位一体となった、ネットワークの網の目である［関、二〇一九］。

ところが、「ふるさと」の喪失は、原発事故以前には、「故郷喪失」「家郷喪失」として議論され、イメージされてきた。それは、地方から都市への人口流出のなかで、身も心もつながっていた故郷・家郷が失われ、根無し草化していく都市人の肖像を意味していた。原発事故の場合でいえば、故郷・家郷であるはずの「ふるさと」の人と自然が避難指示区域となり奪われたことに付随して、出郷者の「ふるさと」も消失してしまう事態である。

区域外避難の「ふるさと喪失」の場合は、避難元の地域の共同性は損傷を受けても、なくなってはいない。したがって、損傷を受けた地域の共同性からはじきだされた／はじきだされるかもしれないという避難者の「ふるさと」からの「疎外」が、地域の「損傷」とともに問題になった。

対して、避難指示区域内では、人が自然とかかわり、人が人とつながり、次世代を産み育て、家や土地を継ぎ、文化や歴史をつないで、年老いて先祖になっていくこと――地域が地域として持続していくこと――を見通すことが困難な状況が生まれた。こうした状況は、広義には「ふるさと喪失」ではあるが、狭義には「ふるさと剥奪」と呼ぶのが相応である。（表6-1）

表6-1　広義の「ふるさと喪失」における喪失・疎外／損傷・剥奪

	避難指示区域内（第一型）	避難指示区域外（第二型）
避難をめぐる言説	避難の苦痛・帰還の希求	避難の合理性・正統性の主張
「ふるさと」の位相	ふるさと剥奪	ふるさと疎外/ふるさと損傷
出郷者の「ふるさと」	ふるさと消失	―

5　「ふるさと剥奪」の二つのかたち

「ふるさと剥奪」は、二つに類型化できる。

ひとつは、避難指示区域に指定され、現在もなお帰還困難区域として避難指示の対象でありつづけている地域である（第一型（A））。放射線量が高く、除染が進まず、未だ故郷に戻れない帰還困難区域では、「ふるさと」が現に奪われていることが明瞭である。人は自然とかかわることができず、人と人とが密につながることができず、生活の持続性や地域の永続性を見通すことができない。

いまひとつは、避難指示が解除され、住民の帰還が始まり、「復興」が進んでいるかのように見える地域である（第一型（B））。そこでの被害は、裁判で東京電力が主張してきたように、回復途上の被害と見做されがちである。

(1) 避難指示が継続している地域の「ふるさと剥奪」

「ふるさと剥奪」（第一型（A））の典型例として、浪江町津島地区の例をみていこう〔関、二〇一九〕。津島地区は一八八九（明治二二）年に六村が合併してできた津島村（行政村）の流れを汲む中山間地域である。二〇一一年の福島第一原発事故では、三月一二日から一五日まで浪江町災害対策本部がおかれ、約八〇〇〇人の住民が身を寄せた。しかし、高濃度の放射能に汚染されていた地域であることが判明し、四月二二日に計画的避難区域に指定され、二〇一三年四月一日に帰還困難区域に再編された。二〇二二年一月末現在、津島地区には除染や家屋解体、道路やインフラの復旧を進める「浪江町特定復興再生拠点区域復興再生計画」（二〇一七年一二月）の特定復興再生拠点区域が設定されている。とはいえ、全域が帰還困難区域のままで、現在も、事実として「ふるさと」は剥奪されつづけている。

第一に、自然とかかわることができない。人々は、家（ヤシキ）から山林（ヤマ）に至る広い空間を一体的に用いて、自給自足的な生活に優位な生活圏のなかで暮らしてきた。山から水を引き、米や野菜をつくり、山菜やキノコをとり、生活を営んできた。だが、そのような親しく自然とかかわる生活は、立ち入りを制限するバリケードの向こう側で過去化されてしまっている。

第二に、人と人とのつながりも剥奪されたままである。自然とかかわることで得られる資源は「お裾分け」され、人と人との関係をつないできた。人と人との関係は社会関係資本、人間関係資本を意味する。パットナムによれば社会関係資本とは、人と人とのつながりやネットワーク、そこから生まれる互酬性や信頼性の規範を意味する［パットナム、二〇〇六］。津島の言葉でいえば、〝結い〟である。〝結い〟は、結びつくこと、結合、結束することを意味する。農作業での共同作業だけでなく、ともに（共同）、心と力を合わせて協力しながら（協同）、それぞれが得意分野を活かして何かを成し遂げてきた（協働）〝結い〟あう場所も奪われたままである。

第三に、持続性も心もとない。先祖から子孫へと継承される地域の文化や伝統は、日々の生活の共同によって不断に更新されていくが、人々は日常の空間も時間も共有できずにそれらを失いつつある。

このような「ふるさと剥奪」は、共同性の損壊、すなわち土地に根ざして生きるという権利が侵害されつづけているということを意味する。人と自然がかかわる環境を奪われ（環境権侵害）、人と人とのつながりが断ち切られ（社会関係資本の損傷）、地域のなかで穏やかに生活する日常を奪われ（平穏生活権侵害）、出身地の誇りを傷つけられ（人格権侵害）、津島地区の歴史を未来につなげていくことができない（地域の伝統文化や無形文化財の消失の危機）。「ふるさと剥奪」とは、原発事故によって存在の足元をすくわれ、環境難民化し、「よるべなき精神の放浪」(8)に追い立てられた人々の、全人的な被害の表現である。「ふるさと剥奪」とは、権利侵害の問題として捉えられる状況なのである。

(2)　避難指示が解除された地域の「ふるさと剥奪」

「ふるさと剥奪」のもうひとつの典型例（第一型（B））は、川俣町山木屋地区にみられる。山木屋地区は、二〇一一年四月二二日、隣接する飯舘村、浪江町津島地区等とともに計画的避難区域に設定され、二〇一三年八月八日に居住制限区域と避難指示解除準備区域に再編された。二〇一五年八月三一日から避難指示解除に向けた準備宿泊が始まり、一七年三月三一日に地域全域の避難指示は解除されている。

二〇二一年一一月一日時点で、住民基本台帳上で山木屋地区に住所があるのは二八八世帯六九五人で、そのうち居住者人数（居住率）は一六三世帯（五六・六％）三三五人（四八・二％）である[9]。避難指示で六年もの間、無人だった山木屋地区に、半数近い世帯が戻ったのだから、帰還率（居住率）を復興の指標にする観点でいえば、山木屋地区は順調に復興しているようにみえる。

他方で、帰還者三三五人を年齢別でみると、六五歳未満が一一八人、六五歳以上が二一七人で、六五歳以上の高齢者人口を総人口で割った高齢化率は六四・八％である。高齢化率五〇％以上の「限界集落」である［大野、二〇〇八］。山木屋地区の状況はどのようになっているのか[10]。

人と自然とのかかわり

山木屋地区の主たる生業および副次的な生業は、世帯として複合するだけでなく、地域として複合するという特徴がある。この複合は、山と里の自然の循環を基礎にしていた。山で採取した落葉（木の葉）の発酵熱を利用して葉タバコの育苗をし、赤土を採取して稲の種苗に使い、落葉や赤土は最終的に田畑にすき込まれた。稲作は畜産・酪農と結びついていた。稲作農家の稲わらやもみ殻は、畜産・酪農家が家畜の敷きわらに使い、そこでできた牛糞堆肥は稲作農家の田畑に還元された。

この辺りは、農業をするには循環農業です。農業で生きると決めて、田んぼをやるなら牛を飼うかって。土地が良くないなら、牛飼いしながら堆肥を入れていけばいい。毎年、堆肥を入れて、何年かして、ようやくいい田の土になりました。牛の敷きわらが足りない分は、親戚から稲わらをもらって、かわりに堆肥を持っていく。餌は自給です。餌を生産するにも、このあたりは直角に近い、一〇度くらいある斜面で、そういう土地で放牧しました。循環型で有機連携の農業でした。[10]

除染で表土を剥がれた田畑や牧草地は地力を失ってしまった。木の葉や稲わら、牛糞堆肥を入れて土づくりをしようにも、原発事故で汚染されてしまった山野は除染されておらず、山からの資源の流れは断たれてしまっている。田んぼの作付けが再開されないと、稲わらや牛糞堆肥を自家生産することもできない。

どのような仕事であってもブランク後の仕事の再開には困難が生じるが、農業の場合は特に、農機具類の更新や後継者の問題が再開のネックになる。「今までの流れでやっているならばできたかもしれない[11]」が、一千万円、二千万円と借金をして最低限の農機具類を揃えるには二の足を踏まざるを得ない。しかも、放射能で汚染された土地は条件不利地であり、後継者が戻らず、米や野菜を配っても喜ばれるとは限らず、作付けを再開しても原発事故前のような値段で売れる保障はない。山木屋地区の風土に適した循環型の農業には展望を見いだせない。農家の経験や誇り、自然循環型で安心・安全で質の高い米や葉たばこをつくってきたという喜びも奪われた。

もちろん、自然とかかわるのは農林畜産業だけではない。自然とかかわる「マイナーサブシステンス」［松井、一九九八］活動をはじめとし、子どもたちの森づくり活動やそこでの学びに至るまで、人と自然とのかかわりは奪われたままになっている。

人と人とのつながり

山木屋地区では、自然とのつながりが、人と人とのかかわりを媒介してきた。

農家であるということは、三世代、四世代が同居する十分な理由であった。だが、帰還しても、営農が再開できないのだから、複数世代で同居する理由は乏しくなる。そもそも初期避難が遅れたうえに、計画的避難区域に指定されるほど放射線量が高かったのだから、子どもがいる世帯にとって帰還の動機づけは弱くなる。

避難前は、外で農作業をしていれば通りがかった人と会話が始まった。だが、営農を諦めざるをえない状況下では、外に出ることも減り、誰かと会って話をするという機会はほとんどなくなった。働くのが日常であったのに、田んぼも畑もできない。「やることがない」から、家で過ごす時間が増え、それぞれが自宅に引きこもって生活する状況になる。避難前は農業の話や行事の話など共通の話題があり、用事があって頻繁に行き来していたが、避難後は「用がない」から疎遠になる。お知らせは町から個別に郵送されるから、回覧板を回すこともない。こうして帰還していない人はもとより、帰還者同士の人間関係はやせ細っていく。

人と人とがつながれないというのは、〝結い〟による生活の共同を維持できないということである。〝結い〟のなかで最も重要なのは葬儀である。原発事故前は、亡くなった人が出ると、組（集落）が葬儀一切を取り仕切った。男性たちは、受付、帳場といった役を決め、寺や葬儀屋と連絡をとり、葬儀の日取りを決めた。接待役を務める女性たちも「親方」を決め、通夜や葬儀に出す料理を準備した。ところが、原発事故後は、避難指示区域で立ち入りが制限されているから、当然、家で通夜も出棺もできない。連絡がつかずに、知らないうちに葬儀が終わってしまっていたという状況が相次いだ。避難指示中は仕方ないとしても、避難指示の解除後も、組が関与しない家族葬が出てきたことは、山木屋地区に帰還した人にとっても衝撃であった。

　一週間前に亡くなった人は、家族葬にして終わりました。前は、何をおいても葬式を手伝うというのが当たり前だったけれど、手伝いはなかった。別の区では、亡くなった人のお知らせもなく、わからないうちに終わってしまった。「お付き合いもおしまい」ということだろうね。(12)

令和になってからの葬式は組が関与せず、家族葬にすると決めたところもあった。何をおいても葬式に駆け付けるという密な人間関係は崩れてきている。もめ事を起こしたら葬式を手伝ってもらえない、死後に子孫に迷惑をかけてしまうと、自らを律して生活するという規範や風潮も壊れていく。

持続性

子々孫々と続いていくはずだった地域の生活文化、歴史や伝統は、継ぎ手を失って持続性が危機に瀕している。避難前の山木屋地区では、伝統と自然を活かし、山木屋出身であることを誇れる人づくり、地域づくりが営まれていた。だが、太平洋戦争時でさえ途絶えることのなかった伝統芸能「三匹獅子舞」は、原発事故後に途絶えてしまっていた。避難指示解除後に復活したとはいえ、住民は三割しか戻らず、引き継ぐべき子どももいない。復活時の子どもが最後の後継者となりそうである。

避難指示解除後に一貫校として再開した山木屋小中学校は、再開から一年で小学校が休校し、中学生の在籍者数も一〇人に満たない。冬に田んぼに水を張ってつくる田んぼリンク（スケートリンク）は、国体選手を多数輩出してきた、山木屋地区の風物詩だった。後に再開したものの、そこで滑る肝心の「山木屋の子ども」がいない。山木屋小学校の児童と保護者がつくる「親子の森」の活動は、朝日森林文化賞奨励賞を受賞したこともあるが、活動する小学生も保護者もいない。

地域の自治についても、行政区長がなかなか決まらない、組が存続できない状況になっているなど、地域の存続を危ぶむ声があちこちで聞かれた。

地域崩壊しているが、総会には一六軒中、一二軒が出席している。二軒は部落〔組・集落の意〕から抜けました。もう戻ってきません。二親（ふたおや）が亡くなって、事故前から〔子世代が〕福島にいますよ、という人は〔部落を抜けて山木屋地区から〕一線を切るよということだね。(13)

避難指示が解除され、「復興」が叫ばれるなかで見えにくくなっているが、「ふるさと剥奪」は現在進行形で進んでいる。

5　ショック・ドクトリンの先に

復興事業も大きな問題を孕んできた。「人間の復興」「ライフ（Life）の復興」を考えることなしに、復興事業だけが先走りしてきた。だが、復興に寄与していない復興事業を反省的に捉えて方向転換しようという動きは見られない。山木屋地区の復興事業で目立つのは、インフラの整備事業である（表6-2）。農業再開が極めて厳しい環境にあるにもかかわらず、水田用排水路整備事業が行われ、山木屋小中学校再開に向けて改修が行われたが小学校は一年で休校となり、中学校も存続が危ぶまれている。復興拠点商業施設（とんやの郷）は赤字経営で、復興電源事業（メガソーラー事業）の売電利益が運営費に充当されている。ハード中心のインフラ整備で復興を進めようとする構造的問題が、復興事業のリストから透けて見える。

それ以上に問題なのは、避難指示区域の復興事業が新技術実用化のための草刈り場になっていることである。(14) 山木屋地区では、予算八億五千万円の花卉生産施設整備事業（アンスリウム栽培ハウス）が、それに近い。ポリエステルの培地を用い、コンピューター管理のハウスの中で、アンスリウムという熱帯の花を育てるのである。(15) いわば植物栽培工場である。

表 6-2　山木屋地区での主な復興事業

事業	金額
復興発電事業（メガソーラー事業）	7.0 億円
復興拠点商業施設（とんやの郷）	7.5 億円
幼稚園、小中学校改修費（校舎、プールなど）	13.5 億円
粗飼料生産支援事業（牛の餌生産の機械、施設）	22.0 億円
花卉生産施設整備事業（アンスリウム栽培ハウス）	8.5 億円
井戸掘削事業（帰還のための井戸掘り　240 戸）	8.4 億円
水田用排水路整備事業（水田の用水路整備）	34.7 億円
農業基盤整備事業（農道など舗装整備）	7.1 億円
町道路整備舗装事業（未舗装道の整備）	11.3 億円
災害公営住宅整備事業（40 戸新築）	7.0 億円
木戸道舗装整備事業（帰還者の木戸道舗装）	2.1 億円
家屋解体事業（震災被害家屋解体＝1100 棟）	20.0 億円
合　計　金　額	149.1 億円

出所：川俣町議会議員 KK 氏提供資料による。

栽培に着手したのは、山木屋地区の住民を含む川俣町の住民による「ポリエステル培地活用推進組合」だった。だが、こと山木屋地区に関していえば、寒冷で冬には雪も降る地域である。燃料費がかかるだけでなく、冬の降雪時にはビニールハウスへの物理的な影響も懸念される。しかも、うまくいかなかった場合のリスクは事業者である住民が負わなくてはならない。

同様の構造は、粗飼料生産支援事業にもみられる。粗飼料生産事業に名乗りを上げたのは、山木屋地区の復興の力になりたいと名乗りを上げた若手メンバーによる「ヒュッテファーム」である。輸入粗飼料の価格高騰にともない、粗飼料の自給は畜産経営にプラスの効果があるとされてきたが、粗飼料生産自体の利幅は大きくない。農地保全のため農作物の作付けは必要だとはいえ、粗飼料生産は輸入飼料と競合する程度で、高付加価値の農作物とはいえない。山林は除染されていないため、牧草から基準値以上の放射性物質が検出されるリスクもある。ここでも、復興事業の持続不可能性が見え隠れする。復興の力になりたいと考える個人へのリスク転嫁（経費の持ち出し）が懸念されるのである。

ここから、復興事業の持続可能性が問題になる。どちらも放射能汚染された被害地に適した復興事業であるかもしれないが、山木屋地区の風土に適した持続可能なものとはいえない。しかも、最初から高コスト事業で、損益計算も甘く、収益が出ない場合には支援されるはずの被災者が赤字を補てんしなくてはならない構造になっている。

それは、ナオミ・クラインがショック・ドクトリンと呼んだ「惨事便乗型資本主義」を想起させる。惨事便乗型資本主義は、「壊滅的な出来事が発生した直後、災害処理をまたとない市場チャンスと捉え、公共領域にいっせいに群がる〔中略〕襲撃的行為」である[16]［クライン、二〇一一、五～六頁］。「復興事業」が原発事故被災者を構造的に搾取するかのような状況は、むしろ公共領域を越えて被災者に群がる行為のようにも見えてくる。原発事故避難者の「ふるさと」は、被災地・被災者の構造的搾取という、新たな被害にさらされているのである。

付記　本章は、関礼子［二〇二〇］「「ふるさと剥奪」と「ふるさと疎外」」『応用社会学研究』第六二号、四五～五五頁を大幅に改稿したものである。

注

（1）原状回復を求める裁判では、ゴルフ場の放射性物質の除去を求めた仮処分申請で、東京電力が放射性物質が「無主物」であると主張した。汚染者負担の原則（ＰＰＰ Polluter-Pays Principle）を反故にする主張は、世間を唖然とさせ、東京電力の無責任を表象するアートの題材にもなった。しかし、山林や農地の原状回復は請求の特定を欠き不適法である、東京電力が土地上の放射性物質を管理支配しているわけではないなど、放射性物質による汚染については、加害企業の原状回復義務を認めない判例が積み重ねられている。司法の場では、放射性物質による環境汚染が、従来の環境汚染に関する社会規範の適用外という流れが形成されつつある［長島、二〇二一］。後述する浪江町津島地区でも原状回復を求める訴訟（津島原発訴訟）が提起されたが、福島地方裁判所郡山支部判決は原状回復の訴えを退けた（二〇二一年七月三〇日）。

（2）二〇二〇年現在は、八〇〇〇ベクレル以下の廃棄物は一般廃棄物として焼却や埋め立てだけでなく、再生利用も可とされている。

（3）「自主避難」に類する用語として「自主的避難」がある。「自主的避難」は二〇一一年一二月の中間指針追補「自主的避難等に係る損害について」で、福島県内の二三市町村が対象地域になり、賠償が認められた。福島県外（宮城県丸森町を除く）とともに福島県内の対象地域外（県南地域を除く）は賠償を認められなかった。ここでは、福島県内二三市町村以外も含め、避難指示がなかった地域からの避難を問題にしているので「自主避難」と記す。

(4)　原発事故の避難者訴訟では、故郷喪失／ふるさと喪失が論点に掲げられてきた。裁判によって、その表記は漢字であったり、ひらがなであったりするが、本章は「ふるさと」で表記を統一する。

(5)　避難指示区域外の男性、単身避難、二〇一二年七月ヒアリング。

(6)　避難指示区域外の女性、三年間の避難を経て帰還、二〇一七年一〇月ヒアリング。

(7)　自主的避難等対象区域となった福島県二三市町村、県南地域、宮城県丸森町は避難したか否かを問わず低額ではあるが損害賠償の対象になった。この自主的避難等対象区域の「等」は、避難せずに居住しつづけた人々の被害を意味する。その被害は自主的避難者と同等であると認められているのである。

(8)　二〇一七年一月二〇日第五回口頭弁論の意見陳述による。

(9)　その時点の住民基本台帳をもとにしているため、帰還率（居住率）をみる場合には、原発事故後に他所に住所を移した人などが除外されていることに留意せねばならない。また、帰還率は自治体によって、時期によって、算出方法が変化するため、数値が必ずしも実態を反映していないことにも注意が必要である。

(10)　山木屋地区へ帰還した三〇名へのヒアリング調査（二〇一九年三月実施）のデータ。

(11)　注(10)に同じ。

(12)　注(10)に同じ。

(13)　注(10)に同じ。

(14)　通常は予算や権利衝突の問題などで実現が難しい社会実験が、「復興」の名の下で推進されているという側面がある。たとえば、浜通りの楢葉町沖合につくられ、復興の象徴とされてきた浮体式洋上風力発電施設三基のうち一基は、採算が合わず、撤去される方針であることが報じられた［『東京新聞』二〇一八年一〇月二七日］。この段階で風車三基と変電所には五八五億円が投じられていた。なお、二〇二〇年一二月一六日、経済産業省は全基撤去の方針を正式に表明した［『福島民友新聞』二〇二〇年一二月一七日］。事業には九年間で六二一億円が投じられた［『河北新報』二〇二〇年一二月一七日］。

(15) ポリエステル培地の可能性や有用性を否定するものではないが、その技術の優位性が活かされる条件が山木屋地区にあるか、栽培される植物にアンスリウムが最適であったか、という点で疑義が生じる。

(16) 同様の事態は、日本でも、被災者の実情にみあわない復興政策や復興事業が生活再建を妨げる「復興災害」［塩崎、二〇一四］や、国による〝復興〟予算の流用問題［福場、二〇一三］などとして、具体的に指摘されてきた。

参考文献

淡路剛久監修、吉村良一・下山憲治・大坂恵里・除本理史編［二〇一八］『原発事故被害回復の法と政策』日本評論社。

飯島伸子・渡辺伸一・藤川賢［二〇〇七］『公害被害放置の社会学――イタイイタイ病・カドミウム問題の歴史と現在』東信堂。

大野晃［二〇〇八］『限界集落と地域再生』高知新聞社。

河﨑健一郎・菅波香織・竹田昌弘・福田健治［二〇一二］『避難する権利、それぞれの選択――被曝の時代を生きる』岩波書店。

クライン、ナオミ（Klein, Naomi）、幾島幸子・村上由見子訳［二〇一一］『ショック・ドクトリン（上）――惨事便乗型資本主義の正体を暴く』岩波書店。

塩崎賢明［二〇一四］『復興〈災害〉――阪神・淡路大震災と東日本大震災』岩波書店。

関礼子編［二〇一三］『水俣病から福島原発事故を考える（立教SFR重点領域プロジェクト研究　水俣調査報告書）』立教SFR重点領域プロジェクト研究・代表阿部治。

関礼子［二〇一八］「書評リプライ　震災リフレクション・遠隔地避難で生まれたユートピアとレジリエンスの「物語」――原口弥生氏の書評に応えて」『環境社会学研究』第二四巻、二二二～二二六頁。

関礼子［二〇一九］「土地に根ざして生きる権利――津島原発訴訟と「ふるさと喪失／剝奪」被害」『環境と公害』第四八第

三号、四五～五〇頁。

関礼子・廣本由香編［二〇一四］『鳥栖のつむぎ――もうひとつの震災ユートピア』新泉社。

関礼子・廣本由香［二〇一八］「島人と移住者の「ちむぐくる」――東日本大震災被災・避難者支援のコミュニティ」関礼子・高木恒一編『多層性とダイナミズム――沖縄・石垣島の社会学』東信堂、一二九～一五六頁。

高橋信隆［二〇一二］「環境法と環境法学」高橋信隆編『環境法講義』信山社。

長島光一［二〇二一］「放射性物質の除染請求をめぐる二つの高裁判決の分析――農地除染訴訟控訴審判決と生業訴訟控訴審判決にみる原状回復の考え方」『帝京法学』三四巻二号、一三五～一七〇頁。

パットナム、ロバート・D（Putnam, Robert D.）、柴内康文訳［二〇〇六］『孤独なボウリング――米国コミュニティの崩壊と再生』柏書房。

福田徳三著、山中茂樹・井上琢智編［二〇一二］『復興経済の原理及若干問題（復刻版）』関西学院大学出版会。

福場ひとみ［二〇一三］『国家のシロアリ――復興予算流用の真相』小学館。

松井健［一九九八］「マイナーサブシステンスの世界――民俗世界における労働・自然・身体」篠原徹編『民俗の技術（現代民俗学の視点一）』朝倉書店、二四七～二六八頁。

吉村良一［二〇一八］「原発事故における「ふるさと喪失損害」の賠償」『立命館法学』第三七八号、二二三～二四八頁。

若松亮太［二〇二〇］「二〇一一年の原発事故を契機とした海外移住」『移民政策研究』第一二号、一二九～一四七頁。

第Ⅲ部　社会正義の底上げを目指して——新潟県内の営みを中心として

第七章　バルネラビリティへのまなざし——避難と地域子育て支援

小池由佳

二〇一一年三月一一日に起きた東日本大震災、そして福島原発の事故。震災そのものによる津波や家屋の崩壊、そして自らの健康や家族の健康を守ることも含めて、数多くの人たちが「生活の場を変える」ことを余儀なくされた。突然、何の前触れもなく「生活の場を変える」ということは、それまでの「あたりまえの生活」が維持できなくなることを意味する。「あたりまえの生活」が奪われることで生じる影響は、バルネラブル（脆弱）な状況にある人々に、より大きく響く。妊婦そして乳幼児を育てる母親、父親、そして家族にとって、避難がもたらしたものは何だったのか。子どもや母親たちを受け止め、受容的・共感的な姿勢で寄り添いつづけたのは、誰だったのか。本章では、避難者を受け入れた新潟県内の子育て支援団体・支援者の姿を通じて考えてみたい。

1　「あたりまえ」に寄り添う——地域子育て支援とは

筆者が勤める大学の隣に、幼稚園がある。天気がよい平日の午後になると、園庭で思いっきり遊ぶ子どもたちの声が響いてくる。築山に登り、生えている草に触れ、土をいじる。石を拾い、木によじ登ろうとする。園庭のありとあらゆるものが子どもにとっての遊具であり、興味の対象である。大人は見守る立場であり、子どもの遊びに制限をかけない。子どもが「これ、見て」と持ってきたものを一緒にのぞき込みながら、「よく見つけたね」「どこにあったの？」「見せてくれてありがとう」など、子どもに笑顔で応答する。

福島県から親子で避難した母親のつぶやき、「なんでこんなことになっちゃったんだろう、ただ子どもを守りたかっただけなのに」という言葉が、避難の本質を突いている。母親たちが守りたかったのは、きっとこんな風景で子どもにとっての「あたりまえ」を守りたいという思いである。

「子育て支援」とは、母親を含めた養育者、特に乳幼児から学童期の子どもを育てる養育者に対する社会的な支援の総称である。「子育て支援」は、少子化対策の文脈および施策のなかで展開されてきた。養育者（多くは保護者）を支えることで、養育者が子育てを肯定的に捉えることが可能となり、少子化に歯止めをかけることに一定の成果が見られるためである［柴田、二〇一六、湯浅他、二〇一九など］。そのため、「子育て支援」は養育者の就労支援から保育サービス提供、児童手当等の経済的支援といった「政策」として取りあげられてきた。

一方、今日の社会状況において、政策的な子育て支援だけでは、乳幼児を養育することの困難に対する全面的な解決につながっていないのが現実である。「少子化」が意味する、「地域から子どもや子育て中の人が減った」という現実は、子ども同士が育ちあう機会、養育者同士が共に子育てを営む機会が損なわれていることを意味する。特に、保育所や幼稚園等で就園前の子どもたちやその養育者が互いに育ちあう機会をいかに保障していくかが課題となる。子どもも養育者も「つながり」のなかでの子育てが守られること、養育者を孤立させないことは、子どもへのマルトリートメントを防ぐだけでなく、そのような行為を行いたくないという養育者の気持ち、葛藤に寄り添う営みでもある。

子育て支援が、子どもへの支援、養育者の支援、そして子どもと養育者の関係性への支援、ひいては子どもや家庭に受容的な地域社会づくりにつながり、相乗的に展開されていくことが、ＳＤＧｓの理念でもある「誰ひとり取り残さない」社会の構築にもつながる。子どもが健やかに育つことは、養育者にとっての願いである。他者とのつながりがある子育ては、子育ては自己責任ではなく、他者との依存関係の中で営むことにつながる。その結果が、安心、安定した子どもと養育者の関係が生まれる。特に乳幼児期は、養育者にとって子育ての不安や戸惑いが生じやすい時期でもあり、孤立しやすい状況に置かれがちなことから、子どもの発達や育ちに着目し、養育者に寄り添う支援が展開されてきた。

子育て支援は、子どもと養育者の良好な関係構築にとどまるものではない。その家族が暮らす地域、コミュニティの変容にまで働きかけていく。大日向［大日向＋NPO法人あい・ぽーとステーション、二〇二一］は、自身が代表を務める子育てひろば「あい・ぽーと」の実践が「親子関係の支援」だけでなく、「地域の育児力の向上」を目ざすものであることを述べている。私たちの生活は、地域社会、コミュニティの中で成立している。子どももそして養育者も、地域を構成する一市民であり、地域の中での暮らしやすさを実現することで、子育て環境が整うこととなる。

子どもにとって「育つ」ことは、一人のひととして守られるべき権利であり、「あたりまえ」のことである。また、養育者や家族は、この子どもの「あたりまえ」を実現したい、という思いを抱えている。その養育者や家族の願いを支えるのが、子育て支援の役割であり、目的である。そして、家族を含めたコミュニティのあり方まで考えていく時、「子育て支援」に「地域」という言葉が加味される。

2　被災時の子育て支援

子育ては、「あたりまえ」で「普通」の日々の積み重ねである。災害は、この「あたりまえ」を突然、根底からゆるがす出来事である。

新潟県は、歴史的に自然災害が多発している地域のひとつである。一九六四年には新潟大地震と言われる下越地域を震源とする地震を経験している。二〇〇〇年以降、〇四年の中越地震、〇七年の中越沖地震、さらに豪雨・豪雪による水害、雪害、地滑り等による被災も経験している。頻発する多様な被災経験は、結果として、新潟県を「災害対策に強い自治体」へと導くことになった。二〇一一年の東日本大震災の際、新潟県でも大きな揺れを感じた。翌日には、長野県北部地震が生じ、その際には新潟県も大きな被害を受けている。中越地震、中越沖地震を体感している新潟県民にとって、あの揺れは、大きな被害が生じることが経験的に予測できる揺れであった。過去の被災経験の蓄積から避難者を受け入れる体制づくりが可能であったことが、結果的に、本章で取りあげる子育て支援活動の下支えにつながった。ここでは、新潟県内で子育て支援に取り組んできた、NPO団体等が東日本大震災による避難者親子をどのように受け入れたのかを紹介する。

(1)　これまでの実績を活かす

長岡市を拠点とする特定非営利活動法人「になニーナ」は、二〇〇四年の中越地震をきっかけに、代表理事（当時）が子育て世代が孤立している状況と多世代交流の必要性を感じて設立したNPO団体である。東日本大震災発生時には、長岡市や中越防災安全推進機構等と連携し、避難所にいち早く物資を届けた。

長岡市の避難所で過ごした母親は、当時の避難生活を振り返り、以下のように語っている。

最初の避難所には、恵まれたとおもいます。中越の災害体験がある場所でした。避難している人に、地域の人は何をしてあげればいいかわからないが、欲しい物を言ってくださいといってくれました。お彼岸のときにはおはぎを作って持ってきてくれたり、ビタミンのあるものをくれたり。

いろんな支援がきていました。子どもが飽きないように、クレヨンなどももらえて。同年代の子もいたので、長女は遊びに行ってきます、とプレイルームに行きます。（三〇代女性・中通り〔髙橋他、二〇一八、一九七頁〕）

新潟市秋葉区に拠点がある特定非営利活動法人「ヒューマン・エイド二二」は、「にいつ子育て支援センター 育ちの森」を運営する団体である。中越地震、中越沖地震での子育て支援の経験を糧に、東日本大震災発生後にバザーを実施し、売上金を支援活動に活用するところから支援活動を始めている。震災当初、湯沢町で展開された「赤ちゃん一時避難プロジェクト」では、現地で開催されたイベントに参加し、手作りおもちゃのブースを出展している。生活に直結する支援物資ではなく、乳幼児にとって健全な育ちに欠かせない、おもちゃを持参している点が、これまでの経験の蓄積が反映されている点と言えるだろう。その時出会った親子のなかで、新潟市秋葉区での生活を予定している母親には、転居した時には「育ちの森」で待っていることを伝えている。

平常時から子育て支援を展開している団体は、災害時に必要な支援を把握し、すみやかに動くことができていた。地域に災害時に必要となるネットワークがスムーズに形成されたこともそれを可能とした。

(2)　避難で生じたニーズに向きあう

既存の子育て支援団体とは別に東日本大震災による原発事故をきっかけに、乳幼児を育てる母親（妊婦を含む）の支援を目的として立ち上がったのが「福島乳幼児・妊産婦ニーズ対応プロジェクト（ＦｎｎＰ）」である。このプロジェクトは「多様な困難や不安を抱える避難者のニーズに少しでも応える」ことを目的に活動を展開した。新潟での活動は、「新潟チーム」が担当し、新潟県、長岡市、新潟市、五泉市の危機管理本部を訪問し、情報収集および避難者の支援ニーズを伝えつつ活動への助言を求めている。いずれの自治体も、団体の活動趣旨を理解し、ＦｎｎＰ新潟チームを避難者支援に関わる団体のひとつとして好意的に受け止め、その活動を支えた。特に新潟県防災局は、「ママ茶会」をはじめとする支援活動を円滑に進めることができるよう、新潟県内の支援団体との接点づくりに協力した。その一つとして、新潟県内の避難者支援連絡会議（二〇一一年一一月九日開催）において、ＦｎｎＰの活動報告の機会があったことは、その後の活動につながる貴重な機会となった。

ＦｎｎＰ新潟チームの活動は二〇一一年度の報告書［福島乳幼児・妊産婦ニーズ対応プロジェクト（ＦｎｎＰ）新潟チーム、二〇一二］に詳しい。ここでは、特にＦｎｎＰ新潟チームで取り組んだ「ふくしまママ茶会」について紹介する。

この会は、原発事故による子どもや家族への影響を熟慮し、おもに福島県から新潟市内に避難を決断した母子を対象に、交流の機会や情報を提供することで、孤立を防ぎ、不安や困りごとへの相談、弁護士や臨床心理士などの専門職を紹介することを目的としていた。二〇一一年度に計一一回の「ふくしまママ茶会」が開催された。のべ九八名の参加があったこの会は、避難先で孤立した養育者にとって、同じ立場にある親子との出会いの場であり、同じ立場だからこそわかりあえる不安や悩みの共有の場であった。

会の内容として、①語る場の設定、②情報提供、③個別相談会を行った。参加した母親からは「お話をたくさん聞いてもらい、みなさんと同じ気持ちを共有できてとてもよかったです」「同じ不安をもつママたちがつながって、少しでも安心して生活を楽しめるように、これからもみなさんとつながっていきたいです」という声が聞かれた。自らが置かれている状況について語り、共有する場がなかったことがうかがえる。参加者の多くが、避難指示区域ではない地域からの避難であったこともあり、避難に対する否定的・批判的な声を聞いている。また、母親自身も、自分の選択や行動への迷いと不安、葛藤を抱えての生活であった。そのような状況下で安心して語ることのできる場は、人とつながる貴重な機会であった。

「ふくしまママ茶会」は新潟で避難生活を送る養育者に寄り添う支援であった。同じ立場にある者同士が語る場を設け、安心とつながりを生み出すことができたのは、新潟県内の子育て支援団体の協力を得られたことが大きい。加えて、この場に弁護士等の専門職を配置し、避難生活によって生じた経済的支援や家族関係の調整に対応したことが特徴であった。

3　避難によって表出した二つの「バルネラビリティ」

東日本大震災では、老若男女、その属性にかかわらず、多くの人たちが避難を余儀なくされた。この避難には、自宅等がある地域からの強制的な避難もあれば、本人や家族の健康状況、居住する家の構造や地域状況を踏まえ、その地から一時的に離れることを決断した人たちも含まれる。多様な避難者がいるなかで、地域子育て支援に取り組んできた支援者たちが、いち早く、妊産婦および乳幼児期の子どもがいる家庭に焦点をあてた支援を展開することができた背景には、過去の被災経験から、子ども、そして養育者が災害時にバルネラブルな存在となることを認識していたからである。

ここで、バルネラビリティについて、触れておきたい。バルネラビリティは、「脆弱性」と訳される言葉である。圷［圷他、二〇一六、二頁］は、社会福祉の定義を「脆弱な市民を支援するためのしくみと取り組み」と示し、「脆弱」という言葉を使うことで対象者が社会生活における弱者と捉えられることを警戒しつつ、今日の社会状況下においては、誰もが自分の人生や生活を脅かされる可能性があるため、常に「十全な市民であること」や「自律的で自足的な完全行為者」であり続けることが困難であることを指摘している［圷他、二〇一六、六〜七頁］。災害は私たちを脆弱な状況に陥らせる出来事の一つであり、東日本大震災では、多くの人々の生活が一気に脆弱な状況となった。

現代社会では、誰もがバルネラブルな状況になる可能性があると同時に、社会で生じた出来事に対して、その影響を受けやすい人とそうではない人はいる。

その一例として、東日本大震災における障害者死亡率を取りあげる。岩手県・宮城県・福島県の三県での障害者死亡率は全体死亡率の約二倍であった。この死亡率の差について、立木［二〇一四］は、三県の障害者死亡率の差と障害者入所施設の入所率の差を用いながら、在宅生活をしている障害者は、地域からの見守りやつながりが弱くなりがちであり、結果として緊急時への支援につながりにくかったことを指摘している。立木［二〇一四、三三頁］は、「人は高齢や障害のために「弱者」となるのではなく、いざという時に周囲からの支援と結びつかない結果として脆弱」になることを指摘している。

現代社会では、子どもや養育者もバルネラブルな存在にあるため、子育て支援の充実が図られている。東日本大震災、そして原発事故がもたらした避難生活は、子ども、養育者が抱える二つのバルネラビリティを明らかにした。

一つは子ども、特に胎児や乳幼児の災害・放射能に対するバルネラビリティである。子どもは災害により、心身共に大きな影響を受ける。また、発達著しい時期に放射能が拡散された地域で育つことの影響も心配される。東日本大震災による原発事故では放射能が拡散した。筆者らが行った避難者を対象としたヒアリングでは、母親が子どもや胎児への影響を憂慮し避難を選択した家庭だけでなく、同居する家族から避難を勧められた家族もあった。福島県から新潟県に避難した母親からの声として印象的だったのは、「子どもがいなければ、避難をしなかった」という声である。母親として、子どものバルネラビリティを認識していたからこそ避難という選択をしたのである。

もう一つは、妊婦を含めた母親が地域で孤立しがちになるというバルネラビリティである。先に挙げた、NPO法人ヒューマン・エイド二二の代表である椎谷照美氏は、これまで子育て支援に関わってきた経験から、次のように述べている［高橋・田口、二〇一四、一六頁］。

子育て支援の立場から申しあげますと、〇歳から三歳までのお子さんは、子育てがいちばんたいへんな時期です。この時期の子育てをお母さんひとりで担うのは、本当にきついことだと思います。たとえば、夜泣きもそうですけれども、トイレ・トレーニング、離乳食、授乳、二歳児特有のイヤイヤ、それから三歳になりますと、エネルギーがあまって思いきりお母さんにぶつかってくるなど、何から何までたいへんなことばかりです。〔中略〕お母さんたちのだれもが、子育てのなかで悩んだり、不安になったりしています。ましてや、新潟という慣れない環境のなかで、ひとりで子育てをしている福島のお母さんたちのサポートは、いまほんとうに不可欠なことだと思います。

椎谷氏同様、新潟市西区で子育て支援拠点「ドリームハウス」（二〇二一年をもって閉鎖）を運営していた新保まり子氏も、避難者親子を対象とした「ふくしまママ茶会」での母親の様子を振り返り、以下のように述べている。「『今日までずっと孤独でした』ふくしまママ茶会でのEさんの表情が忘れられません。どんな半年間だったのだろう。心がつながる場がなかったのかな。どこに行っても孤独だったのかな。動く元気も無く家にいたのかな」〔福島乳幼児・妊産婦ニーズ対応プロジェクト（ＦｎｎｎＰ）新潟チーム、二〇一二、四四頁〕と、活動に参加した母親が孤立していたことに思いを寄せている。

椎谷氏、新保氏のいずれも、今日の子育て環境では養育者がバルネラビリティな状況に置かれることを踏まえ支援を展開していった。

東日本大震災、そして原発事故による避難によって明らかになった二つのバルネラビリティとは、①胎児や乳幼児の放射能への脆弱性、②地域で孤立しがちな母親が避難により、これまでの地縁がない中で子育てするという、地域からの孤立による脆弱性である。養育者は、この①と②の脆弱性の間で葛藤しながら、避難をしている。支援団体・

支援者はこの葛藤に寄り添う存在であった。

4　バルネラビリティへの気づき――避難者の語りから

養育者や家族が脆弱な存在である子どもをいかに守ろうとしたのか。ここでは、筆者らが行った調査［髙橋他、二〇一八］から、避難を経験した養育者や家族の声を紹介しながら、考えてみたい。

(1)　母親たちが経験した「二度の危機」

東日本大震災は、被災者、特に福島県をはじめとする、原発事故の影響を受ける地域で暮らしていた人たちに「二度の危機」をもたらしている。

一度目は、地震がもたらした危機である。最大震度七、多くの地域で震度六の揺れが生じたこの地震そのものは、母親をはじめ、子育て中の人たちにとっては、自分自身の安全だけでなく、子どもの安全をいかに守るか、という危機感につながっている。

住んでいた地域は大変固い岩盤の上に家が建っていると聞いていたのですが、中古の家が崩れてしまわないかとても怖かったです。「この子たちの命は絶対守る」と思いながら、とにかく地震がおさまるのを待ちました。（四〇代女性、中通り［髙橋他、二〇一八、一九三頁］）

また、子どもが災害を経験することによって生じる心のケアの必要性が、一九九五年の阪神・淡路大震災をきっかけに指摘されるようになった［内見他、二〇一〇など］。東日本大震災においても同様である［本間他、二〇一五など］。母親たちは、原発事故が生じる以前に、災害そのものから子どもを守るという危機を経験している。

その上で、原発事故による放射能から「子どもを守る」ことに気づくこととなる。だが、この危機について、地震の揺れほどの突発性や切迫感を感じたわけではない。夫の判断で事故の翌日から近親者宅に避難をした母親は以下のように語っている。

> 四月を過ぎても私と子どもは実家で避難を続けました。その頃になると、原発事故の大きさや、放射線の影響に関する記事が新聞やラジオ・テレビやインターネットにたくさん出回っていたので、色々と調べるうちに、私も放射線の影響を楽観視できないと考えるようになっていました。子どもたちの将来を考えなければならない。単純に、「落ち着いたら帰ればよい」という考えでは駄目だと思ったのです。（四〇代女性、中通り［髙橋他、二〇一八、一九四頁、一部表記変更］）

この「二度の危機」に直面したことが、子どもが脆弱な状況にあることをより意識化されることにつながった。

(2)　バルネラビリティに対する意識の違い

原発事故により変わってしまった環境にどう対応することが、子どもを守ることにつながるのか。避難を選択した家族には、子どもを守る方法が避難であると一致していたことで避難生活が成立した家族と、ずれが生じたままでの避難となった家族の両者が生じることとなった。後者に該当する、子どもの放射能に対するバルネラビリティに対する家族間での不一致が、養育者が「自分が子どもを守らなければ」という思いを高めることにつながっている。

福島県内にある父親の実家で避難生活をはじめた母親は以下のように語る。

私たち夫婦は子どもたちを守らないと、と思って窓に目張りをするとか、できるだけ部屋の真ん中で子どもが過ごせるようにしよう、といったことをしていたのですが、夫の両親は「そんなことをしなくても」というようになって衝突することが多くなっていきました。震災後すぐの時期に「外で作業しておいで」とか「外の○○湯が営業しているから行っておいで」と言われたこともあり、その積み重ねから私も夫も精神的に追い詰められるようになっていました。（四〇代女性、中通り、［髙橋他、二〇一八、二〇〇頁］）

子どもと放射能に関する意識の違いは、夫婦間、家族間、家庭と学校、家庭と地域等、多様な場で生じた。脆弱性を抱える存在である者が「あたりまえ」の生活を営むために必要な配慮がある。子どもに対する「必要な配慮」への感度とその方法が大人たちの中で異なっていたことが、大人の間での亀裂や分断を生み出すこととなったのではないだろうか。

(3)「あたりまえ」に着目する

脆弱な存在にある人たちの「あたりまえ」を維持するためには、その状況にない人たちよりもより厚みをもった支援が必要である。原発事故発生後しばらくの間、母親たちは、避難先と避難元の行き来を経験している。避難先で遊ぶ子どもの姿を通じて、子どもにとって必要で「あたりまえ」となる環境の大切さに気づいている。

福島ではもう外で遊べなかったし、子どもが外に出ることも真夏なのに長袖、長ズボン、帽子、マスク全部だし、自由に遊べないし、子どももかわいそうってことで、新潟に遊びに来ました。そうしたら、子どもたちが勢いよく遊びはじめて、これが子どもの姿なんだな、これが子どもだな、こんな子どもの姿を押さえちゃいけないって思って（四〇代女性、中通り［髙橋他、二〇一八、二二二頁、一部表記変更］）

避難を悩んでいた母親の以下の言葉からも「子どものあたりまえを守りたい」思いが伝わってくる。すでに避難をしていた別の母親から誘われて、別地域での生活を経験するところで、子どもたちが見せた姿である。

福島に帰る前日に、新潟にいる福島のおかあさんたちが、集まってくれました。そこには砂浜があり、最初は友だちと遊んでいて、その子たちは夕方になると、建物の中に戻ったけれど、うちの子どもは日が暮れて、暗くなっても、飽きずに遊んでいました。本当はこうして外であそびたいんだよね、ほら、これが子どものメッセージなんだよ、と、あるおかあさんが一言言いました。そうだよね、そうだよね、と、そこにいたお母さん全員が、泣いていました。「自分は子どもの時、外で遊んでいたのに、自分の子どもには、外遊びを知らないまま大人になるなんて、かわいそうすぎる」と思うようになりました。何も気にしない生活をさせたいと思ったのが、避難することを決めた瞬間でした。（五〇代女性、中通り［髙橋他、二〇一八、二一九頁、一部表記変更］）

被災者支援に取り組んでいる弁護士の津久井は、大災害が子どもの貧困に与える影響について触れた上で、災害時における子どもを貧困から救い出す手立てとして、「社会の傾向がどのように変わろうとも不変の「価値」を大事にすること」、「子どもたち自身の自己実現と自己決定を中核とする主権意識を育てていくこと」、「子どもを含めた私たちの法リテラシーを高めること」を指摘している。(1) 子どもや養育者のバルネラビリティに着目することが、あたりまえの日々を守ることにつながる。津久井の指摘はその具体化と言えるだろう。

以上の三つの点から、原発事故が明らかにした子どものバルネラビリティについて、母親の語りをもとに明らかにした。災害と原発事故は、直接的な被害を受けた家族はもちろんのこと、あの一連の流れを報道等で見聞きしていたすべての家族が「もし我が家だったらどうするか」と、自らの立場に置き換えて考えることを余儀なくされたのではないか。子どもが脆弱な立場であることを認識したとしても、その結果、どこでどのように暮らすか、子育てをするかの選択は、多様な結果となったに違いない。どのような選択であったとしても、子どもは災害において脆弱な存在となること、その状況への対応は子ども自らではできないことは、子育て家庭で共有できることではないだろうか。

5　経験知の継承をめざして――コロナ禍での子育て支援

本原稿に取り組んでいる二〇二一年九月。ほぼ一年半前の二〇二〇年二月末より、新型コロナウイルス感染症予防のための緊急事態宣言が発出され、すべての国民が感染予防対策の取り組みとして、行動の自粛を求められることとなった。これらは東日本大震災による原発事故によって生じた母子避難者への様相と共通する部分があり、筆者としては、あらためて問い直してみたい。

行動自粛により生じたことは、養育者が地域から孤立するというバルネラブルな状況に置かれたことである。二〇年以上にわたって、地域の子育て支援に取り組んできた大日向［大日向＋NPO法人あい・ぽーとステーション、二〇二一、一頁］も、コロナ禍での子育てを「いたわる視点があまり見られないことにいたたまれない思い」であると語っている。「不要不急」と判断される活動や実践がとまったことにより、母子保健における乳幼児健康診断といった法定必須事業も一時的ではあるが、停止した。児童館や地域子育て支援拠点などは休館せざるを得なくなった。震災後、地域で一気に立ち上げられていった子ども食堂も、食事を共にすることへのリスクから、今なお、一堂に介して共に食する活動を自粛している団体が多い。今後もしばらくは、感染状況をみながらの運営となっていくだろう。

子育て支援の必要性、そして子どもにとって「不変となる価値」について、社会はそこまで理解していなかったのではないかという思いが生じたことは、東日本大震災の避難者支援と同じである。特にコロナ禍での全国一斉休校は、子どもにとって「学ぶ」機会を奪うこととなった。休校期間における教育保障について、学校間で差が生じたことも、「学ぶ」機会に格差が生じることとなった。

その一方で、子どもと関わる人々の意識の変容も感じている。「新しい生活様式」で密を避けることが言われているが、子どもが他者と「密な距離」をとることが、どのような意味をもたらすのか。親の子育てを支えるなによりの原動力になるつながりを、どのように提供することができるのか。そういった支援者の思いが多様な形の支援を生み出し、新しい子育て支援の形が生まれている(2)。これまで経験したことのない環境下での子育て支援は、支援者も手探り状況ではあるが、「子どもや養育者に必要なことはなにか」「それをどのような形であれば、互いの健康を守りつつ提供することができるのか」、脆弱な立場にある子どもの「あたりまえ」を守るための経験と知見の蓄積がはじまっている。

東日本大震災と原発事故によって子どもや母親たちが置かれた現実、取りくまれた支援が、コロナ禍における子育て支援のあり方につながっていくことを期待している。

注

（1）津久井進［二〇一九］「大災害が与える子どもへの影響（津久井進／弁護士）」公益財団法人チャンス・フォー・チルドレン［https://cfc.or.jp/archives/column/2019/03/15/24215/］（最終閲覧日二〇二一年九月一五日）。

（2）「新しい支援の形」として、オンラインを活用した子育て相談、交流、遊ぶ方法の提供などが積極的に取り組まれている。

参考文献

圷洋一・金子充・室田信一［二〇一六］『問いからはじめる社会福祉学――不安・不利・不信に挑む』有斐閣。

内見紘子・山川真裕美・喜多淳子・藤澤正代［二〇一〇］「被災時の子どもの心理反応及び必要とされるケア――『心のケア四原則』の検討を含めて」『大阪市立大学看護学雑誌』第六号、三五～四六頁。

大日向雅美＋ＮＰＯ法人あい・ぽーとステーション［二〇二二］『共生社会をひらくシニア世代の子育て支援――子育てひろば「あい・ぽーと」二〇〇三～二〇二二』日本評論社。

柴田悠［二〇一六］『子育て支援が日本を救う――政策効果の統計分析』勁草書房。

立木茂雄［二〇一四］「災害ソーシャルワークとは何か」『月刊福祉』二〇一四年三月号、三三～三八頁。

髙橋若菜・田口卓臣編［二〇一四］『お母さんを支えつづけたい――原発事故と新潟の地域社会』本の泉社。

髙橋若菜・清水奈名子・阪本公美子・小池由佳・関礼子・高木竜輔・藤川賢［二〇一八］『二〇一七年度 新潟県委託 福島第一原発事故による避難生活に関するテーマ別調査業務 調査研究報告書 子育て世帯の避難生活に関する量的・質的調査』（研究代表者・髙橋若菜）。

福島乳幼児・妊産婦ニーズ対応プロジェクト（ＦｎｎｎＰ）新潟チーム［二〇一二］『福島乳幼児・妊産婦ニーズ対応プロジェクト（ＦｎｎｎＰ）新潟チーム二〇一一年度活動報告書』、福島乳幼児・妊産婦ニーズ対応プロジェクト新潟チーム。

本間博彰・小野寺滋実・高田美和子・吉田弘和・髙橋太志［二〇一五］「東日本大震災による乳幼児の心的外傷及び関連障害の実態について――発見されにくいトラウマを抱えた幼い子どもたちへの児童精神医学的介入と実践的なケアの構築の検討」『研究助成論文集』通巻第五〇号、公益財団法人明治安田こころの健康財団、一二三～一三〇頁。

湯浅誠・泉房穂・藻谷浩介・村木厚子・藤山浩・清原慶子・北川正恭・さかなクン［二〇一九］『子どもが増えた！　人口

増・税収増の自治体経営』光文社。

第八章　目の前の避難者に等しく向きあう社会正義——災害経験と避難者支援

関　礼子

1　はじめに——大規模災害時の広域避難と避難者支援

　授業が始まると、長女は勉強がわからなくなりました。福島と新潟では、教科書（教え方）の順番が逆だったのです。ついていくのが一杯一杯（いっぱいいっぱい）で、何をやっているかがわからない状態でした。テストもできる問題はなく、一学期の復習だから簡単だよね、といわれても、わからないのです。クラスでは、「転校してきたからしょうがないね」と言ってくれる子もいれば、意地悪を言ってくる子もいます。学校でもらった教科書と、そうでないところと、照らしあわせて、先生に渡して、やっていないところを一ヶ月、通常の宿題にプラスして、勉強を続けました。一学期の分だけだから、頑張ってやってと、鬼のように叩き込みました。こんなに県で違うとは驚きました。避難者交流施設で知り合ったお母さんたちも同じように言っていました。会津で留まればよかったと泣いている人もいました。（三〇代女性、中通り［髙橋他、二〇一八、二三五頁、一部表記変更］）

二〇一一年の夏休み明けに、福島県中通りから新潟に避難した女性の語りである。「会津で留まればよかった」とある。福島県内でも会津地方は放射線量が低いから、福島県境を越えずに会津に避難できたら、子どもが学校で苦労せずに済んだだろうに、というのである。熟考せずに避難場所を決めたということではない。福島県は避難指示の出ていない中通りの人を県内で「避難者」として受け入れる用意はなかった。避難指示区域外の人々は、県境を越えてはじめて災害救助法の適用となり、「避難者」として支援を受けられた。

放射線量が高い。ホットスポットがある。成長期の子どもの健康リスクには不確実性がある。それなのに、なぜ福島県内での避難が認められないのか。違和感を引きずり、経済的に追い詰められながら、県外避難した自主避難者（多くは母子避難者）は、懸命にその日その日を生き抜いてきた。

避難指示区域内と避難指示区域外では、避難に伴う支援のあり方だけでなく、損害の賠償額にも大きな差があった。どちらであっても、避難には社会的な痛みが伴った。避難指示区域の避難者は損害賠償があるために、避難指示区域外の避難者は「指示なき避難」で制度的な避難の「資格」を欠いてなお避難できる状況に、ねたみの呪詛がかけられた。不公平な状況に対するねたみは、最悪の公平をもたらす恐れがある［ラッセル、一九九一、一〇〇頁］。矛盾ある制度の改革に向くのではなく、社会正義（social justice）を低空飛行で安定させる懸念があるからだ。ねたみとは、他者との比較で生じる不満であり、相対的剥奪（relative deprivation）の感覚である。ねたみは、自己が受け入れ可能な水準まで、他者の状況を下方修正させようと作用する。では、社会正義を底上げするような避難者との向きあい方や支援のあり方とはどのようなものか。

全国各地の避難者支援に関する先行研究は、避難者を対象とした研究、原発周辺自治体のコミュニティ研究、受け入れ地域の避難者支援の研究の三つに整理されている［西城戸・原田、二〇一九、三六頁］。この章は、三つの整理でいえば、受け入れ地域の避難者支援に関する研究にあたる。事例とする新潟県の受け入れの特徴は、県庁の積極的関与と災害経験にあると指摘されている［松井、二〇一七］。付言すれば、その支援は、避難者の目線でみても迅速かつ的確なものであった。

エピソードを示そう。二〇一一年三月一二日、東京電力福島第一原子力発電所（福島原発）一号機が水素爆発、一四日には三号機が爆発した。新潟県は市町村と連携しながら避難の受け入れの準備をはじめていたが[1]、早くも一四日夜には福島県からの自主避難者が増えはじめた。三月一五日には二号機が爆発、福島県知事から新潟県知事に「本県県民の生命、生活を守るため、貴県への避難者の受け入れについて、特段のご理解をお願いします」という緊急要請がだされた。

翌一六日、親戚からの電話で避難を決断したAさん一家は、新潟県に入ってすぐに避難所紹介所があると聞いて、そこを目指した。紹介所では、新潟県内の避難所を紹介され、赤ちゃんのオムツやミルク、おにぎりなどももらって「気が楽になった」という。同日、Bさんは、一足先に新潟に避難した友人から、「水も、ガソリンも、カップラーメンも、トイレットペーパーもある、支援も手厚い」と聞いて、家族で新潟に避難した[2]。

三月一五日の受け入れ緊急要請からわずか一日で、避難所情報の整備や、必要な物資の準備ができていたということになる。ちなみに、この日、新潟県が受け入れた避難者は二三七四人。翌一七日には南相馬市から集団受け入れ準備のさなか、七二八〇人に急増する。そうしたなかでも、初動受け入れ対応での混乱や不満は避難者からはほとんど聞かれなかった[3]。

なぜ新潟県は迅速かつ的確な支援ができたのだろうか。その理由は、すでに中越地震や中越沖地震の経験から「支援の文化」が醸成され［松井、二〇一七］、避難者に寄り添い自発的で「創発的な支援」をおこなったからであると指摘されている［髙橋編、二〇一六］。ただし、目の前の被災・避難者に向きあって柔軟な支援を行った事例は各地でみられた。被災経験の有無にかかわらず、現場の柔軟な対応から創発的な支援が行われていたことも事実である。そうであれば、新潟県の支援の特徴を説明する第三の要因がありそうだ。

本章は、はじめに「支援の文化」や「創発的支援」の来歴を、新潟県の歴史と自治の水脈に掘り下げて考察していく。次に、「支援の文化」や「創発的支援」が、被災経験を活かした事前広域避難支援体制の構築（「防災グリーンツーリズム」）とその実践として位置付けられること、またその実践が避難の「資格」化や支援の硬直化に抗するものであったことを示す。そのうえで、社会正義を底上げしていく避難者支援のあり方について湯沢町の事例から考察し、新潟県の支援の特徴の第三に、地方自治に基づく「地域力」の存在を掲げたい。

2　災害経験の継承の連続と不連続

一言で新潟県といっても、そこには多様な貌がある。幕末の開港都市であり、一八七三（明治六）年の太政官布告で開かれた日本初の公園のひとつ、白山公園がある新潟市は、日本海側の文明開化の拠点であった。保守的な社会風土であると評される一方で、日本の小作争議のなかでも三本の指に入る木崎争議［合田編、一九八二］、被害者運動がはじまるより先に支援者団体が組織化された新潟水俣病の運動、アルミ精錬工場のフッ素公害に「反公害」を貫いた農民の運動［塚田日誌刊行委員会編、一九七七］、原発立地の可否をめぐり住民投票を実現した巻町の住民投票運動があった［中澤、二〇〇五、伊藤他、二〇〇五］。

さらに、雪害、水害、地震など、災害が繰り返されてきた地でもある。福島原発事故避難者の受け入れを念頭に、新潟の災害史を振り返ってみると、興味深い点が浮かび上がってくる。

第一は、関東大震災における被災者（罹災者）の受け入れとその記憶の呼び起こしである。新潟が災害時に避難者を受け入れたのは、東日本大震災がはじめてではない。通常の災害では被災者は遠隔地に避難しないものであるが、尋常ならざる災害の場合は例外である。一九二三年の関東大震災がそうだった。新潟県出身者を中心に被災者が列車で押し寄せた高田市では、駅ホームや旅館に設けられた救護所で握り飯などが提供され、医者や看護婦の治療奉仕、寺院の宿泊開放などが行われたという記録がある〔高田市史編集委員会編、一九五八、一七三頁、山本、二〇〇七、一頁〕。こうした史実は、中越地震と中越沖地震のあとに呼び起こされ、新潟県の「防災グリーンツーリズム」の取り組みへとつながった（後述）。

第二に、新潟地震に先立って「事前防災」の動きがあったことである。新潟地震が発生する以前に、行政は大地震に備えて家屋の耐震性を強化するように指示していた。関東大震災後の大正の末頃、新潟測候所長（当時）の佐々木靏蔵は、二〇～三〇年かそれから何年か後に新潟に大地震の可能性ありと論じた。一九四九（昭和二四）年には、東北大学教授（当時）の中村左衛門太郎が、近々新潟に大地震があると唱えた〔新潟県編、一九六五、三一頁、新潟市編、一九六六、七頁〕。中村の警鐘を受け、新潟県は家屋に筋交いをして補強するよう奨励した。だが、地震は起こらず、新潟には「大地震や大台風は来ない」〔新潟市編、一九六六、七頁〕と考えられるようになった。

そのようななか、一九六四（昭和三九）年にマグニチュード七・五の新潟地震が発生した。液状化、橋の崩落、津波、堤防の決壊、石油タンク火災など甚大な被害に、イギリスの『タイムズ』紙〔一九六四年六月一七日〕は関東大震災以後最悪の地震が発生したと報じた。原爆投下の目標とされながら投下を免れた「幸運の都市」を襲った地震とあってか、石油タンク火災の黒煙に「原子雲のようにふくれ、いちじは「原爆投下？」とのウワサ」〔宮沢、一九七一、一四六頁〕が出たという。それだけの被害がありながら、「昭和二三年の福井地震の場合とくらべると、全壊建物は福井地震のわずか六％、半壊建物は約五五％となり、新潟地震の被害数が意外に少ない結果」〔山井他、一九六六、一三一頁〕となった。被害が集中したのは脆弱地盤で、建物に筋交いを入れるなど耐震的構法が導入されていない建物だった〔山井他、一九六六、一三九頁〕。地震が来るという佐々木や中村の「予言」は批判にさらされたが、行政による建物耐震化の具体的な指示があったことで事前防災が進み、忘れた頃にやってきた新潟地震で効果を発揮したのである。

第三に、中越地震から中越沖地震、東日本大震災での避難者受け入れに至る、災害経験の連続性である。新潟県内の大多数の小学校で用いられている『わたしたちの新潟県』という副教材には、「近年起きた大きな災害」として、二〇〇四年の七・一三水害と中越地震、二〇〇七年の中越沖地震、さらには二〇一一年の東日本大震災と長野県北部地震、新潟・福島豪雨が取り上げられている［大野、二〇一八、四～五頁］。さらに、中越地震と中越沖地震ではボランティアの活躍や全国からの支援があったこと、東日本大震災では県内に福島県からの避難者を受け入れていることが記され、支援を受ける存在から支援する存在への変化が言外に示された。

第四に、福島県からの避難者受け入れは、新潟県自体が被災するなかで始められ、続けられたという点である。東日本大震災の翌一二日に発生した長野県北部地震では、「忘れられた被災地」と呼ばれた長野県栄村だけでなく、新潟県の十日町市や上越市、津南町なども被災（全半壊二九七棟）したことから、「新潟・長野県境地震」とも呼ばれる。さらに、同年夏の新潟・福島豪雨では、新潟県内で死者・行方不明者五名、全半壊八四九棟、床上・床下浸水八六六九棟の被害が出ている。新潟県は県内に被災地を抱えながら、多数の避難者を受け入れてきたのである。

第五に、災害経験の社会的な継承と蓄積からみると、新潟地震と中越地震との間には断絶があり、中越地震から中越沖地震、東日本大震災との間に連続性があるということである。この点に注目しながら、次節では、中越地震から福島原発事故避難者受け入れに至る災害経験の連続性を、地方自治と災害からのレジリエンス（resilience，回復力）から考えてみよう。

3　災害に対するレジリエンスの来歴

中越地震、中越沖地震、そして福島原発事故に至る約六年半は、ひとまとまりの出来事として文脈づけることができきる。これらの災害は、地方分権改革の流れの中で誕生した泉田裕彦知事（当時）の在任期間（二〇〇四年一〇月二五日〜二〇一六年一〇月二四日）に起こっている。泉田県政は新潟県を災害多発県としてではなく、災害に対してレジリエンスのある「防災立県」として位置付け、被災経験の継承と蓄積を行ってきた。それは、新潟県内の災害に対応するだけでなく、他地域（首都圏）で大規模な災害が発生した場合に、被災者の助けになるような防災立県を目指すものであった。事前に広域避難者の受け入れを想定した「防災グリーンツーリズム」の取り組みは、福島原発事故避難者受け入れでその真価を問われることになった。

(1)　中越地震への対応

二〇〇四年一〇月二三日の金曜日、新潟県知事だった平山征夫が退庁した。二五日月曜日からは、当時最年少で知事に当選した泉田裕彦が就任する予定だった。前知事の退任と新知事の就任の間隙で、県知事の席が空白となった二三日一七時五六分にマグニチュード六・八、最大震度七の中越地震が発生した。泉田はただちに県庁に駆けつけ、県の災害対策本部会議にも出席した。文字通り、中越地震への対応からのスタートであった。

災害対応においては、阪神・淡路大震災からの経験の継承があった。兵庫県の井戸敏三知事（当時）から、阪神・淡路大震災の災害対応を経験したチームが新潟県に派遣されたのである。泉田は井戸との対談で次のように語っている。

兵庫県のチームに助けられたのは、これから何が起こるのかというロードマップを説明していただけたということです。七二時間で何をやらないといけないのか、一週間、一〇日、一か月、三か月までに何をやらないといけないのか、そのロードマップのレクチャーを受けたことが、その後の震災対応に大いに役立ちました。阪神淡路は世界で最も研究し尽くされた震災ですので、阪神淡路と比べてどこまで復旧・復興ができたのかというのを見ながら災害対応ができる。また、阪神淡路を経験した方からアドバイスを受けることで、阪神淡路で実施できなかったことを実施できたということにもなりました[4]。

兵庫県から派遣された職員らとの直接的な接触を通して、阪神・淡路大震災の経験と教訓を受け継ぎながら、中越地震への対応が行われた。被災者目線で被災者のニーズを的確に把握することや、時間の経過により変化する地域課題に柔軟に対応する施策を重視し、文化や伝統などを守る「創造的復旧」のビジョンが提示された。それらを実現するためには、地域の特性にみあった支援が必要だった。そのため泉田は特別立法に強いこだわりをみせたが、実現しなかった。泉田は、後に「中越地震から一年　復興支援策　地元の裁量で」というタイトルの寄稿文のなか、復旧方法を事前に定めて「全国一律」の枠にはめようとする国のあり方に疑問を呈した。

国は被害総額に応じて資金提供し、復旧作業や生活再建の方法は、被災者の実情を一番よく知る地元自治体の裁量に任せるというのが、最も効率的な復興策ではないかと思う。国が一律に復旧方法を定めるのではなく、保険の役割を果たすべきではないかと考える。〔中略〕

災害時には、中央集権の問題点がとくに顕在化すると感じた。もっと自治体を信頼して分権を進め、職員が被災者のためにあてる時間を増やせないものだろうか。災害列島日本では、いつ、どこを、大災害が襲うか分からない。将来の被災者の負担を小さくするため、地域や災害の種類によらず、地域に即した効果的な復旧が行える制度を構築しておくべきである。〔『朝日新聞』二〇〇五年一〇月二二日〕

中央集権の問題が災害時に露呈するというのは、東日本大震災でも顕著にみられた。災害救助法では、被災都道府県知事からの要請に基づいて行った支援の費用は、被災都道府県経由で国に請求することになっているが、被災都道府県の負担を考えて直接請求にすべきであるとか、支援自治体には災害救助法や被災者生活再建支援法を適用しにくいため求償範囲がわかりにくい、長期の避難で家族構成が変化しても災害救助法は住み替えを認めていないなど、次々に硬直的な制度の弊害が露呈した。

災害はひとつとして同じではない。柔軟かつ弾力的な制度運用はもとより、都道府県だけでなく基礎自治体である市町村の裁量が重視される仕組みにすべきだという泉田の提起は、東日本大震災でも再び問題になったのである。(5)

(2)　中越沖地震と原発火災事故

二〇〇七年七月一六日一〇時一三分、マグニチュード六・八、最大震度六強の中越沖地震が発生した。この地震は、ふたつの意味で衝撃的だった。

第一に、中越地震から三年もたたずに、再び激甚災害に指定されるほどの地震が襲ったことである。中越地震から生活を立て直しつつあった被災者が再被災する事態もみられた。被災者の生活再建のために、新潟県は復興基金を創設し、二重被災者への支援、復興基金を利用したリバースモーゲージ制度(6)の導入を図るなど、独自に柔軟な復興事業を展開した。

第二は、阪神・淡路大震災規模の地震に原発は耐えられないという「原発震災」［石橋、一九九七、二〇一二］の警告が、中越沖地震で現実のものになったことである。地震発生から間もない一〇時二七分、東京電力柏崎刈羽原子力発電所（柏崎刈羽原発）三号機で火災発生の通報が消防に寄せられた。だが、新潟県はもとより、原発が立地する柏崎市・刈羽村にも情報は届かなかった。のちに泉田は、「東電から連絡がない中、柏崎刈羽原発で火災が起きていることをテレビ放映で知った時の衝撃は今も忘れません」と記している(7)。

中越沖地震の前から柏崎刈羽原発ではトラブルが続いており、二〇〇五年に泉田は「地震、テロ事件など危機管理がどうなっているかを現場で考えたい」と柏崎刈羽原発を視察し、「万が一の事態にどう対処していくのか、が住民への安全、安心につながる」と述べていた［『朝日新聞』二〇〇五年四月一五日］。地震後には、火災だけでなく放射能汚染水漏れ、構内での陥没・亀裂・段差の発生、また一二〇〇を超える不具合が見つかった。新潟県は原発の再稼働にあたって、安全対策を強く求めた。その意義を、後に泉田は次のように語った。

この事件で新潟県は原発構内の消火体制の強化を国と東京電力に求め、これがきっかけで原発の敷地内に消防車が配備されるようになりました。福島第一原発でも消防注水ができました。もし新潟県が黙っていたら福島原発に消防車があったかどうかは疑わしいと考えています。

中越沖地震ではもう一つ、県庁と柏崎刈羽原発のホットラインの電話がつながりませんでした。地震で緊急対策室へのドアが歪んで開かずホットラインに原発所員がたどり着けなかったのです。そこで作ったのが柏崎刈羽原発の免震重要棟です。それで同じ東電の施設で柏崎刈羽だけに免震重要棟があるのはおかしいという話になり、建設されたのが福島原発の免震重要棟です。完成したのは東日本大震災の八か月前です(8)。

中越沖地震の時の経緯から、新潟県は、福島原発事故後の柏崎刈羽原発再稼働について、事故の検証がないまま再稼働の議論をすることはできないという姿勢を示してきた。ちなみに、泉田が不出馬を表明した二〇一六年の知事選を制した米山隆一は、福島原発事故に関する三つの検証体制を構築したが(9)二〇一八年に辞職、検証は花角英世知事の県政に持ち越された。花角は検証結果が出るまで再稼働の議論をしないという方針を引き継ぎ、さしあたり再稼働にあたっては県民の信を問う姿勢を表明した。翻っていえば、それだけ新潟県民には柏崎刈羽原発再稼働に慎重な姿勢であった。

(3) 災害経験と教訓の制度化

阪神・淡路大震災の経験と教訓に学びながら、被災者の生命と財産、安全を守り、個々の生活再建を礎に復興事業を推進してきた新潟県は、災害の教訓を制度化することにも積極的であった。所得制限があり、使途が限定されるなど、使い勝手が悪かった被災者生活再建支援法の改正を要求し、法改正を後押ししてきた。地震に限らず、災害時に県内自治体で要支援者名簿を共有できる仕組み、行政が関係団体やボランティアと協働する仕組みもつくった。災害リスクを小さくする「県民力」と「地域力」を醸成し、「防災立県」を目指すことが政策課題リストに書き込まれた(10)。

こうした取り組みのなかに、将来、県外で発生しうる大規模災害時の被災者支援も位置づけられた。二〇〇八年に公表された「防災グリーンツーリズム宣言」は、中越地震や中越沖地震はじめ、たび重なる災害に、多くの支援や配慮・協力のもとで培った経験を活かし、いざというときのセーフティネットとしての役割を果たすことが新潟県の責務であると宣言した。

現在、例えば今後三〇年以内に七割の確率で発生が懸念されている首都直下地震では、避難者は最大で約七〇〇万人とも言われています。

新潟県は、国内有数の食料生産基地となっています。加えて、美しい自然、豊かな食、伝統的に引き継がれているコミュニティでの人と人との絆などに恵まれています。日頃から都会の多くの方々と持続的にグリーンツーリズムを通じ、それぞれの地域住民が相互に様々な交流を進めるプラットフォームを築き上げ、全国の皆様に愛される「第二のふるさと」を目指してまいります。
そして、いざという時には、本県は、このプラットフォームを生かし、大災害に遭遇され困惑されておられる被災者の皆様に対して安全・安心を提供し、県内に一〇〇万人程度の受入れ（ママ）を目指す「防災グリーンツーリズム」を押し進めることを、ここに宣言します。(11)

防災グリーンツーリズムの発想は、中越地震の経験がもとになっている。長野県の温泉地が被災者を無料で受け入れると申し出たが、住民は体育館など避難所から出ようとしなかった。高齢者や妊産婦、乳幼児のいる家族など、ケアが必要な人であっても、縁もゆかりもない土地に避難することは選択肢に入ってこない。その結果、体調を崩してしまう。縁もゆかりもない土地に避難しないならば、平時はグリーンツーリズムで地域になじんでもらい、縁とゆかりをつくって、緊急時に避難場所の選択肢にしてもらおうというのが防災グリーンツーリズムである。新潟県は、中越沖地震の粗大ごみの処理をしてくれた川崎市を最初のパートナーとして、この取り組みをすすめていった。

こうして、地方分権の流れを汲んだ泉田県政下の新潟県では、災害の経験と教訓が次々と政策リストに書き込まれていった。県境を越えた被災者受け入れを可能にするための防災グリーンツーリズムの発想は、関東大震災での被災者受け入れの歴史を掘り起こしつつ、防災立県として県境を越えた被災者受け入れを目指した。もともと新潟県内では民泊で体験旅行を受け入れており、グリーンツーリズムが根づいていた。そこに防災が「おんぶ」したのが防災グリーンツーリズムであった。(12)そして、この防災グリーンツーリズムの取り組みの延長線上に、福島原発事故避難者の受け入れがあった。

4　避難者目線での受け入れという公平性・平等性

新潟県は山形県、東京都とともに二〇一一年に福島県から避難者を多く受け入れた自治体のひとつである。新潟県は、事故直後から避難者を避難指示区域か否かで線引きせずに受け入れてきた。福島県内では自主避難者への支援はないが、新潟県に避難すれば自主避難者も支援される。新潟県は、その意味で、「避難する権利」〔河﨑他、二〇一二〕を保障してきたといえる。以下では、それがなぜ可能だったのかをみていこう。

(1)　防災立県と防災グリーンツーリズム

福島原発事故は、二〇一一年三月一二日に一号機、一四日に三号機が水素爆発、一五日に二号機の爆発と四号機の火災という経過を辿る。新潟県は三号機が爆発した一四日に、福島県からの避難者受け入れの照会を受けて放射能のスクリーニング（付着検査）の準備をした。その夜から福島県からの避難者が急増、一五日には既述のように福島県知事からの避難者受け入れの要請を受け、その日の夕方には福島県境を越えて新潟県内に来る避難者のための相談所を開設した。また、一六日には泉田が南相馬市に避難者の受け入れ準備があると伝えた。新潟県の対応を、当時、南相馬市長だった櫻井勝延は、次のように述べた。

私は、三月一六日の朝七時、「ＮＨＫおはよう日本」の電話取材に対し、南相馬市に物資が全く入らなくなって、孤立していることを報告しました。その一〇分後、テレビを見た泉田裕彦元新潟県知事から「南相馬市民全員を受け入れるから新潟県に避難させてください。新潟県に入ったら新潟県が責任をもって対応します。」との連絡が入りました。

私は、市内避難所にいる市民を新潟県方面に避難させるために、緊急に市の幹部会議を開催し、避難計画の作成を指示しました。そして、夕方から避難所で説明会を開催し、市民に避難を呼びかけました。

翌一七日早朝から、福島県の協力の下、避難市民のスクリーニングを実施した後、バスによる新潟県方面への避難が始まりました。新潟県の支援には言葉に表せないほど感謝の念で一杯です。

〔中略〕

その後、災害時相互援助協定を締結していた東京都杉並区、〔茨城県〕取手市、更に群馬県片品村、長野県飯田市などからの支援もいただいて避難誘導ができたのです(13)。

一七日には、新潟県と二〇市町村が受け入れ態勢を整え、うち新潟県と一七市町村が七二八〇人の避難者を受け入れた。泉田は、南相馬市からの避難者はもとより、自主避難者であっても「基本的に来る人は受け入れる」という方針を表明した〔『朝日新聞』二〇一一年三月一八日〕。だが、実際に受け入れにあたるのは、知事ではなく、市町村である。県内各市町村の支援態勢、さらにいえば市町村住民への信頼があってはじめて、実際に避難者の受け入れは進んでいく。国に対し「もっと自治体を信頼してほしい」と訴えてきた泉田には、市町村や県民への信頼があった。

災害時の行政の対応には、もちろん公平性や平等性の観点から、標準化やマニュアル化を進め、ノウハウを蓄積することが必要である。だが、ひとつとして同じ災害はないのだから、過度の標準化はむしろ災害対応の妨げになる(14)。当時、対応にあたった防災局の職員は、次のように述べた。

市町村は県にはガンガンうるさいこと言いつつも、避難者の皆さんにはかなり手厚かったんです。日々増える避難者を、避難所では最初からプライバシーの確保とか要援護者の方の特別のスペースを用意するとかっていうのをほとんど当たり前のようにやってましたし、これすごいなと思ったのは最初からペット対応ができている。なかなかできないことなんですよ。〔髙橋他編、二〇一六、六五頁〕

災害時の対応は市町村単位のスキームでつくられており、県境を越えて避難者を受け入れる場合には、被災した立場でものを見られるかが問われる。新潟県の場合、避難者に対する市町村のケアが行き届いており、対応への不満はほとんど聞かれなかった。中越地震や中越沖地震だけでなく、豪雨や豪雪災害を教訓にした防災立県の取り組み、防災グリーンツーリズムを推進してきた真価が、福島原発事故避難者受け入れというかたちで実地で検証されたようなものである。

中越地震で被災した小千谷市では、東日本大震災が発生した一一日に早くも農林課の職員が、これまで首都圏からの中学生の教育体験旅行を受け入れてきた住民宅に意向確認をし、一二日には避難者を一週間程度、民泊で受け入れることを決定〔小千谷復興支援室編、二〇一二、二頁〕、最終的に教育体験旅行の受け入れ経験がある四二戸を含む六八戸が、一一四世帯二五六名の避難者を受け入れた〔小千谷復興支援室編、二〇一二、一八頁〕[15]。多くは南相馬市からの避難者であった。避難所に入る前に民泊で一般家庭が受け入れる〝小千谷モデル〟について、「他では考えられない民泊という受け入れにも驚きました。七年前に震災を経験されているとはいえ、縁もゆかりもない私たちに惜しげもなく暖かい手を差し伸べて下さり、それはもう痒いところに手が届く」との感想も寄せられた〔小千谷復興支援室編、二〇一二、二六頁〕。

防災グリーンツーリズム宣言が示すように、「人と人との絆」が活きているコミュニティでは、避難者の受け入れにあたって、日ごろのつきあいが支援の力を強化した。「隣に避難者が来たから総菜を持っていく」というように、日常の延長で支えあう感覚があった。日頃の「つきあい」がいざというときにマニュアル以上の力を発揮したのである。

(2)　目の前の避難者を等しく受け入れる公平性・平等性

新潟県は柔軟な対応を市町村に委ねた一方で、避難者を区分けせずに受け入れるという公平性や平等性を重視した。泉田の「基本的に来る人は受け入れる」という発言の趣旨は、「誰であっても等しく受け入れる」ということである。それは、現場感覚で避難者の線引きの正当性を肯定せず、避難を「資格」化しようとする力学に抗するメッセージと読み解ける。

当初、福島県からは、他の県に支援要請する避難者の範囲については、原則、避難指示と屋内避難指示の出ている原発から三十キロのエリアの方々を対象とするという考え方が示されました[16]。でもそれは無理ですよと。だってそうでしょ、住所を聞いただけではこちらとしては三十キロなのかどうなのかなんて判断つきませんよ。第一、原発が不安で避難してきている方に、あなたは対象者ではないので避難所に入れませんなんて言えませんよね。

まだ、原発の状況自体が刻々と変化していてどうなるかわからないし、見通しもわからない。そうした状況の中で、不安で避難してきた方々を追い返すなんて無理だろうってことなんです。だから新潟県としては来た人は全部受け入れますよと。〔髙橋編、二〇一六、五八頁〕

新潟県は三月中に受け入れ市町村と「被災者受け入れに関する協定」を結び、四月に避難者への意向調査を実施、さらには避難所でアンケートには表れない「生の声」を聞いて回り、「被災者に直接向き合い、そのニーズから支援

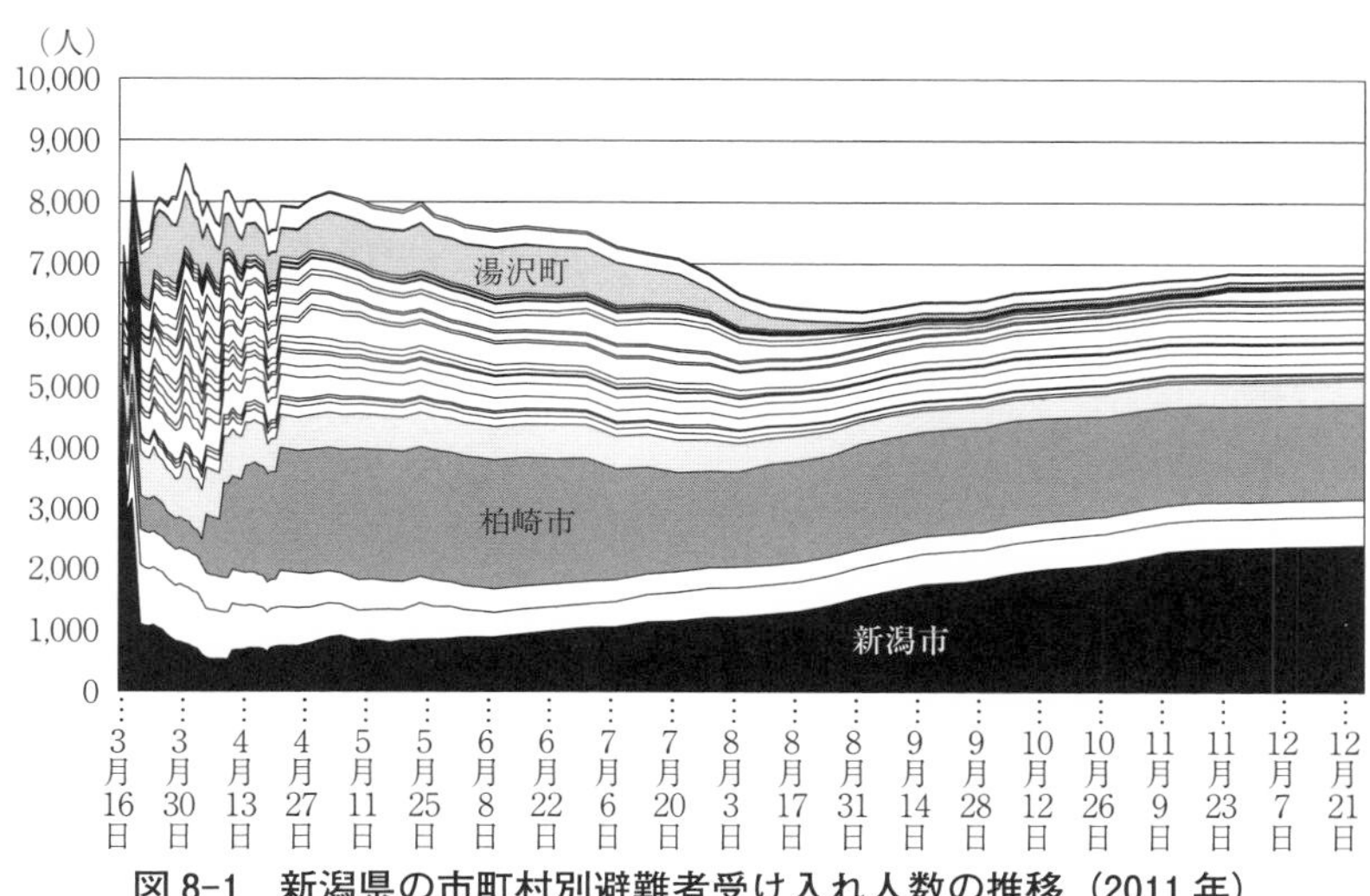

図 8-1　新潟県の市町村別避難者受け入れ人数の推移（2011 年）

出所：新潟県災害対策本部報道資料「県外避難者の受入状況」（2011 年 3 月 16 日～ 12 月 26 日）より作成。

を組み立てていく」という姿勢をとった［松井、二〇一七、三八頁］。

また、新潟県は七月一日から、避難者に対する民間賃貸住宅借上げ制度の受付を開始した。被災状況にみあった柔軟な支援を行い、避難者を分け隔てなく受け入れるというスタイルは、ここでも貫徹された。この制度を頼りに、夏休み明けに新潟県に避難する人も出てきた。福島県からは、新規受け入れを年内に打ち切るようにという要請もあったが、新潟県はこの方針に再検討を求め、要請は撤回された。受付期間は申し込み状況をみながら二〇一二年一二月まで延長された。

5　受け入れ地域が示した社会正義のかたち

新潟県内の避難者の移動をより詳細にみたときに、特徴的な増減を示すのが湯沢町、柏崎市、新潟市である（図8-1）。柏崎市では、四月以降に避難者の受け入れが急増し、その後は一定人数の受け入れが続いた。避難指示区域で原発関連の仕事に従事していた人にとって、東京電力の柏崎刈羽原発がある柏崎市はなじみやすく、避難指示区域の避難者が集まった。

他方で、湯沢町は三月からピーク時で一〇〇〇人以上の避難者を受け入れてきた。その多くは「赤ちゃん一時避難プロジェクト」を頼ってやって来た母子避難者であった。七月末から八月末にかけて受け入れ人数が急激に少なくなっているのは、借上げ住宅に入居するために避難先を移動したからである。その多くが、福島県からのアクセスがよく、避難者受け入れの雇用促進住宅等の戸数も多い新潟市への移動であった。

こうした避難者の移動状況を確認したうえで、社会正義を底上げするような避難者支援について、湯沢町の事例から考えてみたい。

(1)　湯沢町の「赤ちゃん一時避難プロジェクト」

人口約八三〇〇人（二〇一一年三月末時点）の湯沢町は、関越自動車道の湯沢インターチェンジ、上越新幹線の越後湯沢駅とガーラ湯沢駅があり、東京からのアクセスもよい。温泉と一〇を超えるスキー場があり、リゾート開発が進んだ町である。

東日本大震災の翌日に発生した長野県北部地震で、湯沢町は震度五弱を観測したものの、大きな被害はなかった。だが、全国的な観光自粛の風潮のもとでスキー客の予約キャンセルが相次いだ(17)。

こうしたなか、湯沢町では新潟県の避難者受け入れ方針に沿って、三月一七日に公民館に一時避難所を開設した(18)。その後、一時避難所のかわりに旅館・ホテルを使用することについて新潟県と直接に協議し、三月二六日からは町内の宿泊施設一〇九軒を避難所として提供した。避難者を一泊三食三千円で受け入れ（三歳以下は無料）、町がその料金を負担する支援策をとったのである［『朝日新聞』二〇一一年三月三〇日］。福島県からのアクセスは必ずしもよいとはいえなかったが、宿泊施設での受け入れ態勢を整えたことにより、三月二九日段階で、湯沢町は新潟県内の市町村別避難者数最多の九四一人を受け入れた。要援護者も多く、限られた人数の保健師が大勢の要援護者をケアすることは簡単ではなかった。それでも、湯沢町は四月末までだった受け入れを七月末まで延長することに決めた。スタッフを増員する四月二七日までは土日も交代で泊まって対応にあたったという[19]。

さらに、湯沢町では、町内の宿泊施設を利用した湯沢町「赤ちゃん一時避難プロジェクト（赤ちゃんプロジェクト）」をNPOと展開した。受け入れ募集のチラシには、「私たちも中越地震では全国のみなさんに助けてもらった。困ったときはお互いさま」という湯沢町民のメッセージが記されている。南三陸町など津波被災した三陸沿岸の乳幼児とその母親を対象に始動した「赤ちゃんプロジェクト」は、途中から避難の希望が多い福島県の母子を受け入れるようになったため、三陸沿岸の被災母子が全員帰還した六月以降も続けられた。プロジェクトが終了するのは、新潟県が借上げ住宅を提供し、避難者が新潟市などの借上げ住宅に入居していった八月末であった。前掲図8-1にみる湯沢町の受け入れ人数の推移には、このような経緯が反映されている。

(2)　避難生活の葛藤と孤独と不安

湯沢町の支援は、第一に観光地の特性を活かして町内に多数ある宿泊施設で避難者を受け入れ、第二に、避難指示区域外からの母子避難者のニーズに応える支援事業として展開されたという特徴がある。そのため、第三に、インターネットや親族・友人からの情報を頼りに避難を決断した人が多い。第四に小・中学生に対してもきめ細かな就学支援があった。

しかしながら、どんなに手厚い支援があったとしても、原発事故避難には苦痛が伴う。実際に、湯沢町に避難した区域外母子避難者の声を聞いてみよう。

赤ちゃんプロジェクトで訪れたグランディア〔ホテル〕は、個室があって、プレイルームもあって、行事もあり、とても良かったです。赤ちゃんプロジェクトがあったから、今があるんだなと思っています。

温泉もありましたが、三歳と一歳の子ども二人を連れて入るのは大変なので、一度も入らず、個室のお風呂で過ごしました。

子どもが咳をするので、避難中もストレスが溜まりました。伝染するかもしれないと思われるのではないかと、プレイルームにも行けません。吐いたらノロウイルスと思われるのではないかと心配で、部屋にご飯を運んで食べました。みんなの目も怖かったです。ママ同士のトラブルもありました。子どもを二人抱えて、しょっちゅう泣いていました。

子どもの咳はずっとです。抗生物質をもらい、薬漬けです。抵抗力も弱っていました。夜中に何度も急患で病院にかかりました。二四時間の集団生活は、お互いのいろんなことが目立ち、見えすぎて、苦しかった部分もありました。夫はホテルに一度も足を運んでくれませんでした。義理の弟は来ています。個室にこもれるだけ良かったですが、個室のない避難所は辛いだろうと思いました。（三〇代女性、中通り［高橋他、二〇一八、二二七頁］）

赤ちゃんプロジェクトに電話しても詳しいことはわかりませんでした。転校のこととか不安だったのですが、よくわからないけど、来てくださいと言われました。湯沢町に行けば何とかなるはずなので、ということですが、対応しておられる方も慣れている感じだったので、行くことにしました。

湯沢にいたのは五月の末から七月いっぱいまでです。車二台で、私が子ども三人を乗せて、夫の車に荷物を積んで運びました。家族の反対は何もなかったです。それほど長いことではないだろう、避難している間に状況も変わる、と、みんな思っていました。

湯沢町のホテルでは、お風呂もご飯も全部出してもらって、ワンフロアを避難者に開放してくれていて、そういう面では贅沢です。だから何も言えないのですが、プライバシーがないのがつらかったです。ご飯を食べる場所が一か所なんですけど、〇歳、二歳は、じっとしていられないから走り回るし、奇声を上げるし、周りの人たちに気を使って。それから、子どもが多いから病気がすぐにはやるんですね、水ぼうそうとか一気です。幸い、ノロウイルスはなかったですけど。本当に、無我夢中で何とかやっていた感じです。母が時々手伝いに来てくれたり、一緒に行った友だちがいるので、それは心強かったんですけど。（三〇代女性、中通り〔髙橋他、二〇一八、二二八～二二九頁、一部表記変更〕）

どんなに避難者のニーズを汲み取ったとしても、避難しているという状況からくるストレスをゼロにすることはできない。二四時間一緒にいるとそれぞれの家族の状況が見えすぎて辛くなる。あの母子のところには毎週末に父親が訪ねてくるが、こちらは一度も訪ねてこない。あの母子の父親や親戚には理解があるが、こちらにはそうした理解がない。いくら避難先での生活の質（Quality of Life）が高くみえても、避難生活であることには変わりがない。夫をおいてホテルで気楽な生活を楽しんでいると義父母から誤解される、子どもが感染症にかかると避難者同士でも肩身が狭くなる、これから先の状況が見えないなど、避難生活は葛藤と孤独と不安と隣り合わせだった。湯沢町が寄り添ったのは、こうした母子避難者たちだった。

(3)　交流のなかから生まれたアクション

区域外避難者の借上げ住宅への入居に一足先に門戸を開いた山形県に続き、七月に新潟県で借上げ住宅への入居募集が始まると、避難の継続を望む避難者は、長期的な避難を見越して避難先を決め、子どもの就学先を決め、本格的な避難の段階に進んでいく。

七月末に新潟市の借上げ住宅に移りました。湯沢町なので新潟県の情報はかなり入ってきて、そこで新潟市で民間借上げの制度がはじまるという話をききました。山形も少しだけ考えたのですが、山形は福島から行きやすい分、距離も不安で、新潟なら距離も離れているので大丈夫かなと考えました。

今住んでいる民間借上げ住宅は、インターネットで選び、一度内見をしたうえで、決めました。津波の心配がないように内陸部で、新しい学校なら地震があっても大丈夫かなと考えて、学校の近くのアパートを選んだという感じです。（三〇代女性、中通り［高橋他、二〇一八、二一九頁、一部表記変更］）

湯沢町に避難した母子の多くは、福島との交通の便がよい新潟市方面に新天地を求めた。小学校、中学校を終えて高校に進学する際に、湯沢町には高校がないからと、避難の長期化を見越して移転先を決めた人もいた。

他方で、湯沢町に残ることを選択した母子は、「子どもが一八歳になるまではここにいる」と避難継続の決意を語り、「湯沢は冬が大変と（考えて）、新潟に行った人のほうが、よほど大変だったかも」と述べた[20]。町ぐるみで受け入れた湯沢町では避難者に対しても理解があり、困ったときに相談できる人がいる。一から人間関係をつくりなおす必要がない。さらに、子どもも学校になじんでいる——湯沢町に留まった避難者は少数であったが、湯沢町の住民と深く交流し、湯沢町に居場所を見つけた人々であった。

湯沢町は、そうした避難者に寄り添うようなメッセージを出した。二〇一二年六月一三日に町議会が可決した、「柏崎・刈羽原子力発電所の再稼働を認めない意見書」である[21]［湯沢町議会、二〇一二、八頁］。少々長いが、意見書を引用しよう。


平成二三年三月一一日発生した大地震により、福島県をはじめ東北地方を中心に一〇メートルを越える大津波が襲来しました。これは東日本大震災と命名され、福島第一原子力発電所の事故となり、未曽有の大惨事として世界中が驚愕しました。日本の国難と言われ、国を挙げて対応しましたが、被災地は元より近隣の県、市町村も対策に苦慮している現状です。

新潟県も柏崎・刈羽に発電機七基の原子力発電所を有し（平成二四年三月二六日に六号機が定期点検のため停止）、全国五四基ある中で、全国一の規模となっています。また、新潟県は全国有数の長い海岸線を有し、更に地震王国と言われる日本の中で、この発電所が地震の破砕帯の上に建つとも言われ、危険この上ないと注目されている原発です。

万一の危険地帯を示す圏内として、湯沢町は五〇キロメートル圏内から外れているとはいえ、冬期間の風は間違いなく湯沢方面に吹いてきます。二〇〇〇メートル級の山が壁となり、雪と一緒に放射性物質が降れば、スキーと温泉が基幹産業の湯沢町が受ける損害は量りしれません。さらに、雪解け水が下流に流れれば、米どころ新潟県の受ける損失は農業県として成り立たなくなる位甚大で、大問題です。

以上の問題が予測され、湯沢町のため、そして新潟県のためにも柏崎・刈羽原子力発電所の再稼働を容認することはできません。湯沢町の安心・安全を守るため強く要望します。

以上地方自治法第九九号の規定により意見書を提出します。

柏崎刈羽原発に経済を依存する自治体があるなかで、再稼働に反対するのはいかがなものかという意見もあった。それにもかかわらず、議会として明確な意思表示を決議しえたのは、湯沢町に避難してきた人々との交流があったからだった。この時点で湯沢町に避難していたのは二三世帯六八人［『朝日新聞』二〇一二年六月一四日］、意見書にある「五〇キロ圏内」は、福島原発事故でいえば、福島市や郡山市、いわき市など、湯沢町に避難してきた母子の避難元自治体でもある。[22]五〇キロ圏外の湯沢町が、避難者の痛みに向きあって、未来の安全・安心を社会正義にかなうものとすることを表明する文面であった。

意見書の決議にあたって上村清隆町長（当時）が原発再稼働反対を表明した。また、次に就任した田村正幸町長も「福島の原子力事故を見て、故郷を後にして帰ることのできない方々のことを思うとき、二度とこのようなことが起こってはならない」「安全・安心が確保されない中での再稼働は認められない」と述べた［湯沢町議会、二〇一四、一八頁］。

6　おわりに――目の前の避難者に向きあう支援

新潟県は、目の前で支援を求める避難者を、避難指示区域内か区域外かで区分けすることはせず、来た人は受け入れるという姿勢を貫いた。中越沖地震を教訓にしないまま福島第一原発で重大事故を引き起こし、十分な検証も反省もないまま再稼働を急ぐ国と東京電力に対し、新潟県は原発の安全性や避難の実現可能性、福島原発事故の健康被害や避難生活実態の検証が先であると主張してきた。

そのような新潟県の方針のもと、原発事故直後に妊婦や乳幼児のいる避難者を受け入れた湯沢町は、避難者との交流を通して、避難者の痛みの元凶である原発の危険性を容認しないというメッセージを発した。そこから、マニュアルに向きあうのでなく、人間に向きあって避難者を受け入れてきた湯沢町の姿が透けて見える。

原発事故がもたらした損害は、避難指示区域内でも避難指示区域外でも十分な賠償が行われていないとして、福島県をはじめ全国各地で裁判が行われている。他方で、資源エネルギー庁は、原発のコストは火力発電や水力発電に比べて低く、たとえ損害賠償額が増加してもコストの優位性は保たれると、「原発の優位性」をホームページで明示してきた[23]。個々の辛苦をコストとしかみない、いびつな論理が見え隠れする。

具体的な人間に向きあおうとすると、人々の意識は避難を求める人を分け隔てなく支援するという、社会正義に資するベクトルを向く。だが、国の経済や政策を優先したり、区域を線引きして被害を最小限に封じ込めようとするならば、避難者の痛みや苦痛、明確な人権侵害に思えるような状況も、「シカタナイ」［ウォルフレン、一九九四、二八七頁］という一言で片づけられてしまう。避難者に犠牲を強い、犠牲をあたかも安価な社会的費用のように見做してしまう。

このような状況に疑問符を付した新潟県の避難者支援は、社会正義とは人が人に向きあい、「シカタナイ」を超えていくことで底上げされるということを教えてくれる。

付記　本章は関礼子［二〇二〇］「避難者支援の社会正義――新潟県の災害経験と支援のかたち」『応用社会学研究』第六二号、一九～三六頁を大幅に改稿したものである。

注

（1）三月一四日に、新発田市、長岡市、上越市では、「福島第一原子力発電所の避難区域（半径二〇km圏内）にいた方」で、「放射性物質の付着を心配される方に対し、放射性物質の付着の有無の確認を受けることができる体制」（放射能のスクリーニング検査体制）が整っていた（新潟県災害対策本部報道資料、二〇一一年三月一四日、災害対策本部医療活動支援班）。

（2）二〇一七年九月八日ヒアリング、二〇一七年一〇月二七日のヒアリングによる。

（3）新潟県防災局へのヒアリングによる（二〇一二年三月一五日）。

（4）新潟県「震災の経験と教訓をつなぐ――井上兵庫県知事×泉田知事 対談（二〇一六年一月一二日対談）」[http://pref.niigata.lg.jp/shinsaifukkoushien/1356835186205.html]（最終閲覧日二〇一八年九月一九日）。

（5）『新潟日報』二〇一一年六月一一日は「東日本大震災で浮き彫り／災害救助法　支援の足かせ／被災県が費用を負担　受け入れ側独自に動けず／法改正求める動きも」という見出しの下で、災害救助法の問題を大きく報じた。記事では、被災県に求償した額の最低でも一割が被災県の負担になるため、支援自治体が独自の判断で動けないこと、そのため新発田市は福島県に求償しないことを決めたこと、柔軟な支援のための法改正を求める動きも出ていることが書かれている。

（6）不動産を担保に金融機関から借入し、死亡後に借入金を清算する制度。

（7）泉田裕彦の二〇一七年七月一五日の twitter による。

（8）週刊エコノミスト［二〇一五］「第一回　福島後の未来をつくる――泉田裕彦新潟県知事（インタビュー）」『週刊エコノミスト』九月一日号 [https://www.weekly-economist.com/2015/09/01/]（最終閲覧日二〇一八年九月一九日）。

（9）新潟県原子力発電所の安全管理に関する技術委員会（技術委員会）、新潟県原子力発電所事故による健康と生活への影響に関する検証委員会（健康・生活委員会）、新潟県原子力災害時の避難方法に関する検証委員会（避難委員会）、およびこれら委員会を総括する新潟県原子力発電所事故に関する検証総括委員会（検証総括委員会）による検証体制である。

（10）具体的には、自助・互助・共助・公助で防災立県の風土を醸成する「にいがた防災戦略」の策定である。新潟県防災局企画課「にいがた防災戦略」新潟県 [http://www.pref.niigata.lg.jp/uploaded/life/351861_639952_misc.pdf]（最終閲覧日二〇二二年二月一八日）。

（11）新潟県「防災グリーンツーリズム宣言」[http://www.pref.niigata.lg.jp/seisaku/1225130471214.html]（最終閲覧日二〇一九年二月二六日）。宣言の副題は「「第二のふるさと・新潟」、首都直下地震等の避難者一〇〇万人の受入を目指して」であった。

（12）新潟県農林水産部、防災局へのヒアリングによる（二〇一三年二月四日）。

(13)「平成二七年(ワ)第一八〇号　南相馬市原発損害賠償請求事件」における櫻井勝延の「陳述書～原発事故によって南相馬市が被った損害及びそこからの復興状況～、二〇一八年五月二八日」による。

(14)二〇一三年二月四日、新潟県農林水産部、防災局へのヒアリングによる。

(15)小千谷市の受け入れに関しては、松井[二〇一七、四四～四六頁]も参照のこと。同書には長岡市、三条市、柏崎市の事例も紹介されている。

(16)二〇一一年三月一二日に福島原発二〇キロ圏に避難指示区域が拡大、三月一五日に二〇～三〇キロ圏に屋内退避指示が出された。

(17)湯沢町役場[二〇一一]「平成二三年第三回(六月)湯沢町議会定例会会議録(第一号)」[http://www.town.yuzawa.lg.jp/kaigiroku/H2306T_01.html](最終閲覧日二〇一九年四月一〇日)。

(18)三月一七日の一五時より公民館に一時避難所を開設、一八日の一四時から民宿、旅館、ホテル六五軒を湯沢町が借り上げ、避難所として利用した。車いすが必要な人を含め、受け入れ数は三月一八日から三一日まで延べ一万七八泊であった。湯沢町役場[二〇一一]「平成二三年第二回(五月)湯沢町議会臨時会会議録(第一号)」[http://www.town.yuzawa.lg.jp/kaigiroku/H2305R_01.html](最終閲覧日二〇一九年四月一〇日)。

(19)二〇一二年一一月二二日、湯沢町役場へのヒアリングによる。

(20)二〇一二年一一月二二日のヒアリングによる。

(21)この意見書は、内閣総理大臣野田佳彦、内閣官房長官藤村修、経済産業大臣枝野幸男、環境大臣細野豪志、新潟県知事泉田裕彦に宛てて提出された。

(22)五〇キロ圏内は、二〇一一年一二月の原子力損害賠償紛争審査会が避難指示区域外の住民にも賠償の必要を認めた範囲である。

(23)経済産業省資源エネルギー庁「原発のコストを考える」[https://www.enecho.meti.go.jp/about/special/tokushu/nuclear/nuclearcost.html](最終閲覧日二〇二二年一月二日)。

参考文献

合田新介編［一九八二］『黎明の日々――木崎争議史』とき書房。

石橋克彦［一九九七］「原発震災――破滅を避けるために」『科学』第六七巻第一〇号、七二〇～七二四頁。

――――［二〇一二］『原発震災――警鐘の軌跡』七つ森書館。

伊藤守・渡辺登・松井克浩・杉原名穂子［二〇〇五］『デモクラシー・リフレクション――巻町住民投票の社会学』リベルタ出版。

ウォルフレン（Karel van Wolferen）、篠原勝訳［一九九四］『人間を幸福にしない日本というシステム』毎日新聞社。

大野雅人著作者（新潟県・新潟市小学校教育研究会会長）［二〇一八］『小学校社会科三年・四年 わたしたちの新潟県 平成三〇年度版』野島出版。

小千谷復興支援室編［二〇一二］『つながり――小千谷市における東日本大震災避難者受け入れの記録』中越防災安全推進機構おぢや震災ミュージアム「そなえ館」。

河﨑健一郎・菅波香織・竹田昌弘・福田健治［二〇一二］『避難する権利、それぞれの選択――被曝の時代を生きる』岩波書店。

高田市史編集委員会編［一九五八］『高田市史（第二巻）』高田市役所。

髙橋若菜編・田口卓臣・松井克浩［二〇一六］『原発避難と創発的支援――活かされた中越の災害対応経験』本の泉社。

髙橋若菜・清水奈名子・阪本公美子・小池由佳・関礼子・高木竜輔・藤川賢［二〇一八］『二〇一七年度 新潟県委託 福島第一原発事故による避難生活に関するテーマ別調査業務 調査研究報告書 子育て世帯の避難生活に関する量的・質的調査』（研究代表者・高橋若菜）。

塚田日誌刊行委員会編［一九七七］『枯れ死の里より』塚田日誌刊行委員会。

中澤秀雄［二〇〇五］『住民投票運動とローカルレジーム――新潟県巻町と根源的民主主義の細道、一九九四-二〇〇四』ハーベスト社。

新潟県編［一九六五］『新潟地震の記録――地震の発生と応急対策』新潟県。

新潟市編［一九六六］『新潟地震誌』新潟市、津波ディジタルライブラリィ［http://tsunami-dl.jp/document/145］（最終閲覧日二〇一八年九月一九日）。

西城戸誠・原田峻［二〇一九］『避難と支援――埼玉県における広域避難者支援のローカルガバナンス』新泉社。

松井克浩［二〇一七］『故郷喪失と再生への時間――新潟県への原発避難と支援の社会学』東信堂。

宮沢慎一［一九七二］「ここで、オレは死ぬ」（特別企画「東京大地震」の徹底的検討「大震災、一〇〇人の証言と記録」所収）『潮』昭和四六年六月号、一四五～一四六頁。

山井良三郎・高見勇・西原実・井上衛・近藤孝一・中井孝［一九六六］「新潟地震における木造建物の調査」『林業試験場研究報告』第一八七号、一二九～一六一頁。

山本幸俊［二〇〇七］「関東大震災に関わる直江津町役場文書――『京浜大震災救済書類』」『災害と資料』第一号、一～一一頁。

湯沢町議会［二〇一二］『湯沢町議会だより』一〇六号。

――［二〇一四］『湯沢町議会だより』一一二号。

ラッセル、バートランド（Bertrand Russell）、安藤貞雄訳［一九九一］『ラッセル幸福論』岩波書店。

第九章　生活剥奪のエビデンス——自治体調査は何を照らし出したか

髙橋若菜

1　停止された全国避難者調査

地震、津波に原子力災害が重なる未曾有の国難となった東日本大震災の復興基本法には、崇高な基本理念が掲げられている。第一に、「被害を受けた施設を原形に復旧すること等の単なる災害復旧にとどまらない活力ある日本の再生を視野に入れた抜本的な対策」、いわゆる〝創造的復興〟である。第二に、「一人一人の人間が災害を乗り越えて豊かな人生を送ることができるようにすること」、すなわち〝個の復興〟である（東日本大震災復興基本法、第二条）。「創造的復興」と「個の復興」を両輪として達成するため、「被災地域の住民の意向が尊重され、あわせて女性、子ども、障害者等を含めた多様な国民の意見が反映されるべきこと」（同第二項）も、高らかに謳われた。

過去に例がない原子力災害ではあったが、放射線被ばくは、一般に子どもや女性への健康影響が大きく個体差もあることは当初より知られていた。加えて、被ばくの度合いも、地域により差異があった。避難指示がなかった地域、あるいは早々に避難指示が解かれた地域でも、山林などでは放射線量が高止まりしていた。図9-1が示すように、市町村レベルでの甲状腺吸収線量は、避難区域等一三市町村に限らず、福島県中通りに加えて、栃木県や千葉県などでも事故後一年で二ミリグレイを超えている地域が散在する。コラム2でも示したように、避難指示がない地域でも

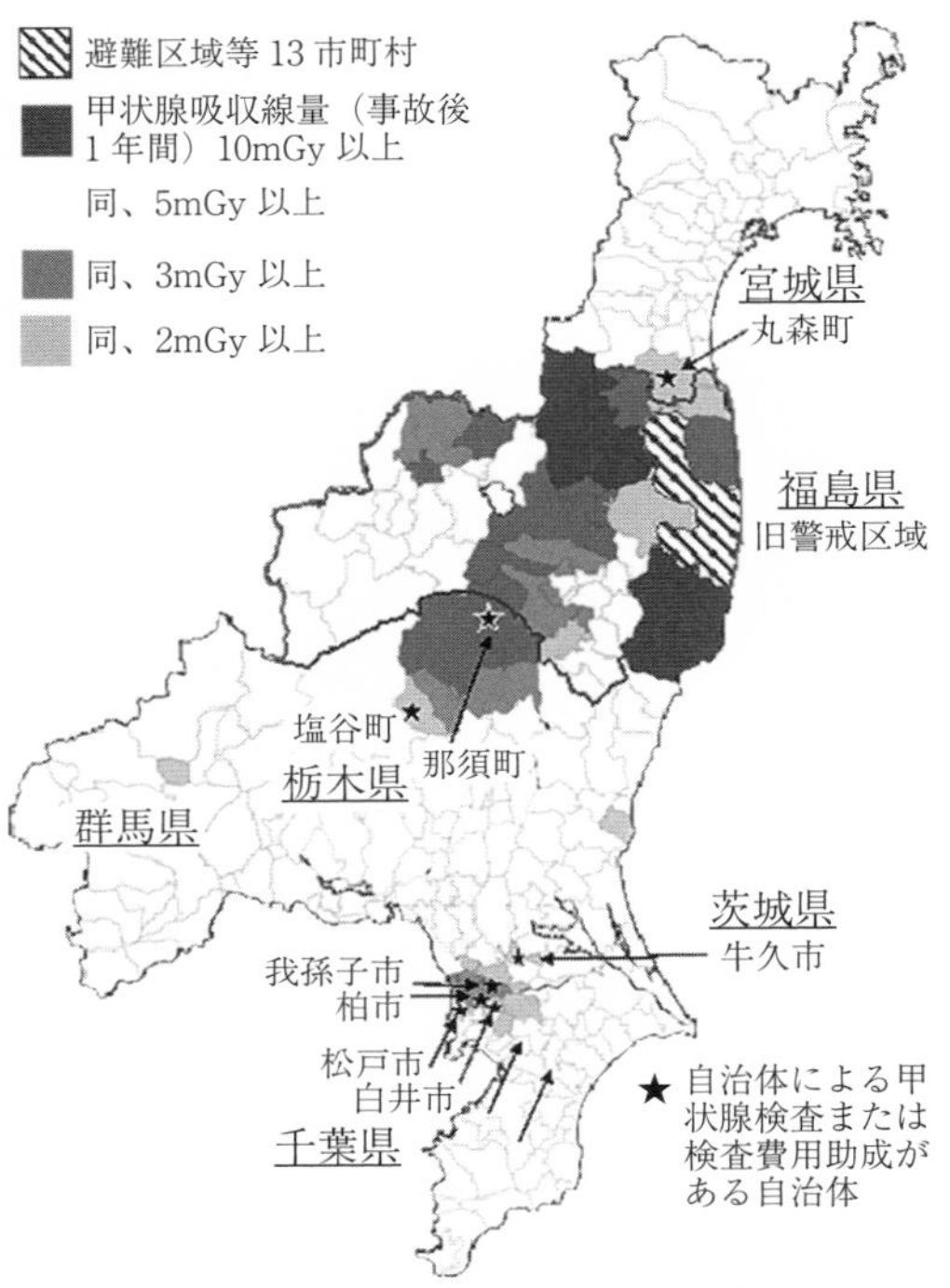

図 9-1　市町村レベルでの甲状腺吸収線量（事故後 1 年）と甲状腺検査実施状況

注：甲状腺吸収線量は、UNSCEAR2013 年報告書附属文書 C-16 のデータを用いて、筆者（清水・髙橋）が作成した。同データでは、食品による摂取量を福島県内では一律 37.29mGy、福島県外では一律 9.38mGy としているために、その数値を除外して計算している［United Nations Scientrfic committiee on te Effects of Atomic Rediation, 2014］。

出所：髙橋・清水・濱岡［2020］63 頁。

線量が高い地域（ホットスポット）があることは当初より判明していた。地図には現れなくても、よりグリッドを細かくすれば、さらなるホットスポットが見つかる可能性も高い。ホットスポットではない地域でも屋根の上や樋の下、側溝など、子どもが手を入れて遊びそうなところの線量が高いという証言は多くあった。乳幼児や子どもは放射線被ばくによる健康影響が大きいことも知られていた。放射線被ばくをできるだけ避けたいと考える親心は察してあまりあるものではない。子どもやその家族の避難の合理性や権利については、政治課題として認識されるようになった。子ども・被災者支援法(1)が成立をみたのは、二〇一二年のことである。同法では、被災者自らの意思で、居住、移動、帰還を選択できること、そのための支援を行うことが定められ、胎児を含む子どもや妊婦に対する特別の配慮についても明記された［清水、二〇一四］。

母子避難を含む広域避難を対象に、福島県も二〇一三年より全国避難者調査（以後、全国調査と表記）を開始した。ところが、三度目の二〇一五年度を最後に、全国調査は停止された。同時に、広域避難者の「命綱」となっていた民間借上げ仮設住宅の無償提供の延長も、避難指示区域外からの避難者に対しては二〇一七年三月で打ち切ることが決まった。その後、帰還政策は加速され、避難指示の解除も進んできている。こうした事態は、子ども・被災者支援法の理念に真っ向から反するような政策であり「棄民政策」であるとの批判も招いた［日野、二〇一六、青木、二〇一八］。現実に、激甚災害指定を受けた被災三県の中でも、福島県における震災関連死が突出して多い。多くの人々が困難に直面し、コミュニティや家族の分断、葛藤、誹謗中傷や差別にもさいなまれてきた。壮絶な経験をしてきた社会的グループの一つに、広域避難者がある。二〇一七年に、福島県から東京へ避難し生活に行き詰まった母子避難の母親が神奈川県内で自死を選んだ。いじめも多く報道されたが、氷山の一角であろう。悲惨な経験は、本書第二部を含め、数々の書籍や文献に現れている［吉田、二〇一六、二〇一七、森松、二〇一三］。

厳しい現実を見るとき、一〇年にわたる広域避難者政策は、果たして個の復興を目指すものであったのか、改めて問い直されなければならない。女性、子ども、障害者等を含め多様な被災者の意向は十分に調査され尊重されてきたのだろうか。ここで問われるべきは支援や賠償は、論理や証拠（＝エビデンス）を十分に踏まえた上で適切に展開されてきたといえるかという点である。エビデンスとは根拠、証拠、裏づけなどを意味する英単語“evidence”であり、医療用語や学術用語、近年は政策やビジネス分野でも用いられる語である。一般に、エビデンスの活用にあたっては、エビデンス構築プロセスの透明性、説明責任、データの公開性（追跡可能性）、多様な主体による双方向の対話等が必要とされているとされる［松尾他、二〇一五、デュフロ、二〇一九］。広域避難者支援政策の立案や運用にあたっては、これらの要件全てを満たす形でエビデンスが構築されてきたのだろうか。またその活用は適切であったのだろうか。

調査の停止やその後の支援縮小は、エビデンスに適っていたのだろうか。そのことは、個の復興にいかなる影響を及ぼしたのだろうか。

これらの問いを、全国規模のデータで検証することはできない。なぜなら前述したように福島県と復興庁は、全国避難者調査を二〇一五年度で停止したからである。しかし、二〇一六年度以降も避難者調査を継続した自治体があった。とりわけ、福島県の近隣で、日本海側に位置する新潟県と山形県、秋田県は、県独自で避難者の意向調査を二〇二一年現在に至るまで継続的に実施した。避難者の意向調査という量的データ（＝エビデンス）を踏まえ、避難者のニーズを吸い上げながら官民挙げてサポートを提供しつづける姿勢に、避難者たちから深い謝意が示されている。

本章では、自治体による避難者意向調査を公的なエビデンスと位置付け、公的エビデンスが何を照らし出してきたかを明らかにする。また、全国調査の停止や支援縮小・打ち切りが、エビデンスに照らし合わせて妥当であったのかも検証する。さらに三県の中でも当初最も避難者数が多かった新潟県を事例として同県がエビデンスをもとにいかなる施策を展開してきたか、その意義や限界についても考察する。第二節では全国の自治体における避難者調査の概要を概観し、第三節は、発災後一〇年にわたる自治体調査という公的エビデンスを比較対照していく。具体的には、二〇一一年度から一五年度までを第一期、全国調査停止後の二〇一六年度から二〇年度までを第二期とし、避難者が置かれた状況を可視化させる。第四節では、全国調査停止や支援策打ち切りの是非や新潟県の支援内容についてをエビデンスに照らし合わせて検証するとともに、自治体レベルでのエビデンス構築の意義や限界について論じる。

2　自治体避難者調査の見取り図

今日、広域避難者数を正確に把握することはほぼ不可能であろう。復興庁調査が公表する東日本大震災による避難登録者数（図9-2参照）は、避難者が自主的に登録した数を累計したにすぎない。支援対象とならず誹りを受けやすい「自主避難」者が自らを避難者として登録することは現実的でなかった。筆者らによる調査でも、自ら避難者登録をしていないという避難者の声は、福島県内外を問わず数多くあった。また、震災前の生活から程遠くとも、何らかの事情で引っ越しをしたことなどにより、避難中との自覚があるのに知らないうちに避難者のカテゴリーから外され、支援対象から外れた避難者も少なからずいることが明らかになっている［青木、二〇二二］。

このような避難者登録システムの瑕疵や限界を踏まえた上で、あくまで一つの指標として、避難登録者数の推移を確認しておこう。これによれば、最も多かった二〇一二年で避難登録者数は、約三四万人にのぼった。そのうち、地震や津波被害が甚大であった岩手県・宮城県は一七万人である。一方、福島県と広域避難を合わせれば一七万人余りにのぼった。すなわち原発避難と推定される人々は、登録されているだけでも一七万人いたことになる。その後今日までの間に、岩手県・宮城県では災害公営住宅が、福島県では復興公営住宅が整備され、避難解消に向けた施策が進んだ。結果として、岩手県や宮城県では避難登録者数は大幅に減少した。二〇二一年八月には二千人程度となり、九八・八％の避難が解消されている。原子力災害の深い爪痕が残る福島県内でも避難登録者数は減少した。二〇二一年八月時点で避難者数は七千人をきり、約九〇・五％が避難を解消した。[2] 対照的なのが広域避難である。岩手・宮城・福島三県内の避難登録者数が激減する一方で、福島県外在住の避難者は二〇一七年には

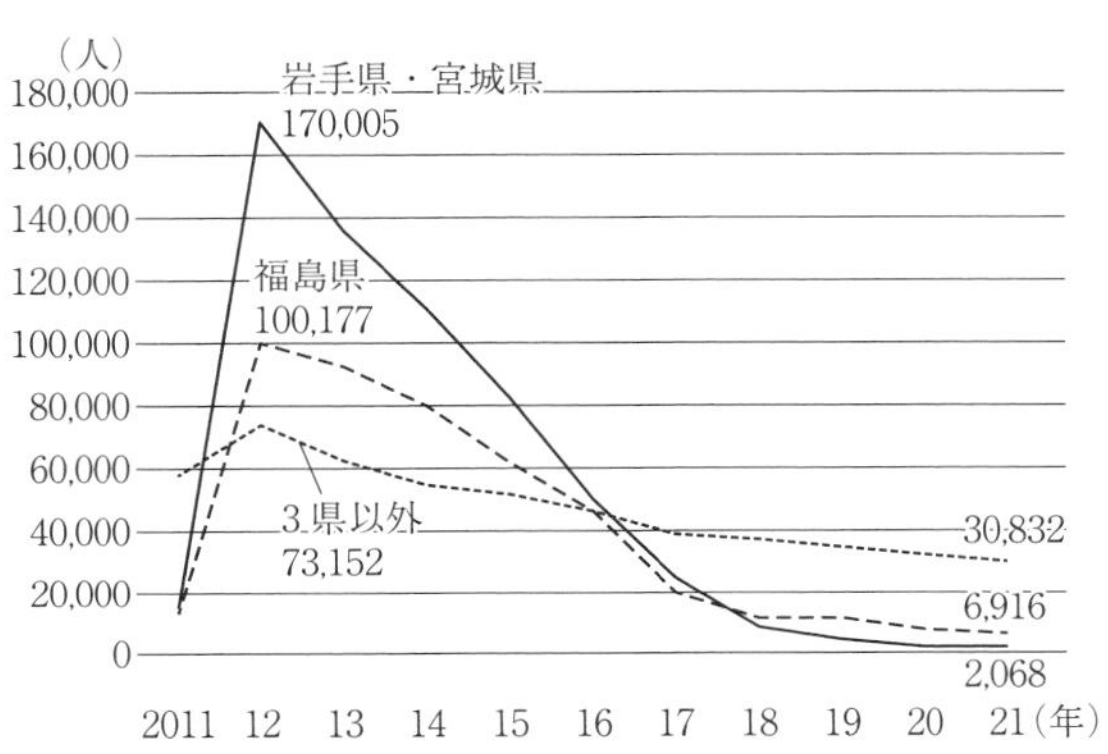

図9-2　東日本大震災による避難登録者数の推移（2011～21年度）

出所：復興庁「全国の避難者の数（所在都道府県別・所在施設別の数）」各8月のデータを用いて作成した。

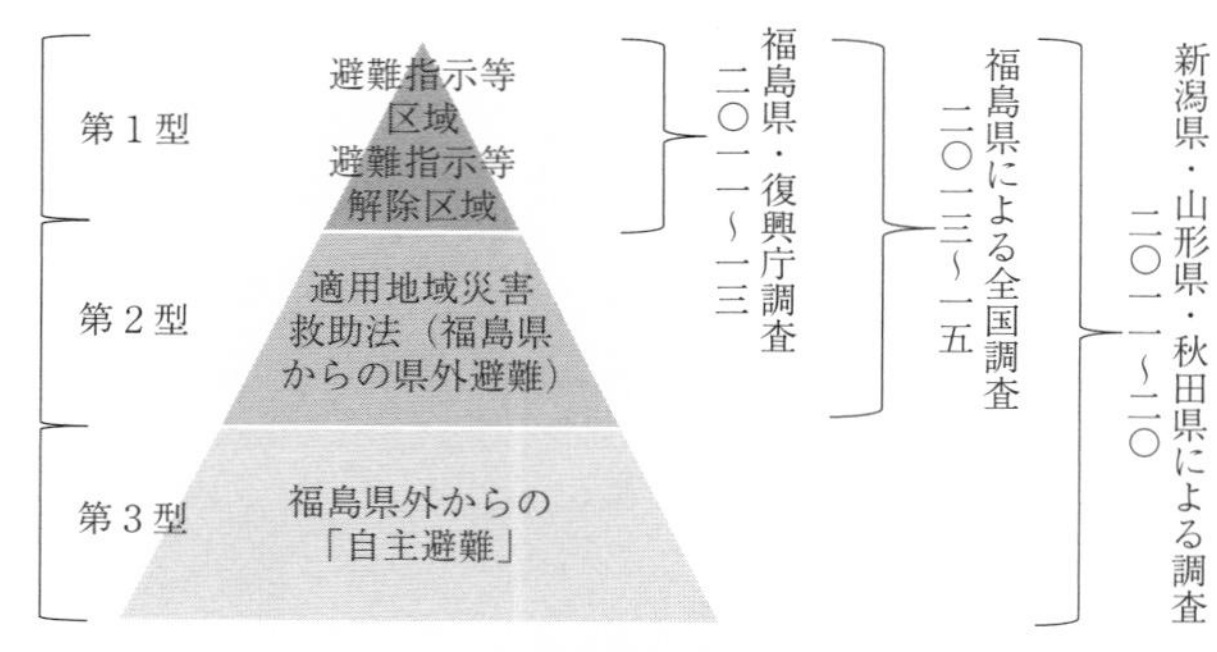

図 9-3　避難者調査の見取り図

出所：本書第６章、図 6-1 に加筆。

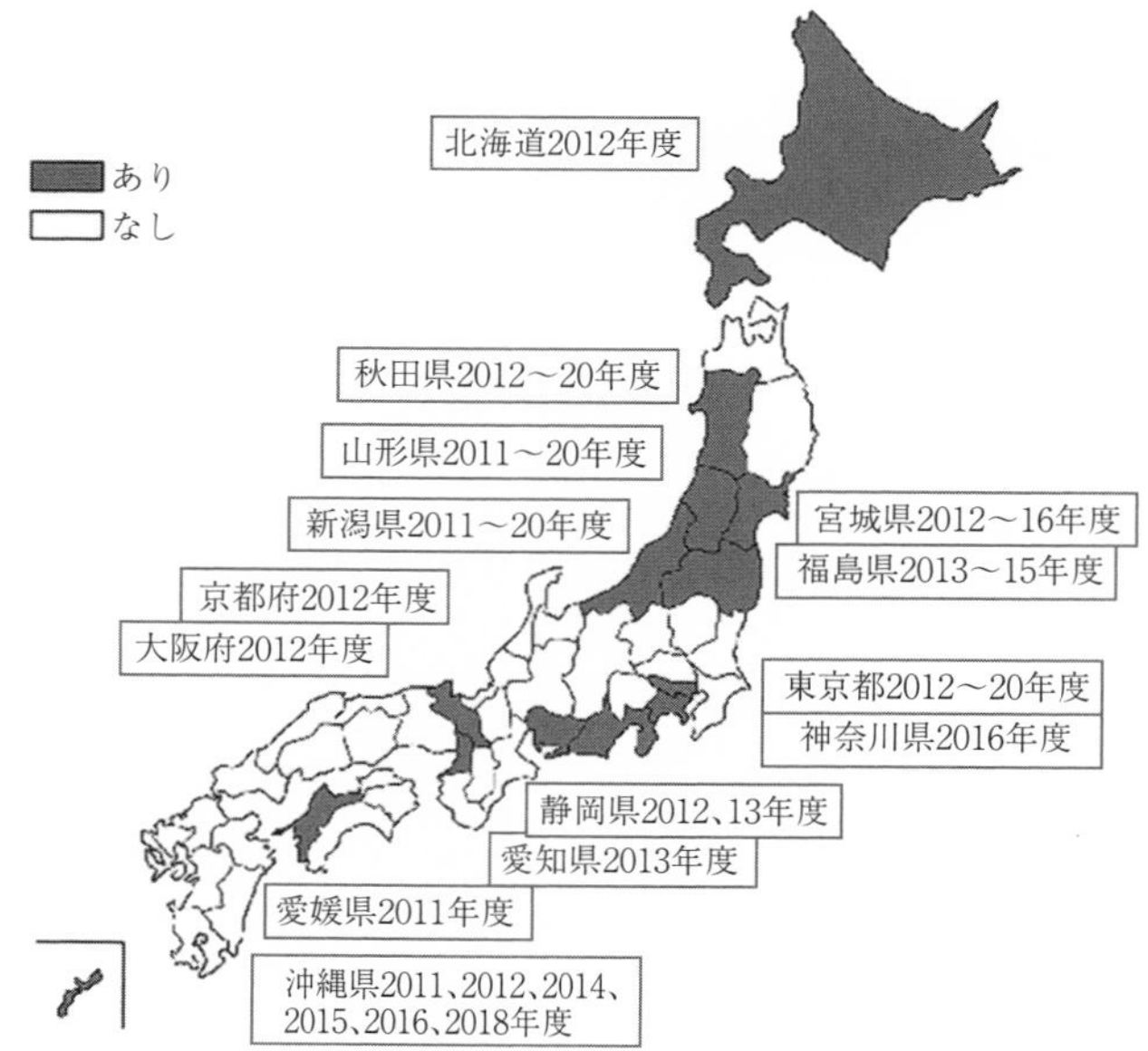

図 9-4　全国都道府県による避難者意向調査実施状況（2021 年３月現在）

出所：髙橋・清水・濱岡［2020］45 頁、図２を加筆修正。

総数で逆転した。登録されているだけでも、二〇二一年八月時点で三万八三二一人、すなわち四一・五％の広域避難が解消されない。

広域避難は、解消されないままである一方、調査の対象からも滑り落ちてきた。本書第六章では、原発事故避難者のカテゴリーは時間の経過とともに狭められ、支援の終了に伴い不可視化されていったことを確認したが、これは意向調査対象にもそのままあてはまる。復興庁と福島県は、二〇一二年度より、避難指示があった複数の市町村とともに、「原子力被災自治体における住民意向調査」（以下、復興庁調査）を行ってきた。富岡町、双葉町、南相馬市、葛尾村、浪江町、大熊町、川俣町の七市町村では二〇二一年度にいたるまで毎年行われている。しかし、同調査は、避難指示が長期に及んだ市町村のみに対象が限定されてきた（図9-3の第一型）。もっとも、福島県は、二〇一三年度に災害救助法適用地域である福島県から県外に避難した世帯へ調査対象は広げ全国調査を行ったが（第一型に加えて第二型）、二〇一五年度を最後に全国調査を停止した。

この点、新潟県、山形県、秋田県によるアンケートの回答者は、二〇二〇年度に至るまで、宮城県、岩手県あるいは茨城県からの避難世帯を含んでいた（第一型から第三型）。そもそもそれ以外の全国の都道府県では、どれほど広域避難者への意向調査は行われたのだろうか。図9-4によれば、自治体により差があるが、東京都を除けば、震災後、毎年継続的に意向調査を行っているのは、新潟・山形・秋田の三県のみである。以上から、三県における意向調査のエビデンスとしての重要性が確認できよう。ただし、三県における意向調査が、全国の多様な避難者全般の状況を表しているわけではないことも確認しておきたい。すでに複数の先行研究が示している通り、福島県内は避難指示のあった区域からの避難、福島隣県は福島県内からの避難、より遠方になればなるほど、関東圏など福島県外の高線量地域（ホットスポット）からの避難が多くなる傾向がある。

避難状況に関する比較考察に先立ち、福島県の全国調査、新潟県、山形県、秋田県における避難者アンケート調査の概要を、表9-1に基づき確認しておくとしよう。このうち新潟県で二〇一六年度まで回収率が五〇％を超える高さとなっているのは、同調査が、民間借上げ仮設住宅の延長の意向確認や更新手続きと連動していたこともある。その回収率が二〇一七年度以降下がったことは、支援の終了により避難者状況がますます捉えにくくなっていることを表す(3)。

表 9-1　本章で用いる各県避難者アンケート調査の実施時期と回収世帯数（回収率）

（世帯数（%））

	年度	新潟県	山形県	秋田県	福島県（全国）
第一期（全国調査打ち切り前）	2011	1,475（59.2）	1,649（35.5）		
	2012	1,604（83.3）	1,275（33.1）	243（42.0）	
	2013	1,353（75.5）	850（35.1）	220（46.0）	20,680（35.3）
	2014	1,110（74.3）	551（32.3）	170（40.8）	18,767（33.6）
	2015	826（62.2）	445（34.5）	134（37.9）	16,417（32.9）
第二期（全国調査打ち切り後）	2016	631（54.7）	342（31.6）	189（58.3）	
	2017	945（36.6）	176（24.3）	127（47.9）	
	2018	451（48.4）	200（28.5）	110（46.2）	
	2019	349（42.3）	156（25.4）	105（49.3）	
	2020	292（38.3）	153（28.0）	111（56.3）	

注：1）福島県…「本県からの避難者」対象
2）山形県…「東日本大震災により県内に避難されている世帯」対象のため、福島県外からの避難者も合算
3）秋田県…「県内の避難者全世帯」対象のため、福島県外からの避難者も合算
4）新潟県は2011年度に3回実施しており、ここでは2011年12月実施分を用いている。
5）新潟県2017年度調査分は、帰還世帯も含まれたが、調査時点で「新潟県内に居住している」世帯数と回答率を記した。

出所：新潟県防災局広域支援対策課（2011年度）『福島県からの避難者に対する今後の生活再建に関する意向調査の集計結果について』。新潟県民生活・環境部広域支援対策課（2011年度）『県外からの避難者の避難生活の状況及びニーズ把握に関する調査結果について』。および（2012〜14年度）『「避難生活の状況に関する調査」結果について』。新潟県民生活・環境部震災復興支援課（2015、16、18〜20年度）『「避難生活の状況に関する調査」結果について』。新潟県（2017年度）『福島第一原発事故による避難生活に関する総合的調査報告書』。山形県広域支援対策本部避難者支援班（2011年度）『東日本大震災避難者アンケート調査集計結果』。および（2012〜20年度）『避難者アンケート調査集計結果』。秋田県企画振興部総合政策課被災者受入支援室（2012〜20年度）『県内避難者アンケート調査結果』。福島県避難者支援課（2013〜15年度）『福島県避難者意向調査　調査結果』。

四県における調査において、共通している質問項目には、現在の住まいの形態や、困っていること、不安なこと、今後の帰還または定住の意向、帰還の条件、心身の健康などが含まれる。一方、違いが見られる質問項目としては、例えば福島県では、帰還を前提とした支援に特化して質問がなされている。逆に他三県では、帰還する理由に加え、避難を続ける理由／未定の理由や、避難継続のための住まい（新潟県の場合は、民間借上げ仮設住宅提供停止後の住まい）の希望や、現在の就労環境や支出、収入、困りごとなどが聞かれるなど、より幅広い選択肢を前提とした質問が並ぶ。さらに、山形県と秋田県では、支援内容に関する質問も複数あり、山形県では教育や子育てに関する質問が充実している。

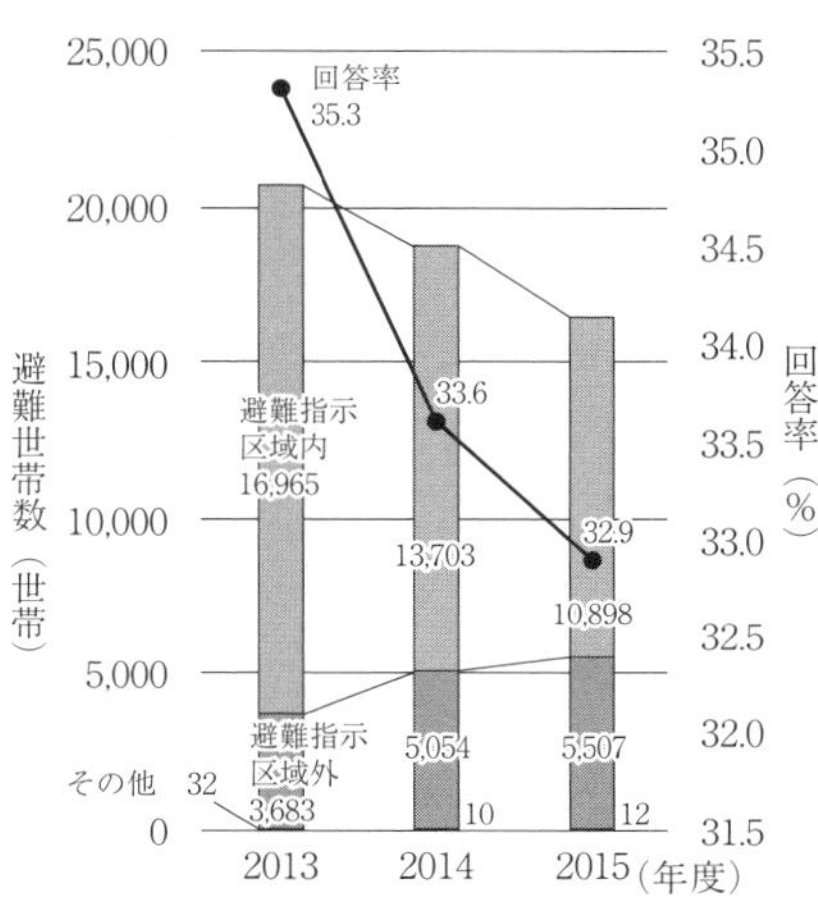

図 9-5　第一期の福島県全国調査の区域内外別回答者数と回答率（2013～15 年度）

出所：表 9-1 に同じ。

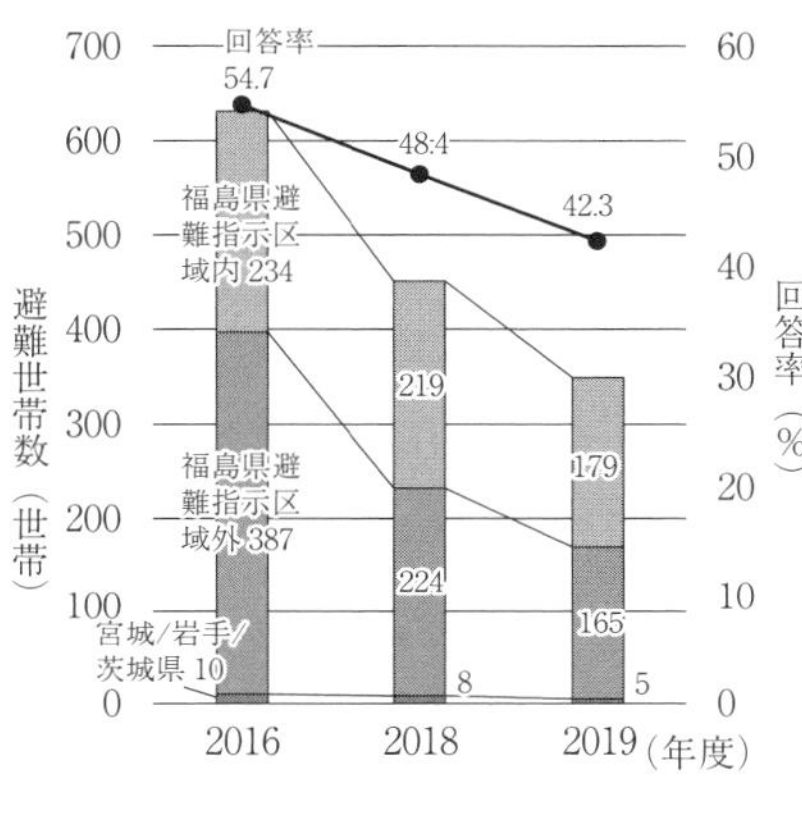

図 9-6　新潟県調査の区域内外別回答者内訳と回答率（2016、2018～19 年度）

出所：表 9-1 に同じ。

3　自治体調査にみる避難者の状況と必要な支援——全国調査打ち切り前と後

それでは、全国調査の調査打ち切り前（二〇一二〜一五年度）を第一期、打ち切り後（二〇一六〜二〇年度）を第二期として、避難状況と支援ニーズを、横断的に比較検証していくとしよう。具体的には、出身地域、初期避難の理由、世帯構成、避難元との往来、住民票の異動、居住の形態、経済状況、情報ニーズ、原子力損害賠償への考え、健康状況、子育て状況、今後の予定、困りごと・必要な支援、といった項目を確認する。比較に際しては、数値的に現れているものを主体としつつも、各調査における自由記述も適宜含め、どのようなエビデンスが提起されているかを確認していく。

(1)　出身地域／避難指示区域内外の割合

福島県全国調査によれば、第一期（図9-5）の避難者数は全般に減少傾向にあるものの、避難指示区域内避難の減少に対して区域外は漸増している。具体的には、全体に占める区域外避難の割合が二〇一三年度には一七・八％であったと

表 9-2　第一期の避難理由（2012 年度）

	1 位	2 位
新潟	放射線量、除染の状況	他の住民の帰還、ライフライン復旧、各種施設再開
山形	放射線による健康への影響が心配なため	避難指示等があった
秋田	親類や知人がいる	放射能汚染の心配がない

出所：表 9-1 に同じ。

表 9-3　第二期の帰還の条件、判断要素、不安なこと（2019 年度）

	1 位	2 位	3 位
新潟	子が新潟県内に就学中または進学先未定（41%）	就職、転勤、職場の再開（21%）	先行き不透明（先のことがわからない）／不安定（体調不良等）（7%）
山形	仕事のこと（48.8%）	生活資金のこと（41.9%）	放射線の影響のこと（40.7%）
秋田	子供の育児、教育を優先したい（58.8%）	帰還先での仕事が見つからない（29.4%）	放射能による健康への影響が不安（23.5%）

注：新潟は自由記述から、山形・秋田は複数回答から回答者数に対する割合を示す。
出所：表 9-1 に同じ。

ころ、二〇一五年度には約三三・六%と、割合が増している。また、新潟県では当初区域内避難が七割であったところ［高橋編、二〇一六、一八三頁］、二〇一四年度には過半数が区域外避難に逆転し、また山形県調査でも七割以上が区域外避難と、区域外避難が継続している。つまり、第一期（二〇一五年度まで）においては、区域内避難だけでなく、区域外避難の割合が増加したことが改めて確認できる。

これに対して、第二期はどうだろうか。二〇一六年度以降で、区域内外別に避難者数や回答者数を把握し公表しているのは新潟県のみである。図9-6に示したように、回答者数は年々減少している。区域内避難に比べ、区域外避難の方が減少割合が大きいことが読みとれる。支援終了に伴い帰還を余儀なくされるケースも少なくない裏付けとなっている。

(2)　避難の理由

第一期の避難理由についてまとめた。表9-2に、山形県と新潟県では一位、秋田県では二位と、上位に入っているのが、「放射線」に関する健康影響等への不安や心配である。一方、新潟県では他の住民が帰還しているかどうか、ライフラインなどの各種施設が再開されているかどうかも大きな理由であった。一方、秋田県では親族や知人の存在が避難を決めた理由の一位となり、山形・新潟両県との違いも見られた。第一期のこの他の調査全般を通しても、放射線不安は避難の最大理由でありつづけている。

一方、第二期では、帰還を決める判断要素として重要になってきたのは、生活に関することである。表9-3によれば、二〇一九年度調査では、新潟県および秋田県の第一位に、子どもの教育や進学などが挙がっている。とはいえ、放射能による健康影響への不安も、山形県や秋田県ではともに三位と上位にあがりつづけている。国が安全としているはずの放射線量を受け入れられない理由として、「放射能の測定をポイントからメッシュにして欲しい」「高いところもあるはず、なのに知られてない。だから疑う」のだとする自由記述も見られ（秋田・二〇一八年度調査自由記述より。以下、調査実施県名と、実施年度のみ記載）、依然として公表される情報に対する不信がある様子も窺えた。なお二〇一九年度の新潟県では、「不安定（体調不良等）」が第三位となった。とりわけ区域外で一二％と多く析出され、支援の打ち切りにより生活破壊に追い込まれる危険性が高まっていることのあらわれでもある。

(3)　世帯構成

第一期において、家族全員で避難したのはいずれも三割前後にとどまり、多くは家族分離であった。とりわけ母子避難がいずれも三〜四割と、最大の割合になっている（図9-7）。新潟県の調査からは、とりわけ区域外避難者では離れて生活している家族は六割を超えると析出され、その大半は母子避難と判明している。福島県全国調査でも半数以上の世帯が分散して居住しており、同じ傾向が読みとれる。

第二期に入ってからも避難世帯の構成について質問を続けているのは、山形県（図9-8）と秋田県である。このうち、山形県では子育て世帯の割合は六割弱を維持している。両親ともにいる世帯が漸増していることから、母子避

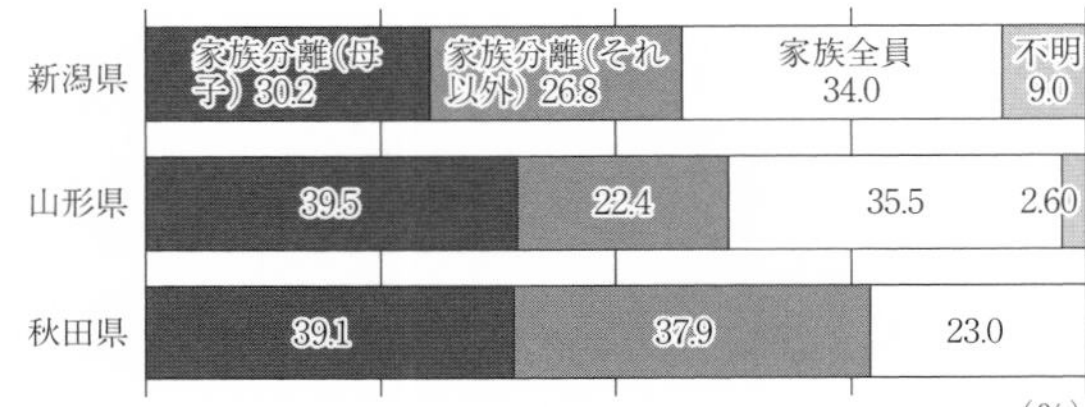

図 9-7　第一期の世帯構成（2012 年度）
出所：表 9-1 に同じ。

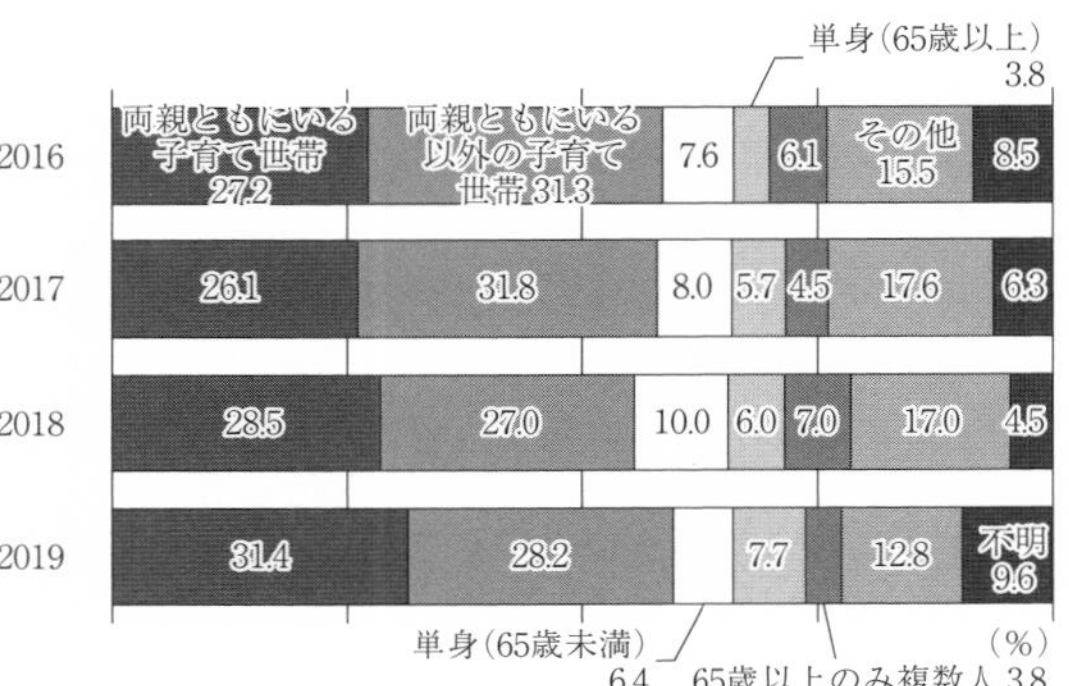

図 9-8　第二期の世帯構成（2016～19 年度）山形県
出所：表 9-1 に同じ。

難から帰還する世帯とともに世帯避難へ踏み切る世帯が少しずつ増えていることがわかる。同様の傾向は、秋田県においても確認でき、家族全員での避難世帯が二〇一九年度には四割近くに至っている。とはいえ、二〇一九年度に山形県・秋田県のいずれでも二～三割が、両親ともにいる以外あるいは家族分離（母子世帯）と回答しており、母子避難が継続していることは、明らかである。

(4)　避難元との往来

家族分離ゆえに、家族に会うための避難元と避難先の往来が頻繁に行われるようになったのも、原発避難の特徴であった（図9-9）。第一期の福島県による全国調査では月一回程度以上が二七％である。一方母子避難率が高く、高速バス料金支援や高速道路無料化措置を県独自で行った新潟県では月二回以上の往来が六四％にのぼる。山形県でも六割以上の世帯が月二回以上往来があり、避難者の移動に伴う交通費負担が大きかった。それゆえ、「自宅に帰る時の交通費の保障を充実させてほしいです」（福島・二〇一五）といった要望は、各県調査の自由記述から確認できる。母子避難家庭への高速道路料金無料化など山形県や新潟県の施策は、まさにこのエビデンスから提起され、現実となった施策である［山形県環境エネルギー部危機管理・くらし安心局危機管理課、二〇一五、高橋編、二〇一六］。

この傾向は、第二期も継続している。山形県では週一回と回答した世帯は、二〇一二年には三二・三％（新潟県は三九％）であったところ、二〇一六年度には二六・九％、二〇一九年度には一七・五％となっている（図9-10）。減少している背景に、前項に示したように、世帯避難の割合が増加していることがある。とはいえ、二〇一九年度の時点においても家族に会う頻度は月一回以上会うとする世帯が全体の半分以上を占めている。「高速料金の無料の延長を」という切望は、山形県・秋田県の自由記述においていずれも複数見られ、強いニーズが存在していることが確認できる。

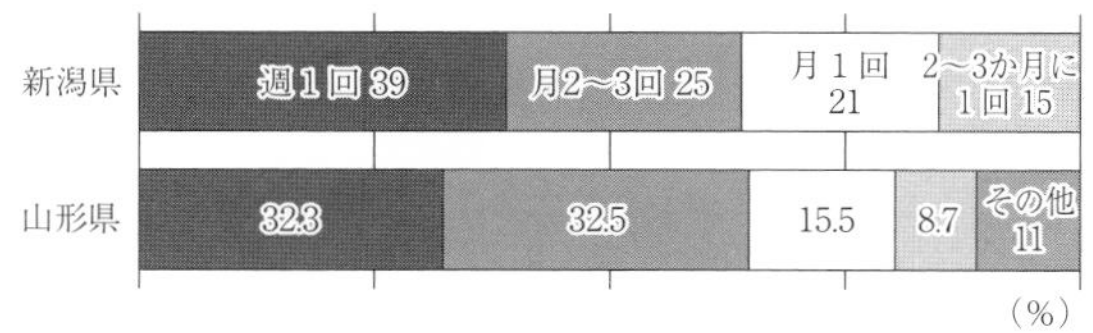

図 9-9 第一期の避難元の家族に会う頻度（2012 年度）新潟県・山形県

出所：表 9-1 に同じ。
注：小数点以下は、元調査の表記に合わせた。以下図も同様。

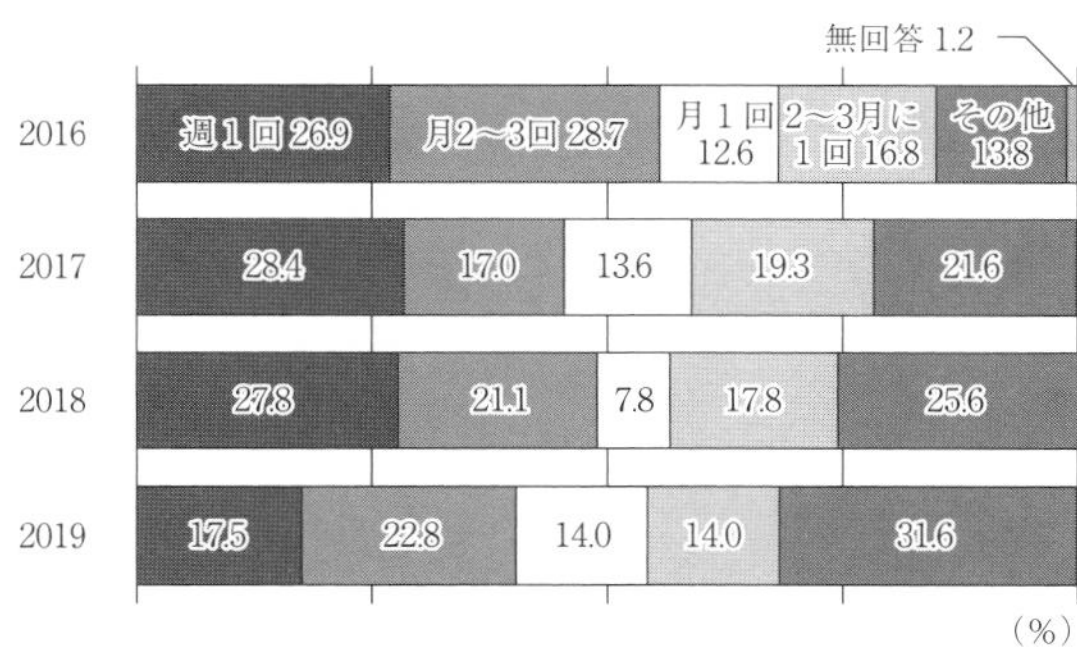

図 9-10 第二期の避難元の家族に会う頻度（2016〜19 年度）山形県

出所：表 9-1 に同じ。

(5) 住民票の異動

住民票を移すかどうかは、避難者を最も悩ませた事柄の一つである。まず第一期であるが、二〇一三年度の時点では、福島県、山形県、秋田県では、住民票を異動していないという回答がそれぞれ、約七割、六割、四割だった。新潟県では、二〇一四年度も、約六割が移動していないと回答している。二〇一五年度の時点でもその割合はそれぞれ継続している（図9-11）。

住民票の異動への不安を避難世帯が抱えていることは、福島県による全国調査の「住民票を

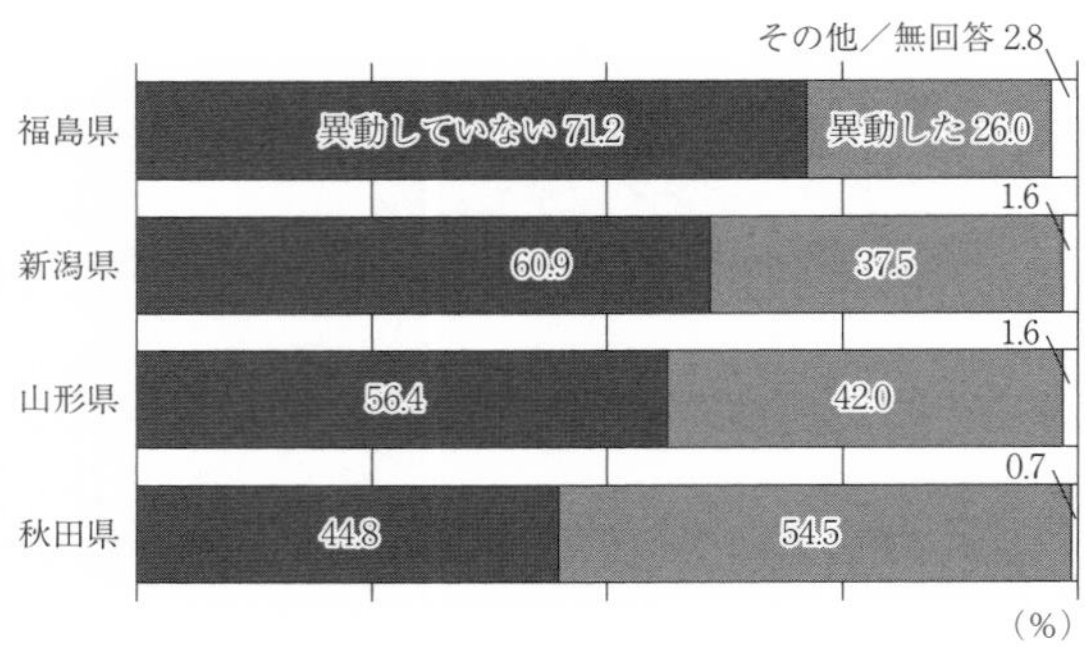

図 9-11　第一期の住民票異動（2015 年度）

出所：表 9-1 に同じ。

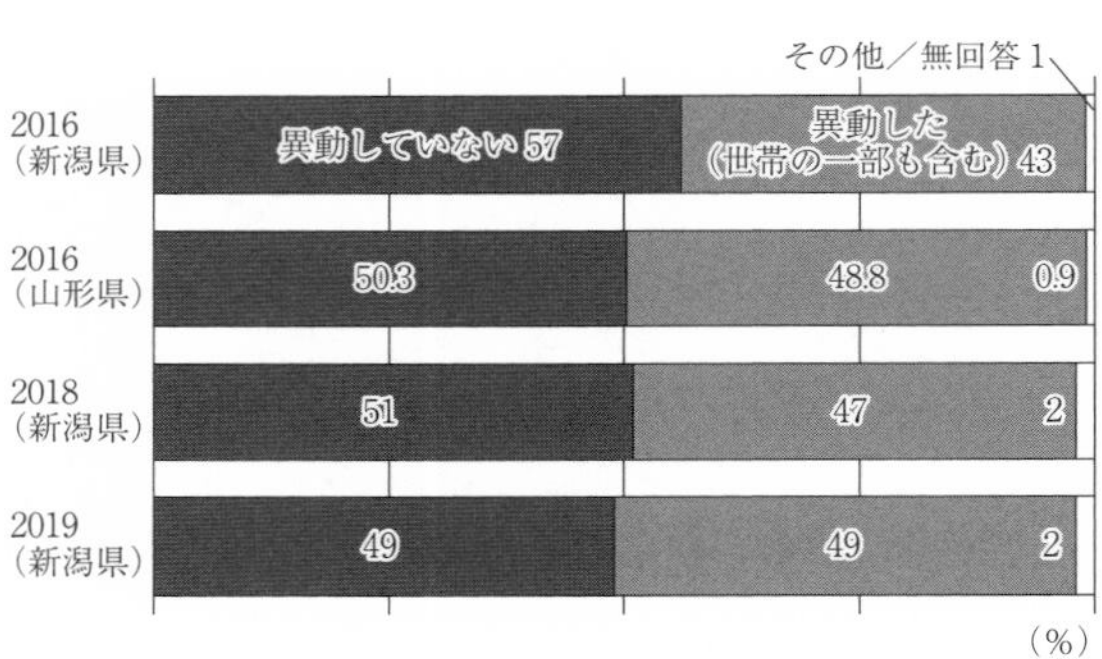

図 9-12　第二期の住民票異動（2016〜19 年度）新潟・山形県

出所：表 9-1 に同じ。

異動してしまったので、福島県や避難元市町村からの情報提供などがある場合、忘れられていないか…と心配しています」（二〇一三）といった記述回答からも読みとれる。住民票の異動によって、サービスや情報の享受に支障をきたす懸念は、現実のものとなったのであろうか。秋田県の自由記述からは、「住民票を移動（ママ）しても、医療費の助成をして欲しい」「避難先の住所を登録しているにもかかわらず、予防接種や、ガラスバッチ配布の手紙が住民票の住所に届く。避難先まで、この連絡がくるまで、タイムロスがある。はっきり言って不便」（二〇一三）というように、住民票の異動によって医療費の助成が受けられなくなる、郵送物がすぐ受け取れないなど不利益・不便は多岐にわたる。そのため、住民票を異動していない人が多数いたことがわかる。

一方、福島県の自由記述では、「住民票が避難元であれば、他県でも病院窓口で負担なく母子手帳の発行ができるが、転居先の自治体では直接行って申請しなければならないことに不便さと怒りを感じました」（二〇一四）という声も見られる。住民票を移さないことによっても、サービスや情報の享受において不便さ・不利益が生じている。その点二〇一一年八月に交付・施行された原発避難者特例法においては、住民票を異動しなくても、一定程度の行政サービスを避難先で受けられることを可能にした点で画期的であった。しかし現実にはその措置は、避難指示区域内にほぼ限定されたため、区域外避難世帯の大半は、住民票を異動できない困難に直面しつづけている。二〇一三～一五年度にかけて住民票を移したという回答がやや増加傾向にあるが、依然として約半数の人が異動させていない事実は、その裏付けとも言えよう。

では、第二期に入ってこの傾向はどのように変化しただろうか。秋田県では住民票を「全員異動」した世帯が二〇一五年度以前に比べやや増加し、二〇一九年度には七割近くとなった。一方、異動しない割合がおよそ半数のまま高止まりであるのは、新潟県、山形県である（図9-12）。なかには、「住んでいた家が半壊で取り壊しになり、住民票を異動しなければならなくなった（秋田・二〇一七）」といった事情を抱える世帯もある。「原発避難で住民票を福島県外に移しても医療費の助成を打ち切らないでください」（秋田・二〇一七）といった切実な要望も上がっている。住民票異動に伴う多大な困難や不利益は依然として続いていること、それが住民票を異動しない理由であることが改めて確認できる。

(6)　居住形態

第一期においては、民間借上げ仮設住宅、公営住宅などの応急仮設住宅への入居率がいずれの県においても、七割を超えている（図9-13）。とりわけ割合が多いのが民間借上げ仮設住宅であり、二〇一五年度時点でも、新潟県では六割、山形県では七割を超えた。福島県の全国調査でも県外避難者の六割近くが民間借上げ仮設住宅等に居住している。改めて、民間借上げ仮設住宅制度の重要な位置付けが確認できる。ただし、あくまで仮設住宅であるため、長期間の居住は当初より想定されておらず、一年ごとに更新を要する制度であった。同じ東日本大震災でも、二〇一五年

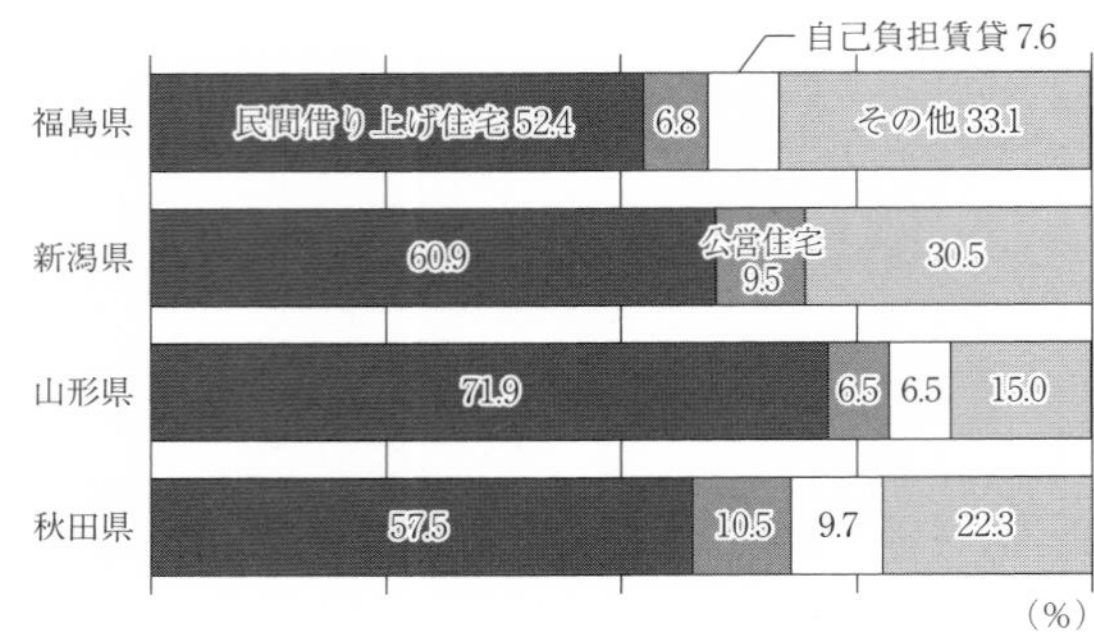

図 9-13　第一期の居住形態の比較（2015 年度）

注：この時期の公営住宅は、いずれも無償提供と位置付けられる。
出所：表 9-1 に同じ。

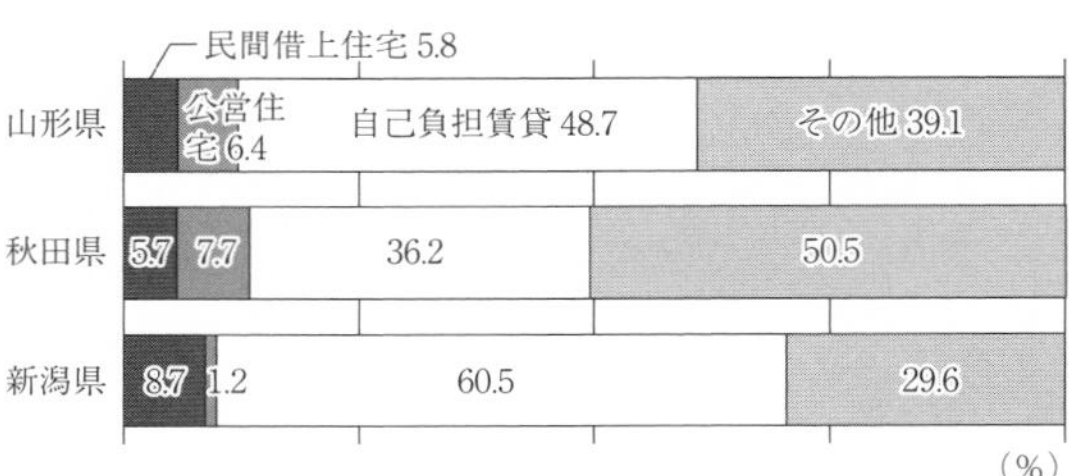

図 9-14　第二期の居住形態（2019 年度）

注：1）新潟県は対象世帯数より作成。
2）新潟県の民間賃貸には、「自主避難者」優先枠ではない、自己契約による公営住宅を含む。
3）秋田県の公営住宅は特に「自主避難者」優先枠は設けられていない。
4）山形県の公営住宅には、「自主避難者」優先枠が設けられている。
出所：表 9-1 に同じ。

当時、岩手県や宮城県では、避難者の仮設住宅から復興住宅への移行が進んでいたが、広域避難世帯には、避難先での復興住宅等の制度は用意されていなかった。そのような中で、二〇一五年には、二〇一六年度末をもって区域外避難世帯への民間借上げ住宅制度の支援を打ち切ることが発表される。それゆえ、二〇一五年度には、各県の自由記述において、借上げ住宅の延長を求める声が多く見られた。たとえば、福島県全国調査では、「借上住宅制度の廃止に伴い、生活が苦しくなることが予想されるため不安。できれば延長していただきたい」（福島・二〇一五）、秋田県からも「借上住宅の一部でも支援を残して欲しい」「働いていても、生活費を捻出するので精一杯です。借上住宅打ち切り決定後は、どうか家賃補助をお願い申し上げます」（二〇一五）という声があげられた。多くの避難世帯が、借上げ住宅制度の延長や家賃補助を切望していたことが、いずれのアンケートからも明らかである。

しかし、このような切望は叶えられないまま第二期に入った。避難登録者数は、毎年漸減しつつも、県外避難者数の減り方はむしろ緩やかになっている。支援の縮小や打ち切りにもかかわらず、多くの人が依然として避難生活を続けているのである。では彼らは支援打ち切り後、どこに居住をしているのか。

区域外避難者向けの民間借上げ住宅の提供が打ち切りになる前の二〇一六年度は、依然として、民間借上げ住宅の利用が五割超え、とりわけ山形では七割超えており、高い利用率で推移していた。ところが翌年は、区域外の避難者は民間借上げ住宅の打ち切りにより利用続行ができなくなり、いずれの県でも回答世帯における民間借上げ住宅居住者の割合は二割前後に減った。打ち切りの憂き目にあってなお避難をしつづける世帯が向かった先が、自己負担による賃貸である。二〇一九年度、山形県では五割近く、新潟県では六割となっている（図9-14）。その後、避難指示区域の解除が進むにつれて、民間借上げ仮設住宅制度に該当する避難世帯の割合はさらに減少し、いずれの県でも数％に下がっていった。

こうした事態に、切実な訴えが、各県の自由記述に多数見られる。新潟県の総合調査からは、「震災当初こんなに避難生活が長引くとは思わず選んだ住居だったので、子供達が成長し部屋が手狭である。借り上げ制度が続いていたので何とか生活できていたようなものだったので、制度が終わりとても苦しい」「子供達にお金がかかり、生活が苦しい、借り上げ住宅が終わったため、生活が大変」といった声が寄せられている（二〇一七）。秋田県では、「借上住宅や医療費控除などに関する事など、期限ギリギリまで連絡がないのでもっと迅速にすすめてもらいたい」という声もあり、生活の基盤である住宅が定まらず、生活が不安定化している様子が窺える（秋田・二〇一八）。

(7)　経済状況

第一期において、経済状況について具体的な質問項目を設けていたのは、秋田県だった。生活費の変化についての質問項目では、震災前に比べて「かなりのかかり増し」「多少のかかり増し」との回答が第一期を通して八割を占め

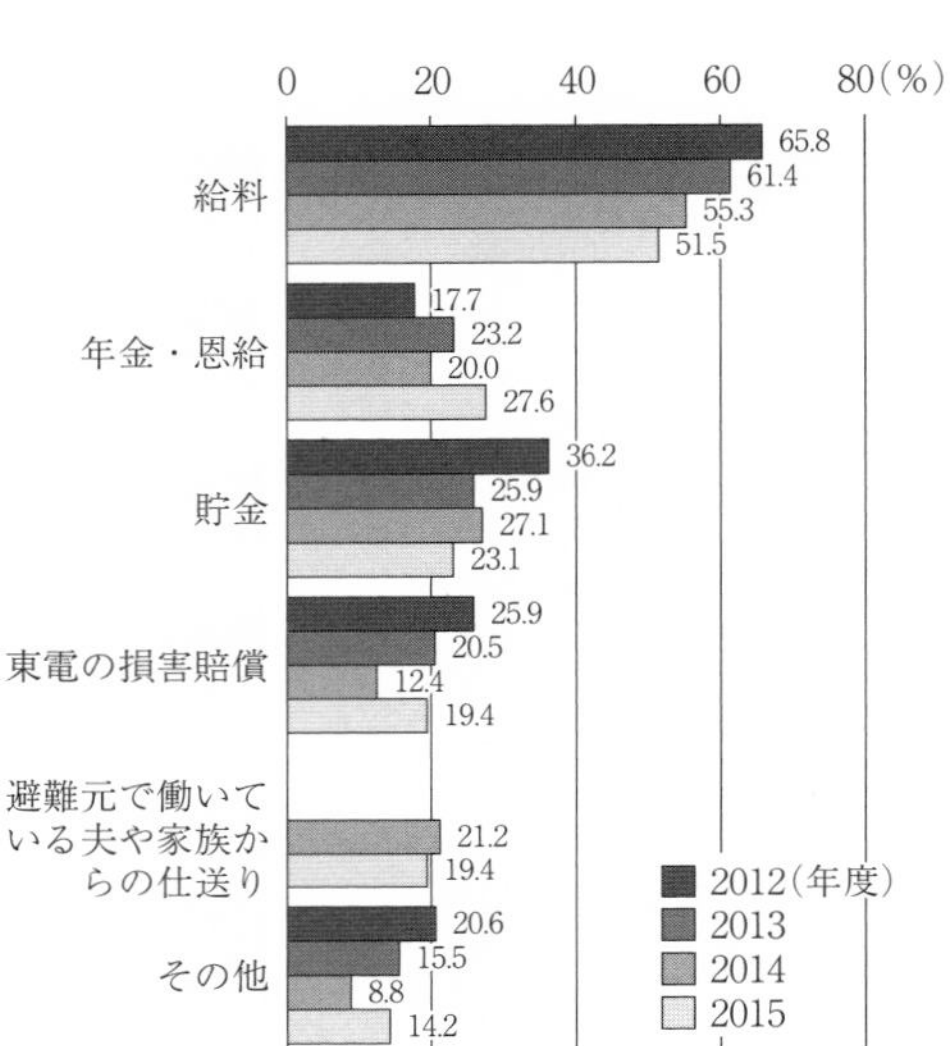

図 9-15　生活のやりくり（2012〜15 年度）秋田県

注：「避難元で働いている夫や家族からの仕送り」は 2014 年度以降、回答の選択肢に加えられた。
出所：表 9-1 に同じ。

た。避難生活に伴い、支出が増加していることがわかっている。

　生活のやりくりについては、給料で生活する世帯が半数以上だが漸減しており、年金や恩給でやりくりする世帯が増えている。また貯金の切り崩しは二〇一二年度の三六・二％より減少傾向にあるとはいえ、依然として二割を超え厳しい状況が見える（図 9-15）。また、二〇一四年度以降では、「避難元で働いている家族や夫からの仕送り」という選択肢が追加された。そのように回答した割合は、約一九・四％にのぼり、家族分離による二重生活を送っている人が依然として多くいることが明らかであった。こうした状況に、自由記述では、「資金面でも非常に厳しい状況である」（山形・二〇一四）「避難生活の長期化や二重生活により、精神的・経済的に厳しく、心身ともに疲弊している」（山形・二〇一五）との記述が相次いだ。いずれの県においても、二重生活による経済的負担はもちろん、それに伴う精神的負担も多くあったことが示唆される。福島県の自由記述からも、「自主避難者だけ、自分たちの蓄えた貯金でのやりくりはおかしいと思います。同等に扱い、支援を受けたいです」（二〇一三）という切実な声もある。区域外避難世帯を中心に、極めて厳しい経済状況に追い込まれている世帯が少なくなかったこと、また支援を切望する声が大きかったことは特筆に値する。

　こうした支援が実現されないまま、むしろ支援が縮小・打ち切りとなった第二期、経済状況はどのように変化しただろうか。秋田県調査では、生活費のかかり増しは約八割という割合が続いている。生活のやりくりについては、前掲図9-15と同様に、給料が最大となっているものの、預貯金の取り崩しが増加し、新潟県三二・七%、山形県三九・二%、秋田県三〇・七%となっている（図9-16）。東京電力からの賠償金は、新潟県で二一・三%、山形県で一七・六%、秋田県で一四・二%の割合で生活費に充てられており、いずれも区域内避難者である(4)。

新潟県調査（二〇一七）によれば、世帯収入は、震災前の三六・七万円から二六・二万円へと、一〇・五万円減少という厳しい結果が出た。図9-17によれば、全体で一八・一%の世帯が月二〇万円以上、一二・五%の世帯が一〇～二

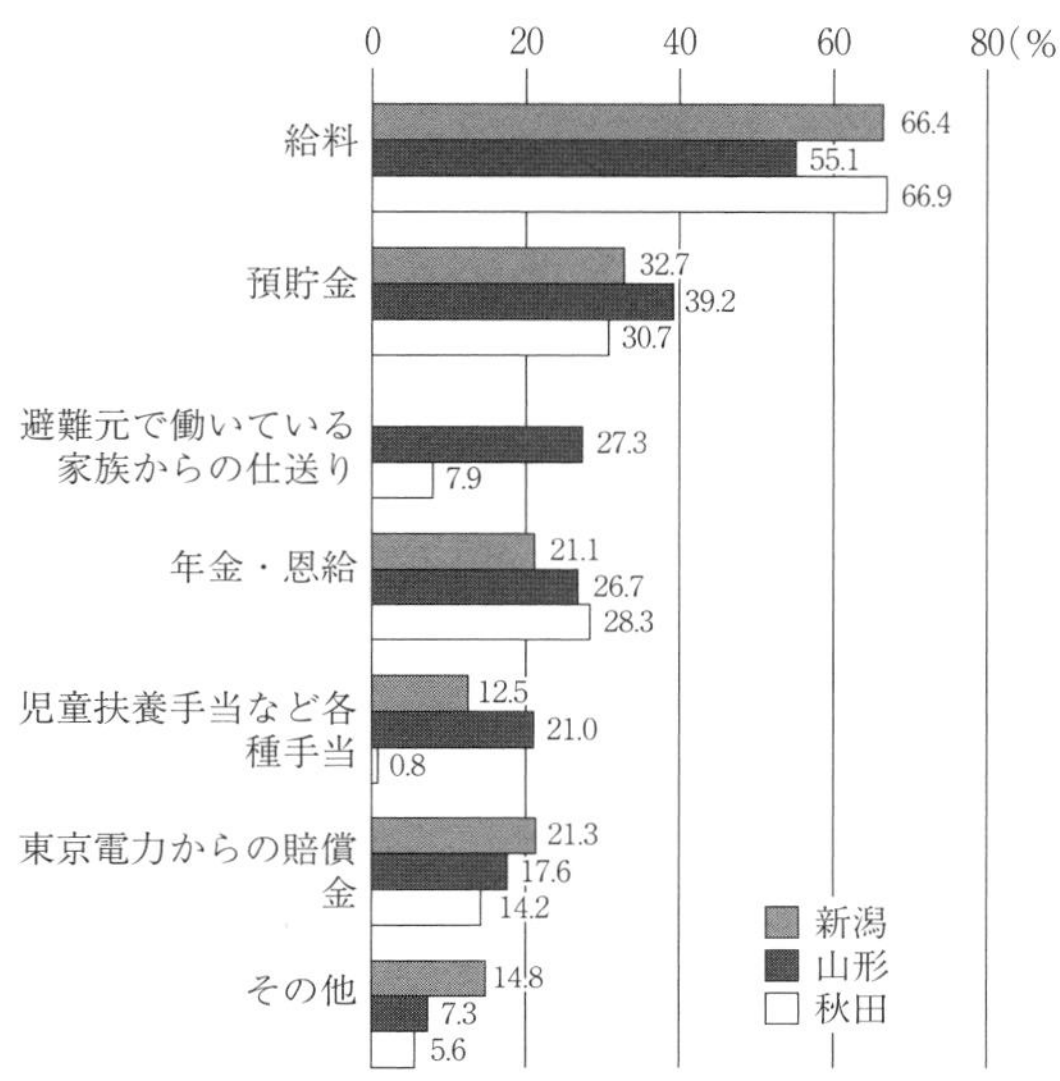

図9-16　第二期・生活のやりくり（2017年度）新潟・山形・秋田（複数回答）

注：新潟・秋田は複数回答、山形は「あてはまるもの3つまで」を回答した世帯数の割合。新潟は「避難元で働いている家族からの仕送り」は選択肢に含まれていなかった。

出所：表9-1に同じ。

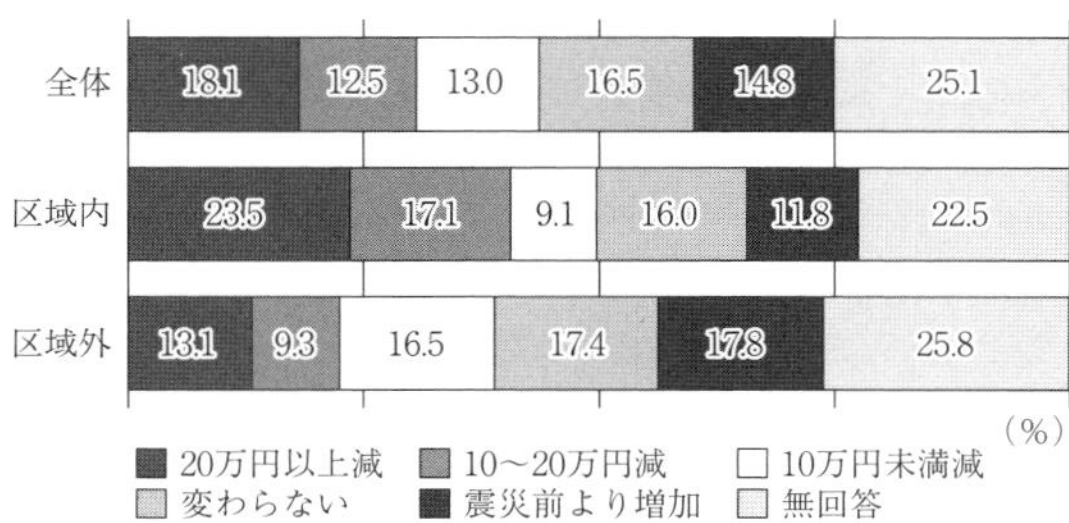

図9-17　第二期・震災前と比べた収入の変化（2017年度）新潟県

出所：表9-1に同じ。

〇万円、一三％の世帯が一〇万円未満の収入減の憂き目にあっており、避難指示区域内世帯の方が減少幅が大きい。新潟県への区域外避難世帯では借金があると答えた割合が八・五％との数値もあり、今後の経済的な不安を抱える世帯は、区域外避難世帯では全体の八割を超えるなど、厳しい状況が改めて確認される（図9-18）。

このような避難者の苦境について、自由記述では「避難前までに積み重ねたことは全て失ってしまった。収入的に全く追いつかない。肉体労働で、身体的に辛い」（新潟・二〇一七）、「収入無しで貯蓄をくずしている」ことへの不安（新潟・二〇一七）、「震災前なら、なんとか普通に生活するのに大丈夫な状況だったが、二重生活と、さらに家賃無料がなくなり、子供の成長とともに支出も増えており、ますます、大変な状況です」（新潟・二〇一七）など、悲鳴に近い、切実な状況を訴える記述が並んでいる。

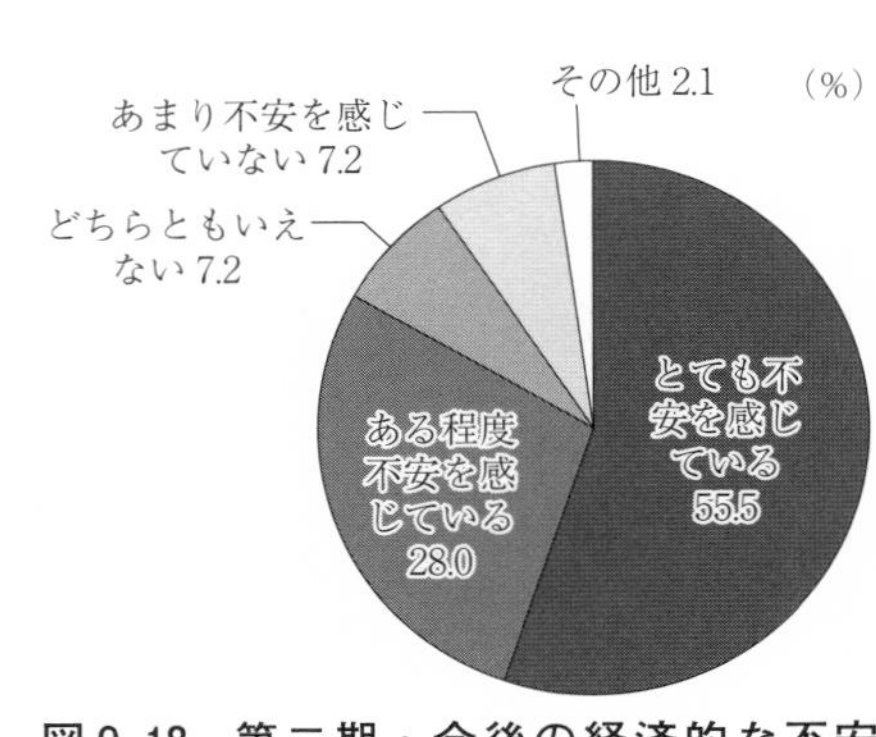

図 9-18　第二期・今後の経済的な不安（2017 年度）新潟　避難指示区域外

出所：表 9-1 に同じ。

(8)　情報ニーズ

第一期において、希望する情報にかんする具体的な質問項目を設定していたのは、福島県だった。表9-4は、福島県の二〇一三〜一五年度の調査から、必要とする情報について一〜三位を抽出したものである。「東京電力の賠償に関する情報」とならんで、「避難元の復興状況」や「避難元の放射線や除染に関する情報」を求める世帯が半数を超えている。

特に、提供される情報が偏っているのではないかと危惧する声が多く、信頼できる情報・透明性のある情報が求められていた。福島県の自由記述からは、「現在、復興等に努力していただいているとは思いますが、進捗状況が全くと言っていいほど、分かりません。〔中略〕もっと明確な情報、具体的な支援を知りたいです」（二〇一三）、「「安全です。」ばかりではなく、全ての情報の透明性を望みます」（二〇一三）、「原発の安全性について、正しい情報をできるだけ迅速に流してほしいと思います」（二〇一四）、「安全、安心の一方通行の情報ではなく、危険なことや場所も教えてほしい」（二〇一四）、「原発に関する、正しい情報公開して下さい。海外メディアの情報の方が正しい。」（二〇一五）という声があげられている。

　秋田県でも同様に、「国・東電に都合のいい情報に加工されている」（二〇一三）、「情報（特に被災地の放射線量や原発の状況）をきちんと開示して欲しい」（二〇一四）、「インターネット上の放射能に関する情報と国の情報が違いすぎる。〔中略〕いつ戻れるか戻ろうと考えるのか今は分からない。戻れると判断できる情報が欲しいと思っている」（二〇一五）という声があげられる。情報の信頼性、透明性に大きな疑義が寄せられていたことは、重ねて確認しておきたい。

　一方、第二期において、必要とする情報についての具体的な質問項目を設定していたのは、

表 9-4　第一期の希望する情報（2013～15 年度）福島県

	1位	2位	3位
2013	東京電力の賠償に関する情報（67.7%）	福島県・避難元市町村の復興状況（56.7%）	福島県・避難元市町村の除染状況（50.7%）
2014	東京電力の賠償に関する情報（53.4%）	福島県・避難元市町村の復興状況（48.8%）	福島県・避難元市町村の除染状況（42.6%）
2015	東京電力の賠償に関する情報（50.1%）	福島県・避難元市町村の復興状況（46.4%）	福島県・避難元市町村の行政情報（39.5%）

出所：表 9-1 に同じ。

表 9-5　第二期の希望する情報（2016～19 年度）山形県

	1位	2位	3位
2016	住宅に関すること（60.5%）	健康に関すること（29.2%）	山形県内の生活情報（24.0%）
2017	住宅に関すること（51.1%）	健康に関すること（30.1%）	仕事に関すること（28.4%）
2018	住宅に関すること（40.0%）	健康に関すること（30.0%）	仕事に関すること（27.0%）
2019	住宅に関すること（36.5%）	健康に関すること（32.1%）	仕事に関すること（26.3%）

出所：表 9-1 に同じ。

山形県である。表9-5は、二〇一六～一九年度の調査から、必要とする情報について一～三位を抽出したものである。いずれも最も高いのは「住宅に関すること」となっている。民間借上げ仮設住宅制度の停止に伴い、住宅確保が切実な課題となったことが読みとれる。

続いて、いずれの年でも第二位となったのは、「健康に関すること」だった。

とりわけ自由記述の中で目立ったのは、放射線や被ばくに関する情報ニーズだった。例えば、「被ばくの危険性についてが、あやふやなまま。実際に甲状腺癌を発症している小児は多く、増加傾向にすらあるにも関わらず、「因果関係は認められない」と言われています。本当でしょうか？　福島の子供たちばかり小児の甲状腺癌になってしまうのはなぜでしょう。それすら問題視されず、情報も表には出ません。なぜ隠すんでしょうか。福島は「安全」とばかりアピールされてますが、子供たちの実状は知らされないままです。本当に「安全」ならば、正確な情報を開示すべきです」（新潟・二〇一七）との記述があり、放射線の影響等に関する情報がないことへの不満や不信が読みとれる。また、初期にSPEEDI隠しなどがあったことについて、「国や福島県がきちんと情報を出してくれていたら、子どもを被ばくさせる事なく避難できていたのにと、七年過ぎた今現在でも悔しく思っている」（新潟・二〇一七）、「放射能を浴びてしまってから、あの時は線量が高かったという情報がわかる絶望感」（新潟・二〇一七）といった記述が並ぶことから、事故当時に正確な情報が伝えられなかった、いわば政府によるリスクコミュニケーションの失敗に対する問題提起も読みとれる。それゆえ、「危険な事が起こった時、正しい情報をすぐに知れるようにしてほしい」（新潟・二〇一七）というような情報ニーズも明記されている。

支援ニーズについても、「政府・自治体から、帰還ばかりでなく、ほかの積極的な提案ということも、もっと行なわれてよかったのではないかと思う。例えば、農業に従事していた避難者に対しては、出身自治体の枠を超えて移住可能な休耕地の情報提供、移住のサポート、移住事例の紹介など」（新潟・二〇一七）といったように、帰還一辺倒ではない支援情報のニーズが高いことも読みとれる。

(9) 原子力損害賠償

第一期、すなわち二〇一五年度までの各県調査において、賠償に特化した項目はない。ただ、賠償問題は、必要な情報、困りごとの中で常に上位に上がっていた。例えば、福島県全国調査においては、行政に求める情報として、原子力損害賠償に関する情報を挙げる声が最も大きかった。二〇一三年度は、六七・七%、二〇一四年度は五三・四%、二〇一五年度は五〇・一%であり、いずれも避難指示区域内からの避難者が高めに析出された。

今後の意向や困りごとについての質問や、自由回答においても、賠償に関することは、二〇一三年度では三三〇六件と、健康、生活、住宅とならんで数多い。具体的には、「二五年間勤めた仕事は避難したため解雇され、現在避難先で再就職はしたが、収入は半減し」「とても生活していけないのがどうしようもない現実」「これから先、どうなるのか、とても不安」（福島・二〇一三）など、賠償金が打ち切られた後の不安が吐露されるなど、切実な訴えが数多く見られる。家族分離のため面会のための「ガソリン代、高速代、宿泊代がかかりますが、東電の補償対象外」（福島・二〇一三）であることへのおかしさへの指摘もある。賠償をめぐる理不尽さについては、「区域再編により賠償に差がありすぎます」（福島・二〇一三）「不公平感ばかりが残ってしまう」（福島・二〇一三）「賠償問題の（解決の）スピードアップを図ってもらいたい。被害者自ら東電に相談、説明を受けに出向かなければならないなど、どちらが被害者で、加害者か分からない。答えもマニュアル化されていて腹立たしい。東電は加害者なのだから、もっと誠心誠意をもって、被害者の声に耳を傾けるべきだ」（福島・二〇一三）とした理不尽さを訴える声もある。また、「ＡＤＲ(5)で合意したことについて、均しく公平になるよう、賠償されるよう国、東電に要請願いたい」（福島・二〇一四）と不公平さを指摘する意見もある。概して賠償については、区域内外を問わず切実な訴えが多く、また東京電力への不信

感が強いことが顕著である。

一方、第二期における賠償への満足度は、新潟調査（二〇一七年度）において確認できる。その結果をまとめた図9-19によれば、満足と回答したのは全体の五・八％にとどまり、全体の六六・一％、区域外の七二・〇％が「やや不満」「とても不満」と答えた。賠償や支援に関する強い批判は、自由記述の中でも多数見られた。

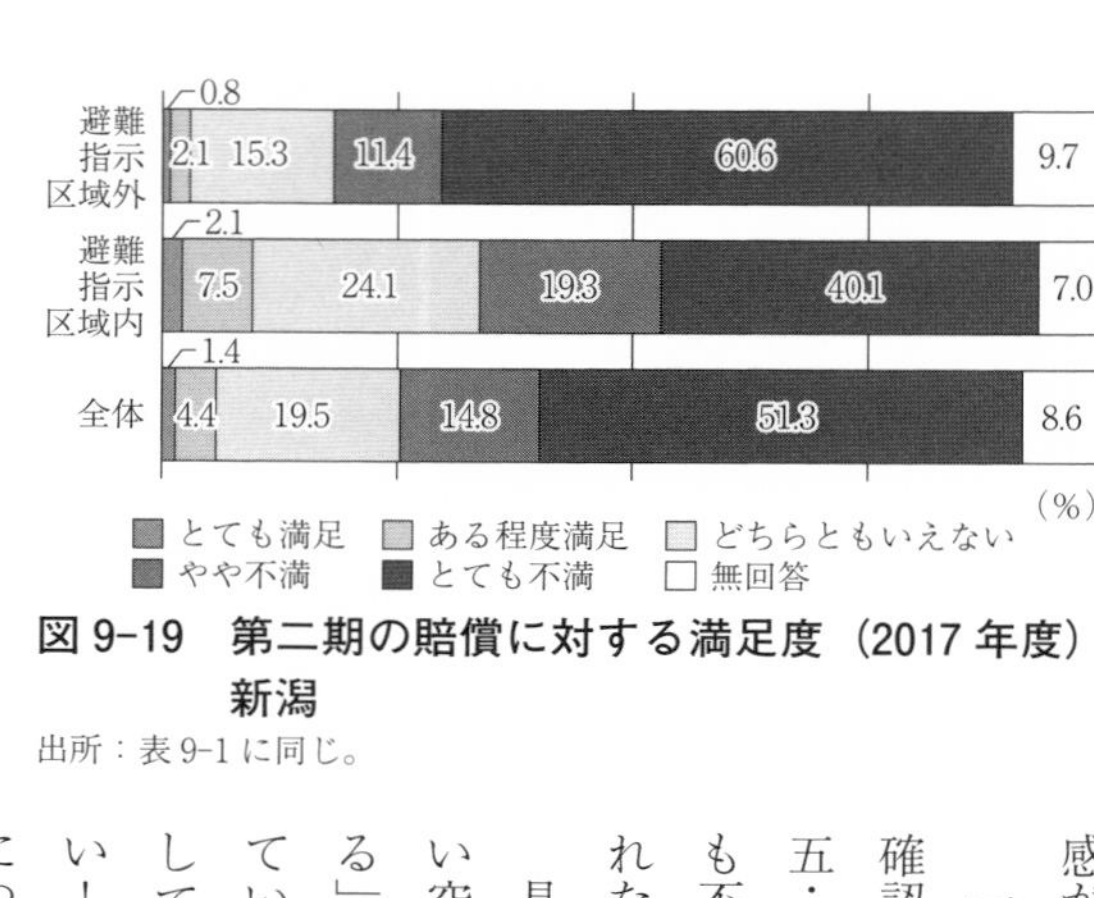

図 9-19　第二期の賠償に対する満足度（2017 年度）新潟

出所：表 9-1 に同じ。

具体的には、「賠償を受けた人が叩かれその賠償内容に不満があっても言えない空気が出来ていった。賠償金の格差で故郷にも帰れず親族間にも亀裂が生じる」（新潟・二〇一七）などである。賠償金の格差が人間関係にも深い影を落としていることが改めて確認できる。また、避難指示区域外の中には、「賠償金を出して欲しい。今後の生活が不安だらけです。夫の仕事がない。先が見えない！！！！！」（新潟・二〇一七）など、賠償金を得られない中での経済的苦境について、悲鳴に近い記述が並んでいる。全期間を通じて、賠償金制度に対する疑念は極めて強く、またとりわけ区域外における賠償が低く抑えられていることが改めて確認できる。

⑽　健康状況

第一期における新潟県の二〇一五年度の調査では、こころの健康に不安や心配を感じている家族がいるとの回答が三八％だった。そのうち、「いらいらする」「疲れやすい」「憂鬱で気分が沈みがち」「眠れない」「孤独を感じる」とする回答者が多くいる。精神的・肉体的ストレスの蓄積に伴い、心身の不調が顕著となっている。山形県の自由記述からは、「長期にわたる避難生活の中、先行きの見えないことで不安になり強いストレスを受けていることから心身ともに疲弊している」（二〇一四）という、長期的な避難に伴った心身の不調を訴える声が上がっている。その他に、「放射線が健康に与える影響を心配している」「避難元に戻ったときの人間関係に不安を感じている」「避難先での生活に馴染めず疎外感を抱いている」（二〇一三）、「資金面でも非常に厳しい状況である」「放射線の健康への影響に対する不安や子供の就学などで帰還の時期に関して悩みを抱えている」（二〇一四）など、放射線や人間関係、生活資金に関する不安や悩みが挙げられている。

秋田県の自由記述からは、「避難したのはいいが、避難後の生活基盤の立て直しに時間と費用がかかった。そのため、考えることが増え精神的に疲れた」「避難者の生活も三年目に入り、精神的・肉体的・金銭的にも疲弊してきています」（二〇一三）、「借上げ民間賃貸住宅は、期限が二年など、三年などその都度延長されているが、住む家の期限を毎年のように心配していて、安心感が持てない。いつ退去しなければならなくなるのか等の不安が精神的に追い詰められる感じがする」（二〇一四）という声が上がっている。安定しない生活から生じる精神的な不安があることが読みとれる。

福島県の自由記述でも、「このまま、賃貸住宅に住み続けることへの不安（資金）、不眠、呼吸困難等体調の不安等で苦労している」（二〇一五）という声が見られる。

避難生活に対する不安や悩みは、大きなストレスを引き起こし、心の健康を損ねることにも直結するものである。特に、家族が離ればなれで二重生活を送っている中では、以上の不安や悩みによる心身の不調は、極めて深刻であることが明らかである。

心身の不調について、新潟県の二〇一六年度、二〇一八〜一九年度調査では、心の健康に不安や心配を感じている家族がいるとの回答は四割を超えており、二〇一五年度の三八％に比べて漸増している。山形県でも同様に、二割から三割へ増加しており、秋田県は心身不調を訴える声は二割弱を保持している。精神的不調も多く、「心を病んでいて、先々とても不安に感じています。」（秋田・二〇一七）、「まともに物事を考えるためにはかなり労力を使います。集中力が低下していて、このアンケートを書き上げるまで一週間かかりました。普通の人になるための心の決断がなかなかできなくてずっと悩んでいます。「避難病」煩っています。」（秋田・二〇一七）といった記述も見られる。

なお、新潟県（二〇一七）調査では、「被曝の可能性による自分の将来の健康が不安」と回答した割合は、全体で五四・三％にのぼる。さらに同調査では、帰還者と避難継続者で比較すると、「特に帰還者は、健康面に関する不安意識が強い」ことが明らかであり、このことが、避難継続の希望へ繋がっていることがわかる。また、「子ども（事故前も事故後も。親も被ばくしている）たちの健康。甲状腺・白血病ｅｔｃ．検査を年一回はしてほしい。保障してほしい」（秋田・二〇一八）との、健康調査続行要望にも繋がっていることが確認できる。

⑾　子育て状況

第一期、第二期を通じて、子育て状況については、山形県調査が最も手厚くニーズの把握をしている。第一期のアンケートからは、「子育て、教育にかかる経済的負担が大きい」「子供に対してイライラしたり、冷たく接したりしてしまう」「家族と離れて暮らしていることが子供の成長に影響を与えている」を挙げた世帯が、二〇一三〜一五年度までそれぞれ約三〜四割で上位を占めている。避難生活における子育て生活は、経済的負担ばかりでなく精神的負担が甚大であることが窺える。関連する要望としては、「子供の定期健診などのサービスを受けやすくして欲しい」「子育てに役立つ情報が欲しい」を挙げた世帯が二〇一三〜一四年度でそれぞれ約三割と最も多かった。福島県の自由記述からも、「せめて子供が就職するまでは出来る限りの事はしてあげたいので、高校、専門学校への進学に関する支援をお考え頂きたい」(二〇一四)、「避難生活は、子どもの健康が心配でしている。もっと子どものことを考えた政策をしてほしい」(二〇一五)という声がある。秋田県の自由記述からは、「子どもの勉強ができる施設が増えてくれれば助かります」(二〇一三)というように子どもの学習の支援を求める声がある。子育てをめぐる苦難が改めて読みとれる。

第二期に入ると、「進学や進路が心配」がトップの五五・〇%(二〇一六年)に躍りでた。避難生活も長引き、子どもは成長していることから、心配の内容が変容していることがわかる。同様に、「子育て、教育にかかる経済的負担が大きい」と回答する割合も四〇・〇%に上り、経済的困窮が子育てにも影響を及ぼしていることが読みとれる。この点、「保育料の半額助成についてはたいへん助かった」(秋田・二〇一六)など、支援への感謝の声もある。

一方、いじめが子育て状況において暗い影を落としていることは自由記述から読みとれる。「初めの頃はいじめにあって辛い思い出ばかりです。あの頃はまだ、偏見があり、疫病神、福島はくさい、学校に来るな!と言われた。」(新潟・二〇一七・高校生)、「中学の時にいじめにあって人間が信じられない。」(新潟・二〇一七・高校生)、「福島から来てる事を隠しているのが、とても辛く悲しい。福島ナンバーの車に乗ってるのを見られるのがいやだ。いじめられたらいやだ。兄弟と別に住んでとてもいやです。お母さんと2人で住んでてつまらなかった。怒るのでいやです。」(新潟・二〇一七・子ども・年齢不明)など、子どもの赤裸々な声も綴られていた。

⑿　今後の予定

第一期、第二期を通して「今後の予定」は、すべての調査において質問されていた項目である。図9-20は、二〇一五年度時点の結果であるが、「いずれは帰県」が新潟では四割近く、秋田県では「避難先に定住」が五割近くと、県により若干の差があるものの、「未定」と回答する人はいずれも二割を超え、今後の予定が決められない状態にあ

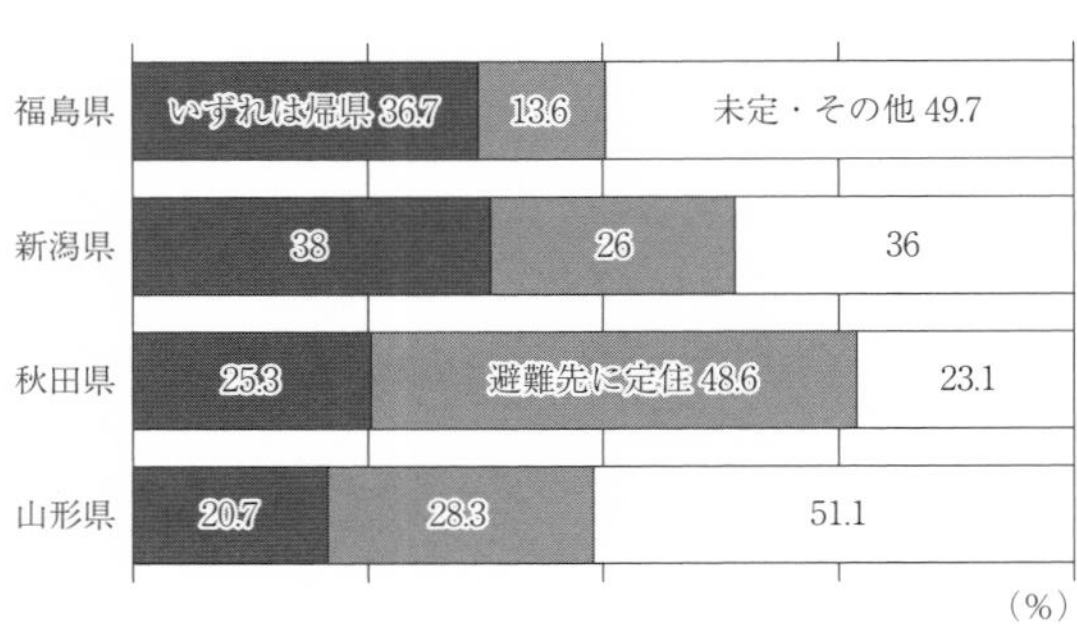

図 9-20　第一期の今後の予定（2015 年度）
出所：表 9-1 に同じ。

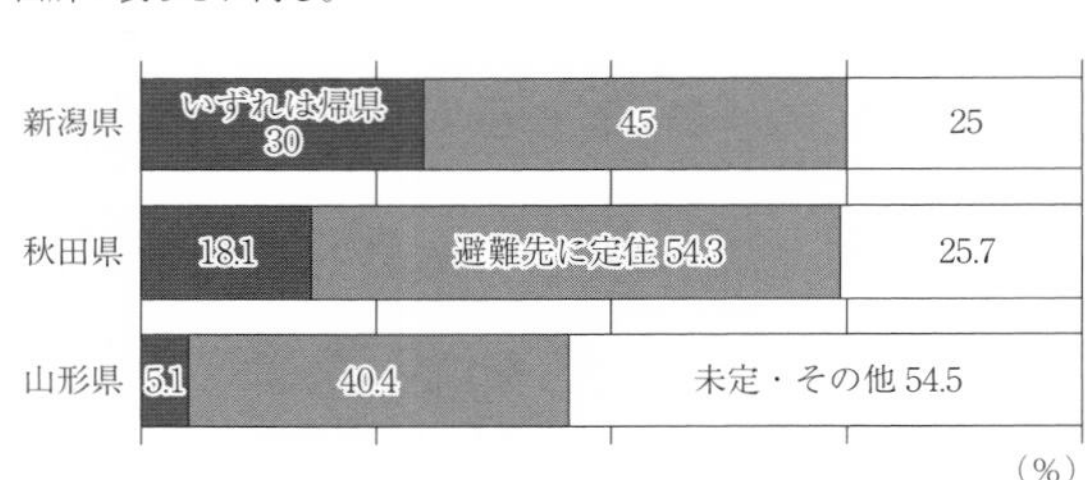

図 9-21　第二期の今後の予定（2019 年度）
出所：表 9-1 に同じ。

る人が一定程度存在しつづけていたことがわかる。ではなぜ未定なのだろうか。秋田県の自由記述からは、「除染も終わらない、またしても結局数値が上がる。〔中略〕まだ帰ることは出来ないと思っています」（二〇一三）、福島県の自由記述でも、「避難元の自宅は、特定避難勧奨地点に指定され、現在は解除されましたが、いまだ線量は変わらず、幼児の息子を連れて帰ろうと思いません。帰るには、まだまだ時間を要すると思っています。正直どうしたら良いのか分かりません」（二〇一四）というように、線量の状況から今後の予定を決められないという声があった。

こうした意向は、第二期に入りどのように変化したのだろうか。図9-21によれば、「避難先に定住」を選択した割合が五割強と顕著に高かったのは、秋田県であった。一方で、「いずれは帰県」したいと答えた避難者の割合は、それぞれの県において漸減し、「未定・その他」が依然として多い状況がある。しかし詳細に見ると、未定、としていても、そのデータの大半は、いつ戻るかは決められないと述べており、「いずれは帰県」という選択肢と近い。すなわち、避難先にとどまりながら、望郷の念を持ちつづけていることが読みとれる。とどまる要因として、自由記述からは、先述のような生活の慣れや子育て事情、また汚染が続く限りにおいて帰県が難しいと多くの避難者が感じていることなどが読みとれ、前述の避難の理由と合致している。総じて、区域外避難に対しては、民間借上げ仮設住宅制度の打ち切りがなされた後においても、将来が決めきれない世帯が少なくないことを、これらのデータから読みとることができる。さらに、帰還・定住のいずれを選択しても、今後の住宅やそれにかかる生活資金について心配する声があり、将来の生活に対する強い不安があることは、この項目からも読みとれる。

⒀　困りごと・必要な支援

困りごとについては、福島県と新潟県、山形県が、必要な支援については福島県、新潟県、山形県、秋田県が、それぞれ質問項目を設けていた。

新潟県、山形県の困りごとの中で常に上位にあるのは、生活資金および住まいに関することである（表9-6）。二〇一二年における両県の一位は、「生活費の負担」「生活資金」であり、二〇一三年度以降、二〇一五年度にかけても山形県では一位でありつづけるなど、困窮している様子が窺える。また二〇一三年には福島県調査で「住まいのこと」が二位、山形県では二〇一五年度に一位になるなど、生活資金とならんで、住まいも困りごとの上位に上がっていたことが明らかである。この調査結果は、前掲の「経済状況」「健康状況」「子育て状況」「今後の予定（高い未定率）」に関する結果とも符合する。

表9-6に挙げられた「困りごと」は、表9-7の「必要な支援」とほぼ合致している。「必要な支援」をみると、福島県では「生活資金」との回答が二〇一三年度と二〇一五年度で一位、秋田県では四年を通して一位でありつづけるなど、要望が強い。一方、新潟県と山形県では、「住まい」「借上げ住宅の期間延長」が一位でありつづけている。福島県や秋田県で、「住まい」が上位に入っていないのは、単にその回答が選択肢に含まれていないことによる。しかし、避難者は依然として生活をする上での住宅や生活資金の困難を抱えていることは自由記述でも多く挙げられて

表 9-6　第一期の避難生活での困りごと（2015 年度）

	1位	2位	3位
福島	自分や家族の身体の健康のこと（61.6%）	住まいのこと（43.2%）	自分や家族の心の健康のこと（42.7%）
新潟	借上げ住宅終了後の住居	生活費の負担が重い	先行き不透明で将来不安
山形	生活資金のこと（66. 3%）	住まいのこと（49.9%）	自分や家族の身体の健康（44.0%）

注：福島・山形は複数回答、新潟は自由記述のため％表示不可。
　　秋田県調査では困りごとに該当する質問なし。
出所：表 9-1 に同じ。

表 9-7　第一期の必要な支援（2015 年度）

	1位	2位	3位
福島	生活資金に関する支援（33.9%）	健康や福祉に関する支援（33.6%）	損害賠償に関する情報の提供（32.5%）
新潟	借上げ住宅の期間延長	借上げ住宅終了後の民間賃貸住宅家賃補助の充実	高速道路の無料措置の延長
山形	住宅に関すること（53.5%）	生活情報の提供の充実（25.8%）	子育て・教育に関すること（20.4%）
秋田	避難生活に対する助成（33.6%）	就労関係（22.4%）	医療費の助成（20.9%）

注：福島・山形は複数回答、新潟は自由記述のため％表示不可、秋田は複数回答・4 つ以内を選択。なお、新潟県や山形県では上位の「住宅支援」「借上げ住宅の延長」については、福島県では選択肢の中に含まれていない（「転居、住宅再建の個別選択肢はある）。秋田県も同様に選択肢になく、定住に必要な支援において、公営住宅への優先入居しなどが質問されている。
出所：表 9-1 に同じ。

いる。例えば山形県の自由記述からは、必要な支援として「借上げ住宅の入居期間の延長や住み替え」は二〇一三〜一四年度に継続して挙げられた。他県の自由記述を見ても、「借上げ住宅の一部でも支援を残して欲しい」「自主避難での生活費のかかり増しも多いので、今後も支援の打ち切りをしないで継続して欲しいです」（秋田・二〇一五）、「住宅支援を延長して頂きたい。子供達の心身を考えると、これ以上の環境の変化はとても困難です」「家賃の補助は、収入要件をつけるのではなく全ての人を対象に行ってほしい」（福島・二〇一五）というように、住宅に関する支援の要望の高さは、いずれの県の調査からも読みとれる。

そのほか、「高速道路無料化の継続」（山形・二〇一三）、「高速道路の料金無料措置を延長して下さい」（秋田・二〇一五）というように、避難元との往来に関する支援ニーズもあった。「被爆〔ママ〕手帳を発行して将来にわたって健康を保障してほしい」「現在医療費の免除を受けているが、毎年の更新なるかどうか不安。これから先も医療費免除をお願

表 9-8　第二期の避難生活の困りごと、不安（2016、18 年度）

2016 年度

	1 位	2 位	3 位
新潟	借り上げ住宅終了後の住居	生活費の負担が重い	子育て、学校
山形	生活資金のこと（64.6%）	住まいのこと（52.6%）	自分や家族の身体の健康（42.7%）

2018 年度

	1 位	2 位	3 位
新潟	生活費の負担が重い	健康（病気を抱えている、放射能の影響への不安）	民間賃貸住宅家賃補助終了
山形	生活資金のこと（64.0%）	自分や家族の身体の健康（49.0%）	住まいのこと（40.5%）
秋田	生活資金のこと（36.4%）	住まいのこと（25.5%）	特に困っていることはない（21.8%）

注：山形・秋田は複数回答、新潟は自由記述のため％表示不可。秋田県調査（2016 年度）では困りごとに該当する質問項目なし。
出所：表 9-1 に同じ。

表 9-9　第二期の必要な支援（2016、19 年度）

2016 年度

	1 位	2 位	3 位
新潟	借り上げ住宅の帰還延長	高速道路の無料措置の延長	情報提供（支援情報、避難元の情報提供）
山形	住宅に関すること（52.3%）	生活情報の提供の充実（28.4%）	生活資金についての相談（27.2%）
秋田	避難生活に対する助成（32.8%）	医療費の助成（21.2%）	子どもの教育・学習（18.0%）

2019 年度

	1 位	2 位	3 位
新潟	避難者への支援の継続	高速道路の無料措置の延長	医療費補助 / 情報提供（支援情報・避難元の情報）
山形	住宅に関すること（26.9%）	生活情報の提供の充実（23.7%）	生活資金についての相談（20.5%）
秋田	避難生活に対する助成（25.7%）	医療費の助成（22.9%）	子どもの教育・学習（19.0%）

注：福島・山形は複数回答、新潟は自由記述のため％表示不可、秋田は複数回答・4 つ以内を選択。
出所：表 9-1 に同じ。

いしたい」（福島・二〇一五）といった、被ばくしたことに対する健康不安を解消できるような医療助成へのニーズも挙げられていた。全般に生活が不安定かつ不安に満ちており、支援ニーズが高いことが読みとれる。

第二期に入っても、第一期にみられた困りごとは継続されていった。「困りごと」について継続的に質問をし続けた新潟・山形両県の調査では、二〇一六年度の生活費の負担の重さや住宅のことが、上位二位までを占めている。二〇一八年度においては、新潟・山形両県に加えて、秋田県でも「困りごと」が質問がされていたが、やはり、生活資金への困窮がいずれにおいても一位を占め、山形県では六四・〇%と極めて高い割合が維持された。また、区域外避難者向けの借上げ住宅制度が打ち切られて一年以上経った二〇一八年度の調査でも、住まいに関する困りごとは、二位ないしは三位に継続して入っている（表9-8）。借上げ住宅制度の停止という支援の打ち切りが、避難者の生活に大きな負担をもたらすものであったことが確認できる。

このことは数々の自由記述からも裏付けられる。「生活が厳しいのが現状です。」「1日も早く避難生活を脱し被災前の生活に戻れるよう、支援に手を尽くして欲しい。生活していけない事が一番困っている」（秋田・二〇一六）、「子どものこれからの健康のために避難生活を続けるしかないと思っているが、二重生活のうえ、借上住宅の支援も打ち切られ、補助金も来年で終わってしまう。福島にある住宅のローンも支払いながら、新潟でアパート代も支払わなければならないと、とても生活が成り立たない。夫が毎週福島と新潟を通っているため、今は高速料金が無料で助かっているが、今後どうなるのか心配だ。私達は子どもの健康を守りたいだけなのに、なぜこんなに追いつめられているのだろうか」という嘆きもみられた。「東電には賠償金は全て支払い終わっていますと言われていますが、生活費に不安があります」（秋田・二〇一九）などのように、支援や賠償の縮小や停止が、生活へ深刻な状況を及ぼしている。にもかかわらず、「福島の人は金を持っているので働かなくても生活出来るでしょう」という不理解に直面する場合もある（新潟・二〇一七）。「毎日苦しいです。でも声に出せば「いつまで甘えているんだ」という声が返ってくるので、何事もないような顔で生活しています」（新潟・二〇一七）という記述からは、困苦に直面しながら、それを隠さなければならないさらなる深刻な窮状が読み取れる。

このような避難者への不理解に基づく誹謗中傷、いじめは、二〇一七年度の新潟県の調査において把握されていた。人間関係に関する質問の中では、「周りの人からの悪口やいじめがある」との回答が、区域内では一・八％、区域外では八・四％に及んだ。自由記述では、「福島からの人で危険だから近寄ったら危ないよ」などの、差別的な扱いを受けたという証言も、「周囲のやさしい言葉、冷たい視線、羨む賠償等、人それぞれとはいえ、人の目が一番つらいです！　今も！！」との記述も見られた（新潟・二〇一七）。子どもについても「周りの人からの悪口やいじめがある」と回答した中学生が六・五％に及び、「福島からひなんしている子供たちのいじめ、が多すぎる」との自由記述もみられた（新潟・二〇一七）。山形県の調査でも、「子どもがいじめられていないか心配だ」との懸念が二〇一六年度の調査以降、一割を超えて推移している。以上に見たように、事故により人生が一変しこのような困苦を負った上で、さらにそれを表出できず、誹謗中傷やいじめにあい、尊厳を傷つけらていく避難者たちが少なからずいることことを、確認しておきたい。このことが、「思いがありすぎてうまく文章で表現できない」「あまりにもありすぎて書けません」（新潟・二〇一七）、「避難してから、積極的に何かをすることができなくなった」「トラウマをかかえて自分のからの中に閉じこもってしまった子を何度か見てきました」との記述にもつながっている。

以上に見た困りごとの一部は、必要な支援への要望とも結びついている。住宅支援の要望は、二〇一六年度調査では新潟・山形両県の要望第一位であったが、山形県では二〇一九年度においても第一位であり続けている。生活への助成や医療費助成、高速道路の無料措置の延長なども、依然として各県で上位に上がり続けている（表9-9）。このような必要な支援への要望の高さは、自由記述の中からも数多く確認できる。例えば、住宅については、「住宅補助等の制度等あったら教えてください」「金銭的にもっと充実した援助を望む」（秋田・二〇一六）「借上げ住宅にかかわる住宅支援・情報提供がほしい」(山形・二〇一八)といった要望が少なからず挙げられている。「帰還困難区域なのに、来年の二月末で住宅の支援控除が終わると言う。ぜひ続けて欲しい。生活で一番お金がかかるのは、家賃と医療費です。もう少しの間援助してほしい」(秋田・二〇一九)。「賠償は継続してほしいと思います。何とか生活していますが、これから先、収入面でとても不安を感じています。」(新潟・二〇一七)などの記述は数多い。

以上からすれば、二〇一七年三月の区域外避難者への民間借上げ仮設住宅支援制度の打ち切りをはじめ、各種支援の縮小や賠償の打ち切りは、避難者のニーズと相反するものであることが明白である。こうした事態に、「国は、日本人である私達を捨てている」(秋田・二〇一九)との批判も自由記述には少なからずある。「私達を避難先から元へ戻そうと無理やり助成を減らしている。信用できなくてとても悲しい。現状の打開を求む」「意見・提案を書いたところで反映されない。だから復興も進まない」「今までもアンケート等しているがまったく反応がなくますます不安をあおるだけ」(新潟・二〇一七)とあるように、避難者自身の困苦と嘆きは、さらに深まっている。支援の打ち切りは避難者のニーズと相反するものであり、避難者の意向が反映されない政策が進められていることを証明するのに十分なものと結論づけられる。

4　エビデンスへの自治体対応——新潟県の事例

ここまで、自治体による公的エビデンスが照らしだす避難者の状況と必要な支援を確認してきた。総じて、第一期、すなわち二〇一五年までの全国調査でも確認された避難者の窮状が二〇一六年度以降も継続し、区域外避難への民間借上げ仮設住宅支援制度の打ち切りにより悪化している様子が読みとれる。

とりわけ確認しておきたいのは、政府が民間借上げ仮設住宅の区域外避難への提供打ち切りを決めた二〇一五年、新潟県・山形県・秋田県の調査だけではなく、福島県による全国避難者意向調査においても、避難区域外からの避難世帯の半数以上が民間借上げ仮設住宅に居住していると判明していたことである。多くが、放射線被ばくに脆弱な子どもを守りたいと留まりつつも、望郷の念を持ちつづけ、将来を決めきれない状況が続いていていることはわかっていた。困りごとの上位には、住まいに関することが挙げられ、必要な支援の上位には、借上げ住宅の期間延長や住宅提供が並んだ。賠償の少なさを訴え、経済的困窮を訴える声が多くあげられていた。いずれも、子ども被災者支援法で明記されていたはずの支援内容である。すなわち、新潟県・山形県・秋田県、そして福島県が積み重ねてきた避難者意向調査という公的エビデンスに照らし合わせれば、民間借上げ仮設住宅の停止を含む支援・調査の打ち切りや縮小は、避難者の意向に真っ向から反していることが明らかであったのだ。

公的エビデンスが照らしだす避難者の窮状に、新潟県・山形県・秋田県は、何もしなかったわけではなかった。むしろ、当初より避難者意向調査を続け、支援を展開してきたことを確認しておきたい。一例として、新潟県の足跡を簡単に振り返っておくとしよう。新潟県が避難者数データの公表を始めたのは二〇一一年三月一六日であった。第八章の図8‐1で示した通り、新潟県は、この日から、市町村別避難者受け入れ人数を把握し公表しつづけた。この間のデータから、避難指定区域内避難が七割強であったのに対し、一年後には区域内外比率がほぼ半々となり、特に中通りの郡山市や福島市からの避難人口が増加したこと、主に東京電力の関係者を受け入れてきた柏崎市では、区域内避難が多くを占めたこと、初期に赤ちゃん一時避難プロジェクトが展開された湯沢町や県庁所在地の新潟市では、区域外避難が多くを占めたこと、避難者の男女構成比でいえば、男性よりも女性が多く、年齢別データでも子ども、特に未就学児の割合が多いことなどを新潟県が初期より把握していた。当然、新潟県は、母子世帯の避難が多いこと、そして父親は職場のある福島県内に留まるケースが多いことなども認識していた。

ところで、新潟県が把握したのは数値だけではなかった。当時、避難者支援局長に任命された細貝和司氏は、初期業務として市町村から情報を収集して避難者名簿を作成し、日々更新して福島県に提供し、福島県と顔の見える関係を作り避難者へ情報提供を開始し意向調査を行い、財政面も含めて新潟県の市町村が安心して避難所運営できるような環境づくりに腐心した、と述べた［髙橋編、二〇一六］。まさに個々の避難者の意向に即した、選択肢の提供を心がけたのである。それを支える新潟県のガバナンスも際立っていた。避難の長期化を見越して震災より二か月後、新潟県は泉田裕彦知事（当時）の強いリーダーシップのもと、災害対策本部から防災局内に広域支援対策課を設置した。全国でも異例の充実した組織的対応であった。同課は避難者意向調査を重ねて行い、さらには避難所を局員全員で巡回していった。すなわち「アンケートしても、例えば帰りたいと考えている人数は数字では出てくるんだけど、その想いの強さとか、見通しに対する考えとか、そういう感覚的なところはやはり話を聞かないと」［髙橋編、二〇一六、七八頁］という考えが職員たちにより共有されていた。彼らは、避難所に出向き、対話し、互いに聞き取った情報を共有した。本章で取り上げた意向調査を量的把握とするならば、このような政策担当者と避難者の直接的なコミュニケーションは質的把握と位置付けられる。このような蓄積があったからこそ、新潟県は次々に血の通った「創発的支援」を編み出すことになった。例えば、山形県に次いで、初期から民間借上げ仮設住宅の門戸を「自主避難」者に開いたり、二〇一一年一二月に避難者の受け入れ停止を要請した福島県に対して避難希望の声が寄せられているとして「代替措置を」示すよう逆要請し、福島県による受付停止の申し入れ撤回を引き出したり、同様に母子避難が継続しているとして高速道路無料化措置を続行し、政府の制度再開に先鞭をつけるといった具合であった［髙橋編、二〇一六］。

その後、避難登録者数は二〇一四年には五〇〇〇人を切り、新潟県は二〇一五年から、広域避難対策課の規模をやや縮小し、震災復興支援課広域支援対策室へと編成した(6)。民間借上げ仮設住宅の区域外避難者への提供が停止されることが決まったのはこのタイミングであった。その後、福島県は公営住宅から民間賃貸住宅への転居者に二〇一七年度は最大三万円、二〇一八年度は最大二万円の家賃補助を支給し、新潟県は小中学生のいる子育て世帯にはさらに一万円を上乗せした。新潟県は家賃補助を支給する対象となるか否かを判断する「収入要件」では、福島県が一五・八万円であったところを、新潟県は当初から二一・四万円に緩和し、高速バス代金補助等の継続も続けたという。その家賃補助も、福島県の支援停止とともに打ち切る必要に迫られた新潟県は、さらに、個別相談を受け付け、新潟県宅地建物取引業協会とともに、転居先物件の準備等も進めていた(7)。その後も二〇二〇年度に至るまで、県外避難者受け入れ状況データを公表し、避難世帯の現状や今後の意向についての年次調査を継続している。県震災復興支援課の梁川健史課長によれば、交流拠点の常設や交流会の実施、情報の提供、母子避難世帯への高速バス料金および高速道路料金の支援等、避難者の安定した生活を重視した支援も、ニーズに応じて続行しているという。同氏は避難者の困りごとやニーズが多様化しており、そのため引き続き各市町村や民間の支援団体と連携し、避難者に必要な支援や情報を提供したいと述べた(8)。さらには、新潟県精神保健福祉協会は、避難者の生活の困窮や子どもの不登校、体調不良や精神的な不調、家族関係の悩みなどについて相談を受け、また支援者支援にも従事してきた［新潟県精神保健福祉協会編、二〇一九、松井、二〇二二］。

以上に見たような避難者に寄り添った対応は、新潟県には限らない。類似の手厚い支援は、山形県や秋田県でも行われてきている（コラム3参照）。

5　おわりに

本章では、自治体に蓄積された東日本大震災による避難者への調査という公的エビデンスが、全国調査の打ち切りにより不可視化されてきた避難者の状況を照らしだしていることを明らかにした。またエビデンスに基づいて、自治体が支援を提供しつづけてきたことにも触れた。こうした各県での寄り添った支援策に対して避難者たちから繰り返し謝意が表明されていることは、各県アンケートへの自由記述からも読み取れる。とはいえ、これらの支援が避難者の窮状を救うに十分ではなかったこともまた各県のアンケートから確認できる。たとえば、先述の新潟県精神保健福祉協会編［二〇一九］の支援活動や調査からむしろ明らかになったのは、避難の長期化に伴って、避難者の困難が深まり、深刻化していることだという。これは本章第三節における「健康状況」のエビデンスと合致している。松井［二〇二一、一七一頁］は、「心のケア」は「たんに、心だけを対象として解決が図られるものではない。避難者が望む生活の再建を支援して初めて、その精神状態の回復も得られるはず」だと述べた。しかしながら、避難者たちは、望む選択肢を与えられないままに、分断、差別、偏見にあい、避難者であることを隠し、自らの選択に対して自己肯定ができない状況に追い込まれている。すなわち生活再建への支援が得られず真の心のケアが決して得られない状態で、破壊の際にある避難生活が、不可視化されたまま現在も続いていることを、公的エビデンスは如実に示した。民間借上げ仮設住宅制度の打ち切り後も、少なからぬ世帯が放射能による健康不安や子育て上の諸事情などから帰還も選べず、自己契約で賃貸をしつづけ、経済的困窮に直面してきたことが明らかになった。この状況を日野行介［二〇一六］は原発棄民と評したが、それは、まさに当事者たちの実感そのものだった。

最も痛ましい結末が起きたのは、民間借上げ仮設住宅提供の打ち切りの直後であった。二〇一七年五月に、神奈川県に母子避難していた女性が自死を選んだ［青木、二〇一八］。女性は、放射線量の高い地域の一つである中通りの郡山市から、夫の賛意を得られぬままに東京都へ避難していた。ダブルワークや夫の世話のための帰宅に疲れきっていたところに、民間借上げ仮設住宅の停止が重なり、心身ともに限界を迎え自死を選んだという。二〇一七年六月に、新潟県に自主避難をしていた家族の長男も自死を選んだ［青木、二〇二二］。やはり民間借上げ仮設住宅の提供が打ち切られ、生活のためにと父親が除染作業員として一人南相馬市に戻った後、中学三年生の息子が自ら命を経ったという。このような痛ましい状況があり、数多くの避難者たちの窮状を示すエビデンスがある。にもかかわらず公営住宅に避難した「自主」避難者たちは、逆に立ち退き訴訟で訴えられたり、圧力をかけられたりしており、また誹謗中傷も起きているという。まさにセーフティネットがはずれたとしか言いようがない事態であるが、それが少なからぬ規模で進行していることを、エビデンスは如実に突きつけているのである。

公的エビデンスにより避難者の窮状を把握していた新潟県の泉田裕彦知事（当時）は、二〇一六年八月二五日に開催された山形・新潟・福島三県知事会議の場で、「新潟には三二四八人が避難中ですが、六割が区域外避難者です。福島に帰れば「何で避難したんだ」と責められる。精神的にも大変つらい立場の方々です。そして今、住居の問題でさらに負担感が増しています。住居はまさに生活の基盤なのです(9)」と発言している。また、「チェルノブイリでは、年間被ばく線量一～五ミリシーベルトの地域の住民には移住の権利が与えられた。日本ではその点を国があいまいにしてきた。国全体で解決されるべきだと思う」とも述べ(10)、避難や移住の権利を認めない国の姿勢を批判していた。同会議では、山形県の吉村美栄子知事も「県内で避難指示区域以外からの避難者に対する住宅提供期間の延長を求める会を設立する動きがある」ことに触れ、「本県に避難されている方々が住宅支援を強く望んでおられることを」伝え、「更なる住宅支援の充実についてご配慮いただきたい旨」を福島県の内堀雅雄知事に伝えたという(11)。このような要望に対して、福島県の内堀知事は、避難者に「丁寧な説明を」と繰り返すのみであった(12)。すなわち、自治体に蓄積されたエビデンスに基づき、新潟・山形県の両知事が、国レベルでの対処を求めても、その要望は等閑視された。こうして区域外避難世帯への民間借上げ仮設住宅は打ち切られた。受け入れ自治体でできる限界がここに露わになっている。

新潟県による広域支援に携わった中越安全防災推進機構の稲垣文彦氏は、福島原発事故後に国が期待する内容とは異なる多様な選択肢を望む被災者たちが、支援や賠償から振り落とされている、課題がきちんと分析されていないことを重ねて指摘していた。「きちんと分析すれば、対処のしようもある」のに、それが「よく分からない」で済ますと、「対策が進まない」。そういった意味で「新潟県が、統計を早い段階で作っていったのは素晴らしい」、「この統計のおかげで」、たとえば「新潟県では自主避難（避難指示区域外）と強制避難（避難指示区域内）がフィフティー・フィフティーだということが見えてきた」、そのことがさらなる支援につながったと、同氏は語っていた［髙橋編、二〇一六、一二〇頁］。この言葉をいままさに思い起こしたい。東京電力福島第一原子力発電所事故後一〇年経ち、困窮する避難者の姿はますます見えなくなっていく。避難者の不可視化は、生活破壊をもたらし、その先にある人の命すら奪っている。これに対峙する方法として、可視化をはかること、エビデンスを活用すること、これが未来への第一歩である。

付記　本章は、髙橋若菜［二〇二二］「解消されない広域原発避難――借上げ住宅停止以降、何が起きているのか」『環境経済・政策研究』第一四巻、第二号、五八〜六三頁、髙橋若菜・清水奈名子・高橋知花［二〇二〇］「看過された広域避難者の意向（一）――新潟・山形・秋田県自治体調査に実在したエビデンス」『宇都宮大学国際学部研究論集』第五〇号、四三〜六二頁、髙橋若菜・清水奈名子・高橋知花［二〇二一］「看過された広域避難者の意向（二）――福島県全国調査と新潟・山形・秋田県調査の比較から」『宇都宮大学国際学部研究論集』第五一号、四三〜六四頁と一部重複する内容がある。また本章は、JSPS科研費（一八KT〇〇〇一、一七KT〇〇六三）による助成研究の成果の一部である。

注

（1）東京電力原子力事故により被災した子どもをはじめとする住民等の生活を守り支えるための被災者の生活支援等に関する施策の推進に関する法律（平成二四年法律第四八号）。

（2）ただし、福島県内での区域内避難が九〇％解消したという数字は、違和感があるという意見が、複数の避難者から寄せられている。復興住宅などに住まいを移したとしても、生活再建からは程遠く苦境は続いているため、避難生活は長期に続いているというのが実感に近いという。

（3）これについて、新潟県震災復興支援課課長の梁川健史氏は、「行政サイドからは避難者の課題が見えにくくなっている」と警戒感を露わにしている。新潟県震災復興支援課課長、梁川氏と筆者との書簡のやりとりによる。二〇二〇年一一月二日。

（4）元々東京電力からの賠償へのアクセスについては、区域内外で差異が多く、区域外避難者には諦めもあった［髙橋編、二〇一六］。ただし、避難指示区域外からの母子避難が多い山形県では、ＡＤＲ（裁判外紛争解決手続）が組織的に進められた。それゆえ、賠償金を生活に充てる世帯も一定程度見られている。ＡＤＲについては注（5）を参照。

（5）ＡＤＲ（Alternatieve Dispute Resolution）とは「訴訟手続によらずに民事上の紛争を解決しようとする紛争の当事者のために、公正な第三者が関与してその解決を図る手続」（裁判外紛争解決手続の利用促進に関する法律第一条）をさす。福島原発事故に伴う損害については、原子力損害賠償紛争解決センターが二〇一一年八月に設置された。

（6）二〇二〇年五月三〇日に、新潟県震災復興支援課の梁川健史課長に、筆者（髙橋）が電話で行った聞き取り調査による。調査では、主として、新潟県による避難者意向調査や支援、支援体制の二〇一五年度以降の展開についてたずねた。

（7）実際に、相談があったのは数件程度であったとのことである。聞き取り調査による。

（8）聞き取り調査による（詳細は注（6））。

（9）民の声新聞「自主避難者から住まいを奪うな」二〇一六年八月二六日［http://taminokoeshimbun.blog.fc2.com/blog-entry-38.html］（最終閲覧日二〇二〇年五月三〇日）。

（10）注（9）に同じ。

（11）山形県知事記者会見、二〇一六年八月二九日［https://www.pref.yamagata.jp/020026/kensei/governor/press_conference/2016/press_conference_201608/conference_2016_0829.html］（最終閲覧日二〇二〇年五月三〇日）。

（12）注（9）に同じ。

参考文献

青木美希［二〇一八］『地図から消される街――三・一一後の「言ってはいけない真実」』講談社。

――［二〇二二］『いないことにされる私たち――福島第一原発事故一〇年目の「言ってはいけない真実」』朝日新聞出版。

関西学院大学災害復興制度研究所他編［二〇一五］『原発避難白書』人文書院。

清水奈名子［二〇一四］「原発事故・子ども被災者支援法の課題――被災者の健康を享受する権利の保障をめぐって」『社会福祉研究』第一一九号、一〇～一八頁。

――［二〇一七］「被災地住民と避難者が抱える健康不安」『学術の動向』第二二巻第四号、四四四～四四九頁。

髙橋若菜編・田口卓臣・松井克浩［二〇一六］『原発避難と創発的支援』本の泉社。

髙橋若菜・清水奈名子・濱岡豊［二〇二〇］「福島原発震災による健康・生活影響評価調査の問題点――エビデンス構築に向けた課題」『環境経済・政策研究』第一三巻第一号、六二～六六頁。

髙橋若菜・清水奈名子・阪本公美子・小池由佳・関礼子・高木竜輔・藤川賢［二〇一八］『二〇一七年度 新潟県委託 福島第一原発事故による避難生活に関するテーマ別調査業務 調査研究報告書 子育て世帯の避難生活に関する量的・質的調査』（研究代表者・髙橋若菜）[https://www.pref.niigata.lg.jp/uploaded/attachment/93785.pdf]（最終閲覧日二〇二一年一〇月一五日）。

髙橋若菜・清水奈名子・高橋知花［二〇二〇］「看過された広域避難者の意向（一）新潟・山形・秋田県自治体調査に実在したエビデンス」『宇都宮大学国際学部研究論集』第五〇号、四三～六四頁。

髙橋若菜・清水奈名子・高橋知花［二〇二一］「看過された広域避難者の意向（二）福島県全国調査と新潟・山形・秋田県調査の比較から」『環境経済・政策研究』第五一号、四三～六二頁。

髙橋若菜［二〇二一］「解消されない広域原発避難――民間借上げ仮設住宅停止以降、何が起きているのか」『環境経済・政策研究』第一四巻第二号、二一～二六頁。

辻内琢也・増田和高編［二〇一九］『フクシマの医療人類学――原発事故・支援のフィールドワーク』遠見書房。

デュフロ、エステル・グレナスター、レイチェル・クレーマー、マイケル、小林庸平・石川貴之・井上領介・名取淳訳［二〇一九］『政策評価のための因果関係の見つけ方――ランダム化比較試験入門』日本評論社。

新潟県精神保健福祉協会編［二〇一九］『県外避難者支援における支援ニーズの変化と支援の課題――五年間の支援活動を通して』新潟県精神保健福祉協会。

西城戸誠・原田峻［二〇一九］『避難と支援――埼玉県における広域避難者支援のローカルガバナンス』新泉社。

日野行介［二〇一六］『原発棄民――フクシマ五年後の真実』毎日新聞出版。

松井克浩［二〇二一］『原発避難と再生への模索――「自分ごと」として考える』東信堂。

森松明希子［二〇一三］『母子避難、心の軌跡――家族で訴訟を決意するまで』かもがわ出版。

矢吹怜太・川崎興太［二〇一八］「仮設住宅の無償提供の終了後における自主避難者の生活実態と意向――福島原発事故の発生に伴う福島県からの自主避難者を対象として」『都市計画報告集』第一七号、一～七頁。

山根純佳［二〇一三］「原発事故による『母子避難』問題とその支援――山形県における避難者調査のデータから」『山形大学人文学部研究年報』第一〇号、三七～五一頁。

山形県環境エネルギー部危機管理・くらし安心局危機管理課［二〇一五］『二〇一一・三・一一に発生した東日本大震災の記録――その時、山形県はいかに対応したか』山形県。

吉田千亜［二〇一六］『ルポ母子避難――消されゆく原発事故被害者』岩波書店。

――――［二〇一七］『その後の福島――原発事故後を生きる人々』人文書院。

United Nations Scientific Committee on the Effects of Atomic Radiation [2014] “Absorbed dose in thyroidin Japan for the first year, UNSCEAR 2013 Report, AnnexA, Levels and effects of radiation exposure dueto the nuclear accident after the 2011 great east-Japan earthquake and tsunami, Appendix C（Assessment of doses to the public）.

コラム3　山形県による官民一体の避難者支援

清水奈名子

山形県は、福島県の北西に隣接し、原発事故直後から多数の避難者を受け入れてきたことで知られている。山形県における避難者支援の特徴は官民一体の避難者支援が長期間続けられてきた点にある。山形県では、震災から二日後の三月一三日に山形県災害ボランティア支援本部が立ち上げられ、県、ＮＰＯ、青年会議所、企業関係者も含めた支援者間の情報共有のための会議を毎日二回開催し、被災地の状況、避難所の受け入れ状況、支援物資等について全体で共有しながら支援活動を行う官民協働体制をいち早く構築していた。こうした迅速な対応が可能であった要因としては、平時から官民が協力的に活動してきたことに加えて、震災以前から県、社会福祉協議会、また関係する民間団体が一体となって災害時に備える取り組みが存在していた。

この支援本部は震災から半年後に閉じられたが、支援者間をつなぐネットワークの必要性が指摘されたことから、二〇一一年八月には「復興ボランティア支援センターやまがた」が設立されている。県の危機管理課に設けられた復興・避難者支援室と、ＮＰＯ法人関連業務を担当する県民文化課が管理者となり、複数のＮＰＯ法人と協働体制を維持したまま、現在に至るまで支援者への支援や情報共有の拠点となってきた。

二〇一三年までに、福島県から山形県に最も多くの被災者が避難した理由として共通して指摘されている点は、高速道路を使えば福島県の各地域が通勤圏内になるという地理的な近接性、放射能汚染の程度が相対的に低かったことに加えて、山形県が避難指示区域外からの避難者も「みなし仮設住宅」として借上げ住宅提供の対象とする支援策を、長期間にわたって続けてきたことがある［関西学院大学災害復興制度研究所他編、二〇一五、一三四〜一三六頁］。二〇一一年四月一八日には災害救助法に基づいた「山形県避難者向け借上げ住宅実施要項」を施行したが、住宅提供の対象者は避難指示区域内からの避難者に限られていた。ところが、被災三県からのすべての避難者のうち、福島県内の避難指示区域外からの避難者が七割弱、避難指示区域内と岩手、宮城両県からの避難者が三割と当初推計されていたように［山根、二〇一三］、福島県からの避難者の多数が区域外避難者であったことから、福島県からの要請を受けて二〇一一年六月から区域外避難者にも住宅提供を開始している。同様の支援策は他県でも始まっていたが、その多くが二〇一一年内に終了していたのに対して、山形県は二〇一二年秋まで区域外避難者への住宅提供を続けたことから、その情報が口コミで避難を希望する世帯に拡がり、二〇一二年まで山形県への避難が続くことになった。

さらに二〇一七年三月末には、福島県の決定を受けて区域外避難者への借上げ住宅供与が終了されるに至ったが、その後も山形県では公営住宅入居の優先的取扱い、県職員校舎の無償提供、転居の際の引っ越し費用の補助などの支援策を続けてきた［矢吹・川﨑、二〇一八］。山形県が長期間にわたる支援を行った背景には、吉村美栄子県知事が特に母子避難が多かった区域外避難者への支援に積極的であり、知事自ら避難者との定期的な話し合いの場を設定して支援ニーズを確認するといった、首長による主導が要因の一つとして指摘とされている。

付記　本コラムは、「復興ボランティア支援センターやまがた」事務局長の結城健司氏、同スタッフの奈良崎美紀子氏に二〇二〇年五月二七日に行った聞き取り調査を参考として執筆している。

参考文献

関西学院大学災害復興制度研究所・東日本大震災支援全国ネットワーク・福島の子どもたちを守る法律家ネットワーク編

〔二〇一五〕『原発避難白書』人文書院。

矢吹怜太・川﨑興太〔二〇一八〕「仮設住宅の無償提供の終了後における自主避難者の生活実態と意向――福島原発事故の発生に伴う福島県からの自主避難者を対象として」『都市計画報告集』第一七号。

山根純佳〔二〇一三〕「原発事故による『母子避難』問題とその支援――山形県における避難者調査のデータから」『山形大学人文学部研究年報』第一〇号、三七～五一頁。

コラム4　秋田県における区域外避難者の生活とその支援

高橋知花

秋田県では、新潟県や山形県と同様に、二〇一二〜二〇年度に継続して避難者意向調査を実施し、支援策の考案に役立ててきた。本コラムでは県の調査をもとに、秋田県を避難先として選択した当事者たちの生活や、秋田県による支援を概括しておきたい。

秋田県の経年調査によれば、県内には親戚・知人を頼って避難をした人が多かったことがわかる。当初は母子避難が多く、世帯分離に伴う二重生活によって家計が逼迫している、心身ともに疲弊しているなど、他県と同様の困難があった。

一方、避難が長期化する中で秋田県では山形県や新潟県と比べて定住が大きく進んでいった。二〇一四年度以降、「今度の予定」として「定住したい」との回答が「未定」「帰還」を上回った。二〇一五年六月一五日、政府によって民間借上げ住宅の支援の二〇一七年三月末での打ち切りが発表される。その後、定住を希望する声は二〇一五年度には二九・九％、二〇一六年度には三六・五％へと増加した。「すでに定住している」との回答も二〇一五年度には一八・七％、二〇一六年度には二二・二％と増加した。政府による支援打ち切りによって大きな困難を抱えながらも、家族に県出身者がいる、親戚・知人が住んでいるなど、秋田県との何らかの地理的つながりがあったことは定住を大きく後押しした。ちょうどこの時期には定住のための施策実施や情報提供など、秋田県が避難者の生活再建に対する取り組みを進めた。二〇一六年六月から実施されている「県内避難者生活再建支援事業」では、住民票の異動を条件に県内への引っ越し資金の補助を受けられるようになっている。

また、秋田県では定住以外にも、避難者の生活に寄り添った支援を継続してきた。県が運営する避難者交流センターは、県内の生活や避難元に関する情報発信や保健師による相談会の実施、自主的なサークル活動の場となっている。相談員による戸別訪問の実施によって、アンケート調査では把握できないような細かな悩みごと、困りごとの把握もされている。その他に、ＮＰＯとの連携による相談会や交流会の実施、情報『スマイル通信』による地域ごとの交流サロンの開催情報の提供など、避難者との関わりを絶やさないための取り組みは多岐にわたる。

ただ、定住が進む中でも課題は多くある。定住したからといって、必ずしも生活資金に関する困難や不安が解消されるわけではない。住民票を異動することによって福島県からの医療費の助成が受けられなくなってしまうという切実な声もある。定住が進んだ二〇一六年度以降、避難者にとって「必要な支援」として、避難生活に対する助成、医療費の助成は上位二位でありつづけている。県内生活が長期化する中で、子どもの教育・学習に関する支援を必要とする声も増えている。県内生活が長期化している現在、避難生活の問題は多様化・複雑化している。掬い上げられ、対処されるべき問題が山積している。

第十章　福島原発事故へのコンパッション――ヒロシマ・ナガサキ・ミナマタからフクシマへ

関　礼子

1　異なる問題が結びつくとき

カタカナのヒロシマ、ナガサキ、ミナマタ、そしてフクシマは、いずれも世界に衝撃を与えた出来事を表象する。日本は原爆を投下された唯一の被爆国でありながら、広島と長崎という二度の被爆経験を持つ。占領下の日本で原爆体験の記録が検閲の対象となり、葬られるなかで〔堀場、一九九五〕、いちはやく世界に原爆が何であるかを知らせたのは、ジョン・ハーシーの『ヒロシマ』〔一九四六〕だった。以後、ヒロシマは国際的に意味ある地名として刻まれ、核なき平和を求めるシンボルとなってきた。被爆者援護法に定める被爆者（被爆者健康手帳所持者）は二〇二一年三月末で一二万七七五五人である。だが、原爆投下直後の広島で「黒い雨」を浴び、健康被害を受けた住民らが被爆者認定を求めた「黒い雨」訴訟の控訴審判決（二〇二一年七月一四日）が確定したことから、新たに被爆者となる人々が増えるだろう。

水俣病は、工場排水に含まれた有機水銀が生物濃縮を介して生命・健康被害をもたらした、環境を媒介とする世界ではじめての有機水銀中毒事件である。熊本県水俣市をはじめとする水俣湾・不知火海沿岸と新潟県阿賀野川流域で、二度の発生をみた(1)。公害健康被害補償法により認定された患者は二九九八人（二〇二〇年一〇月末）(2)、水俣病被害者救済特措法等で何らかの救済がされたのは三万八三二〇人（二〇一八年一月判定終了時）である［環境省編、二〇二一、二九二頁］。認定や救済を受けずに亡くなった方がいるだけでなく、現在も認定申請の審査が行われ、水俣病被害者の裁判も続いていることから、患者・被害者数は確定しているとはいえない。

東北地方太平洋沖地震に伴う東京電力福島第一原子力発電所事故（福島原発事故）は、二〇〇七年の新潟県中越沖地震による東京電力柏崎刈羽原子力発電所事故に続き、二度目の「原発震災」［石橋、二〇一二］である。柏崎刈羽原発事故では「七基の原子炉がすべて大きな被害を受けたが、放射能による一般住民への影響はわずかであった」［吉岡、二〇一一、三六三頁］のに対し、福島原発事故では福島県の避難者は、最多時の二〇一二年五月には一六万四八六五人を数えた。

福島原発事故の発生直後には、広島・長崎の被爆者や、水俣病の被災地から、福島の人々に向けてメッセージが発せられた。戦争の犠牲となった被爆者も、高度経済成長の犠牲になった公害病患者も、被ばくや放射能汚染の問題を、自らの経験に引き付け、自らの問題として捉え返した。異なる問題の当事者がみた福島原発事故とはどのようなものであったのだろうか。

本章では、戦後日本が抱えてきた戦争や核の問題、公害・環境問題が、福島原発事故に結びついていく状況を、「コンパッション（compassion）」という概念から考えてみたい。

2　コンパッションとは何か

「同情」「慈悲」「思いやり」を意味するコンパッションに〈共感共苦〉という訳を与えたのは、『二一世紀の子どもたちに、アウシュヴィッツをいかに教えるか？』［フォルジュ、二〇〇〇］の訳者、高橋武智である。高橋は、「この語はしばしば「同情」と訳されるが、パッションに「情念」と「受難」の意味があることに着目し、あえてこの訳語を採用した」と注釈している［フォルジュ、二〇〇〇、二二頁］。

「他者の苦痛／苦悩への想像力」をもたらす〈共感共苦〉のコンパッションは、アウシュヴィッツ[(3)]をはじめとする非人間的な行為の歴史に対し誠実になることで、非人間的行為の再来を防ぐための能力として着目された。歴史認識をめぐって、ナショナリズムへの傾斜とその批判をひとくくりにして「どちらも偏っている」と相対化したり、他者と向きあう取り組みを「偽善的」「若い世代には伝わらない」と揶揄したりするのは、批判封じであり、思考停止を助長する。「歴史的に作り出されてきた、国家やマジョリティによる構造的な暴力への批判的視点や、戦争被害者や被差別者、マイノリティなど「他者」の声に耳をふさぐことで日々犯されている加害への視点」が抜け落ちてしまうからである［『〈コンパッション〉は可能か？』対話集会実行委員会編、二〇〇二、四頁］。

歴史を学ぶことは、歴史の中の犠牲の再来を警戒することであり、その意味で「道徳・公民教育は、もはや歴史の授業と分けることができない」［フォルジュ、二〇〇〇、二三頁］。許しがたい苦しみに怒り憤り、どんなに些細であっても苦しみの元凶となるような兆候を許さず、現在と未来のための抵抗を導くことこそが[(4)]、出来事を記憶する意義である［フォルジュ、二〇〇〇、二八二〜二八三頁］。

他方で、コンパッションは、ジョアン・ハリファックスによると、「他者の苦しみを心から気づかい、その苦しみの緩和を願うこと」であり、利他性、共感、誠実、敬意、関与という五つのエッジ・ステート（有益な資質）が、病的な利他性、共感疲労、道徳的な苦しみ、軽蔑、燃え尽きへと崩れ落ちるのを食い止めたり、そこから抜け出す道になるような資質を意味する［ハリファックス、二〇二〇、三〇〜三一、三四二頁］。そこでの〈コンパッション〉は自分自身や相手と〈「共にいる」力〉と定義される。

本章では、〈共感共苦〉の対象である「他者」（＝広島・長崎の被爆者や水俣病の被害者）が、同じように〈共感共苦〉

の対象となるであろう「他者」（＝福島原発事故被害者・避難者）に向けたメッセージとその反応から、異なる問題の当事者たちは、どのようにして〈共感共苦〉のコンパッションを獲得し、〈「共にいる」力〉を持ちうるかを考えてみたい。

3　被爆者運動からの〈共感共苦〉

戦時下のナショナリズムは「総力戦」として展開され、大部分の民間人の犠牲は、戦後、戦争被害受忍論によって放置され、切り捨てられてきた[5]。同じような構図が、戦後に繰り返されてきた。公害を隠蔽・黙認して被害を拡大させた高度経済成長も、福島原発事故という大惨事をもたらした原発推進のエネルギー政策も、国益、公益という大義のもとでは犠牲もやむなしとする、戦後社会における「総力戦」であったと指摘されている［山本、二〇二一、一六二、一六九頁］。

被爆者運動は、被爆者の放置と切り捨てに抗いながら、活動を続けてきた。「ヒロシマ」「ナガサキ」は国内外に核兵器の原罪を訴える表象であるにもかかわらず、原爆がいかに広範で長期的な被害を及ぼしてきたかという点については、いまだに合意が形成されていない。被爆者としての認定を求める裁判運動が続いてきたということは、いまだ被爆者の全容が明らかになっているとはいえないということだ。

近年では、二〇〇九年八月六日に原爆症認定をめぐって「原爆症認定集団訴訟の終結に関する基本方針に係る確認書」（八・六合意）が結ばれ、同年、「原爆症認定集団訴訟の原告に係る問題の解決のための基金に対する補助に関する法律」（原爆症基金法）が制定された。厚生労働省の「原爆症認定制度の在り方に関する検討会」（二〇一〇年一二月〜一三年一二月）でも認定審査のあり方が検討された。しかし、なおも原爆症認定から漏れた被爆者による裁判提訴が続いてきた。「黒い雨」訴訟では、二〇二一年七月一四日の広島高等裁判所での原告住民らが被爆者であると認める判決を受けて、住民らは広島市に、広島県・市は国に上告しないように要請し、国も上告を断念した(6)。制度が認める狭隘な「被爆者」のカテゴリーに異議を申し立て、現に存在する被害に向き合わない制度の狭き門をこじあけてきた被爆者運動は、福島原発事故に際して三つの側面から強いメッセージを発信してきた。

第一は、放射線被ばくの影響が過小評価され、健康被害が放置されるという懸念である。福島原発事故直後に、長崎原爆被災者協議会の山田拓民(ひろたみ)(7)事務局長（当時）は「六六年前の被爆体験を、政府が共有しているのか疑問だ。「これぐらいの線量ではただちに健康に影響は出ない」とよく言われるが、そんなものではないことは我々被爆者の実例からも明らか」だと述べた［『毎日新聞』二〇一一年四月八日］。

第二に、放射能をめぐる差別の告発であった。『はだしのゲン』を描いた中沢啓治(8)は、インタビューで、「福島県人に対する差別めいた反応は許せません。被爆者も差別や偏見に苦しみました。伝染病のように放射能がうつると誤解されたのです。被爆国なのに、放射能が正しく理解されてないのは残念です」と語った［『朝日新聞』二〇一一年五月一八日］。

第三に、エネルギー政策の見直しである。二〇一一年の広島と長崎の原爆の日の「平和宣言」で、広島市長は核の平和利用に疑問を投げかけ、長崎市長は再生エネルギーの開発を進めることの重要性を訴えた。

4　差別のなかの差別と〈「共にいる」力〉

被爆者運動にとって、福島原発事故は、自らの運動の根幹をゆるがすほど大きな衝撃だった。広島と長崎の原爆被害者が組織する日本原水爆被害者団体協議会（日本被団協）は、一九五六年の結成大会で、核の軍事利用は認めないが平和利用は認めるという立場を表明し、「人類は私たちの犠牲と苦難をまたふたたび繰り返してはなりません。破壊と死滅の方向に行くおそれのある原子力を決定的に人類の幸福と繁栄との方向に向わせるということこそが、私たちの生きる限りの唯一の願いであります」「私たちの受難と復活が新しい原子力時代に人類の生命と幸福を守るとりでとして役立ちますならば、私たちは心から「生きていてよかった」とよろこぶことができるでしょう」と宣言した(9)。長崎で一三歳のときに被爆した田中熙巳（てるみ）事務局長（当時）は、その当時の状況を次のように回想している(10)。

私は一三歳の中学一年生のときの長崎の被爆でありますので、そのころ、ちょうど原子物理学というのが本当に大きな学問として興ってきたときでありました。しかも、それが原爆に使われたということでありますから、私の場合、リベンジといいますか、こんなのにやられっぱなしでたまるか、というのがありましたね。やられっぱなしでたまるか、これは逆にいい方向に使わないとやるせないよ、というような気持ちが正直ありました。

それと、科学に対する興味がありますから、いままでわからなかったことがわかるようになってきたんだから、これを何とかしたい、という気持ちがありました。その当時の若い、特に理工系に興味のある青年たちは、かなり原子力に興味を持ったのは間違いないと思います。私の同級生でも、直接原子力に関係しているのが一〇人近くおりますので、もういまは全部退職しておりますけれども、そういう連中は、同じような、とにかく原子力を我々の手で……。ある種、自然と闘うんだというような、いま思うと大変恥ずかしいことだったと思いますけれども、自然を征服するんだという、そういうのが当時の若い人たちにはあったように思うんです。それは大変傲慢なことであったな、というふうに私は思いますし、この六〇数年たって、やっぱりそこは神の領域だ――変な言い方ですけれども――そこに簡単に手を突っ込んで何かをしようというのは間違いだ、というふうに思っているわけです。

日本被団協は、原子力の平和利用に期待し、また原子力産業に携わった被爆者もいたことから、「脱原発」を掲げてこなかった。しかし、福島原発事故後の二〇一一年六月の総会で原子力の平和利用を否定しないという日本被団協結成の原点を見直し、「原発ゼロ」の社会を目指すことを明確に打ち出した。また、「これまで長年にわたってとられた政府と電力各社の欺瞞と怠慢、国民の声を聞かない傲慢な態度に厳しく抗議し、放射能放出拡散による損害を全面的に賠償するよう求めること」を決議し、内閣総理大臣、日本電気事業連合会会長、東京電力および電力各社社長に、原発の新増設計画のとりやめ、現存する原発は年次計画をたてて操業停止・廃炉にすること、自然・再生エネルギー利用への転換、そして被害者に対し万全の補償を東京電力の自己責任で行うことを要請した(11)。

日本被団協が活動方針を転換する源には「怒り」があった。

> 二〇一一年三月一一日、大津波で瓦礫の街となった光景を目にし、多くの被爆者が、一九四五年八月の「あの日」見た広島・長崎の原爆地獄の街に引き戻されました。東電福島第一原発事故には「ふたたび被ばく者がつくられた」と涙し、強い怒りに身を震わせました(12)。

福島原発事故がもたらした被害を、自分事として怒る。人間として、放射能によって人間性が踏みにじられたことを憤る。〈共感共苦〉のコンパッションは、福島原発事故の被害者が、原爆の被爆者である自分たちと同じ「被ばく者」であるという点から、結成以来の活動方向を新たにしたのである。

田中事務局長は、二〇一一年五月二七日に福島県庁を訪れ、被災者に対する健康管理手帳の交付や医療費の給付を求めた。放射性降下物は内部被ばくをもたらす。晩発性障害への不安に苦しめられてきた被爆者が「被爆者健康手帳」で健康管理してきたように、福島の被ばく者はどこでどのように放射線を浴びてきたかを自身で記録し、後に、被ばくが原因とみられる病気になったときの補償要求に備えることが必要と考えたからである。そこには、福島で被ばくしてしまった被災者に、被ばく後を「どう生きていけばいいかというような共感みたいなもの」を持って接したいという思いがあった。(13)

被曝者に対する対策をきちんとすること。というのは、放射性降下物による残留放射線の影響は、あのとき、「いますぐに影響ありません」と国はいっていました。それはそのとおりなんですね。「いますぐに健康に障害が出ることはありません」と医者たちもいって、その医者たちはみんな住民に忌避されてしまっているわけですけれども、そのことだけは事実だと私は思うんです。ただ、その後に必ず影響が出てくる。それは五年たってか、一〇年たってか、二〇年たってかわからないけれども、必ず影響が出てくるわけですね。それに備えていかなくてはいけない、そのことをきちんといわないといけない。(14)

福島原発事故による被ばくと原爆による被爆は、表記が違っていても、同じ「被ばく」である。被ばく影響の適切な評価とともに、放射能に対する理解と差別の解消を求めるこれらメッセージは、福島原発事故避難者・被害者に、どのように受け止められたのだろうか。

被爆者は、放射線被害に対する正確な知識を持たない人々から、「放射能がうつる」「遺伝する」という差別を受けてきた。その差別は過去のものではなく、今でも被爆者の子や孫の世代の結婚に影響することもある。被爆者が苦しんできたのと同じ差別が将来に福島の被ばく者にも起こらないとも限らない。そのような不安な気持ちも分かちあうことができるのではないか。こうした思いを抱いて、田中事務局長は福島県庁を訪れた。

だが、福島県庁では、「被爆者の人たちが来て何かいうということは、福島の人たちが原爆の被爆者と同じようにみられ、差別をうけるから、県庁に来たことをあまり公にしないでほしい」といわれ、県庁記者クラブでの会見を断念せざるをえなかった。福島県内にいる九〇人の被爆者健康対策を所管する部署とのやり取りであったが、そこでさえ、被爆者と同一視されるのではないかという不安があった。田中事務局長は、「原爆の被爆者と福島で被曝した人たちを同じだというふうにみられれば、原爆の被爆者が受けた差別と同じ差別を福島の人たちが受けるのではないか、という心配」があったのだろうと察した[15]。

日本被団協は福島原発事故後の状況を見守り、寄り添う姿勢を崩さなかった。被害者・避難者に対して国と東京電力が補償すべきと訴え、原発再稼働に反対し、放射線被害から国民の命と暮らしを守ることなど、「原発ゼロ」に向けた要求を続けてきた。二〇二一年、日本被団協の談話「東日本大震災一〇年を迎えて」では、原子力非常事態宣言は解除されておらず、事故収束の目途もたたず、事態は一〇年前より悪くなっているという認識のもと、「被災者、国民の皆さんと手を携え、要求を実現し、国民の命と暮らしを守るために尽力する決意」を表明した[16]。

日本被団協の、他者の問題を自分事にする〈共感共苦〉のコンパッションは、他者のネガティブな反応に失望したり、他者を軽蔑したりすることはなかった。彼らのコンパッションは、福島に関わり、福島と抗い、福島と〈「共にいる」力〉であった。

5　水俣の教訓を福島へ

ヒロシマ・ナガサキ同様、カタカナの「ミナマタ」として表象される水俣病は、公害・環境汚染を告発する表象であり、二〇二二年一月現在も、水俣病の被害者は公害被害の認定を求めて、裁判で国や企業などと争っている。

水俣市が、水俣病が地域社会にもたらした分断と対立を乗り越えていく「もやい直し」に着手したのは一九九一年

伝えたい」企画展示パネル内容

	パネルタイトルおよびパネル内容
	た。金をチラつかせればみんなは黙り込む。しかし、最終的には命の問題。人のため、命を助けようと考えれば真実が近くなってくるのではないか。
9	人は幸せになるために生まれてきた／水俣病資料館語り部　川本愛一郎 民を済（すくう）という経済本来の意味を忘れ、道徳という人の道を指し示す文化を壊してきた報いがきている。壊れやすい道徳と忘れられた経済本来の意味を抱いたときに真の幸せが訪れると思う。人が生きることの真摯さとかけがえのなさを愛したい。
10	被災者の思いを分かっている水俣が、メッセージとして伝えること…私たちの役目／水俣病資料館語り部　杉本肇 オーガニック商品の会議で震災にあった方の話を聞いた。風評被害の話題になり、水俣は40年間風評被害を受けたという話をしたら、みんな言葉を失い、改めて水俣が大変な思いをしたことを感じてくれた。被災者の思いがわかる水俣からメッセージを伝えたい。水俣の救済が遅れたのは補償の問題があったから。被災者の支援だけを真っ直ぐに考えて救済補償をしてもらいたい。
11	風評被害の風向きを変えよう／吉永利夫 残念ながら「風評被害」は止められない。時間をかけてしつこく新たなイメージを創るしかない。小さな信用、口コミの信用を積み重ね、福島ファン、東北ファンが増えるまで情報発信を続けよう。風評被害の風向きを変えよう。
12	福島原発事故に思う／遠藤邦夫 国家・資本には相応の責任を果たしてもらいたい。私たちもエネルギーで時間を買い取る生活スタイルではなく、イバン・イリイチが主張する時速15キロの暮らしを追求したい。
13	風評被害に思う 川本ミヤ子さん、前田恵美子さん、永本賢二さん、金子スミ子さん、上野エイ子さんのメッセージ。子供たちが受けた差別発言は口にしてはいけないことだ。「生きる」ことに精一杯で風評被害で困ったという認識はなかったが、正しいことはしっかりと伝えることが大事。今の福島の状況は昔の水俣を大きくしたように感じる、など。
14	（タイトルなし：東日本大震災を報じた新聞記事と写真のコラージュ）
15	（タイトルなし：東日本大震災を報じた新聞記事と写真のコラージュ）
16	福島原発事故風評被害　水俣から 風評被害に、世間は変えられないから水俣が変わるという意識の転換をしてきた。覚悟して本物のモノやまちづくりを進め、犠牲者に祈り、復興の取り組みを発信すること、そしてここに生きる、生きていく希望をつくることが大切。
17	2011年　水俣市は「環境首都」の称号を獲得しました 全国58自治体のなかから最高賞の「日本の環境首都」の称号を、全国初、水俣市が獲得。

出所：パネル内容を一部抜粋して筆者作成。

表 10-1 「福島原発事故風評被害――水俣の経験を

	パネルタイトルおよびパネル内容
1	福島原発事故風評被害――水俣の経験を伝えたい」企画展　趣旨 風評被害に立ち向かうために大切なのは、本物の食べ物・もの・まちづくりと情報発信である。ミナマタの経験が役立つことが起きたのは辛いことだが、経験を役立ててもらえば水俣病の犠牲も無駄にならないはずだ。
2	水俣病事件と福島原発事故には似通っていることがある 類似点として、人命軽視、科学万能主義、国策、経済と効率優先、反対・反論意見の無視、風評被害、一部の地域の負担とリスクを黙認について指摘。ミナマタの経験から、十分な健康被害調査の早期実施と長期継続、解決に長期間かかること、環境復元は膨大な費用がかかるが完全にはできないこと、地域社会や人心の分断、予告されていた事故と解明しつくされない事故、住民に事故の備えがない、被害が目に見えない、事故の完全な後始末はできないことを指摘。
3	水俣の風評被害　そして福島 水俣病の患者・被害者、そして市民は偏見や差別に苦しみ、魚だけでなく農産物も売れなくなった。福島原発事故では偏見や差別、福島の農産物が売れないなど、水俣の比ではない風評被害が国内だけでなく国外でも発生している。問われるのは、福島だけでなく日本がどうするか。
4	東日本大震災・福島原発放射線事故・風評被害――水俣市からのメッセージ 水俣病のような悲しい経験を繰り返してはなりません／2011 年 4 月 26 日 水俣市長　宮本勝彬 原発事故のあった福島県からの避難者に対する差別や偏見を知り、水俣市民はとても心を痛めている。特に風評被害からの偏見や差別を懸念している。冷静に正しい情報を求め、自らも避難者を暖かく迎えていきたい。
5	水俣病公害の教訓と経験を参考に／元水俣市長　吉井正澄 1999 年の茨城県東海村での JCO 臨界事故後、東海村は「地域再生は水俣市に学ぶ」と宣言し、環境自治体に発展してきた。水俣市の経験が原子力災害の被災自治体の復興に貢献できた実例である。
6	水俣として伝えて行くことの責任を果たす、水俣病の教訓の発信の強化が役立つと信じる／水俣病資料館語り部　緒方正実 歴代環境大臣はじめ多くの人が水俣病の悲劇が起こらないよう誓ってきたが、それが本当だったら福島原発のような事故は防げたはずだ。水俣病の教訓が伝えられていなかったとの反省のもと、さらに教訓の発信を強化しなければならない。
7	福島原発事故の風評被害に思うこと／水俣病資料館語り部　吉永理巳子 永いあいだ無関心を装い、水俣病問題を避けてきたが、40 年余りたって、無関心のふりをしていても何も解決しないことに気づいた。水俣病から学んだのは、弱い立場の人を守る、勇気をもって謝る、事実を知らせる、自分の頭で考える、学ぶ機会をつくる、自然と共に生きる、ということ。
8	やっぱり 人を助け 命を大事にして 真実を明らかにすることだろうなぁ／水俣病資料館語り部　杉本雄 事故後の対応をみると、水俣と同じで、国は逃げていた。補償金の話が出たのをまずいと思っ

である。以後、水俣病の教訓を踏まえた「環境モデル都市」づくりを進めてきた水俣市では、福島原発事故後間もない二〇一一年四月に、宮本勝彬（かつあき）市長（当時）が、福島の被災者を心配していると緊急メッセージを発した。そこで、宮本市長は、福島に向けられる差別に対し、「放射線は怖いものだが、事実に基づかない差別や中傷はもっと怖く悲しい。水俣病のような経験を繰り返してはならない」と述べた［『毎日新聞』二〇一一年四月二七日］。

二〇一一年六月には、水俣市立水俣病資料館で、緊急企画展「福島原発事故風評被害――水俣の経験を伝えたい」が開催された。

「福島の車は帰れ」などの根拠のない差別や偏見が起きています。悲しいことに、水俣も五〇年前から経験してきました。最初に正しい情報が伝わっていないことなどが原因です。でも、水俣は「人様は変えられないから自分が変わる」と話してくれた水俣病受難者に学び、世間は変えられないから水俣が変わると動いてきました。水俣病の犠牲を無駄にしない環境都市を目指し、今では環境首都の称号を得、モノも売れるようになりました。原発事故で世界のフクシマとなった福島に水俣の経験を伝えます。国の対応を求めながらも、自分たちで覚悟し、本物のモノ、マチをつくる大事さを。(17)

企画展のパネルに記されたメッセージは、水俣が経験してきた諸問題を福島原発事故に重ねて、表面的には見えにくい構造的な類似性を見ている(18)（表10-1）。特に、差別と偏見を含んだ風評被害については、自分たちの経験そのものであると語られた。

「もやい直し」を主導してきた吉井正澄元水俣市長は、パネルのなかで、水俣の経験を伝えることに対し、「お仕着せになってはならない。求めに応じて適切に温かく丁寧に発信することである」と抑制しつつも、一九九九年のＪＣ

O事故で命の危険を感じ、さらには深刻な風評被害にさらされた東海村の復興に、水俣の経験が生かされた例を紹介している。

東海村の総合計画や環境基本条例、環境基本計画など、村政の基本は水俣市を参考にして策定されている。今や東海村は、臨界事故の混乱や悲劇を見事に克服して全国有数の環境自治体に発展し、経済的にも精神的にも豊かな村づくりに成功している。水俣市の経験が、原子力災害の被災自治体の復興に大きく貢献できた実例である。(19)

東海村の村民も意欲的に風評被害に立ち向かった。「干しいも」は安全な自然食品と強調して全国に発送されている。(20)

パネル展示のメッセージは一〇年たっても色あせず、むしろ一〇年たったからこそ福島原発事故被災地の人々に届けたい内容になっている。

6　カタカナで表象される葛藤

他方で、福島原発事故直後の避難者・被害者にとって、水俣病との類似性は、ただちには受け入れがたいことであったかもしれない。風評被害はなくならないというメッセージを認めることには苦痛があったかもしれない。福島原発事故が起こって間もない頃、他の原発はどこにあるかわからない地名を付しているのに、なぜ福島原発だけが福島という県名を冠にしたのか、というぼやきが聞かれた。広域の地域名でなければ、会津地方のように放射能汚染の影響がほとんどなかった地域は、風評にさらされることなく、経済的にも社会的にも被害を受けずにすんだのではないかというのである。逆に、福島県境を越えて広がった放射能汚染は、その土地を風評に晒さなかったかわりに、被害者・避難者に対する支援や救済というスコープを貧弱にしてきた。

地名は問題の範囲を境界づける。と同時に、地名は問題そのものを指し示す表象として機能することで[21]、差別を生み出してきた。それゆえ、特に事故直後は、ヒロシマ・ナガサキ、ミナマタのように、福島がフクシマとカタカナで表記されることへの抗いがあった。

ネット上ではいろいろな情報が流れ、中にはありがたくないものもある。北関東にある国立大学の教授は「福島県の農家はいま日本社会に向けて銃弾を打ってる」とつぶやき、物議を醸した。昨年〔二〇一一年〕一一月に福島で開催された女子駅伝を「殺人駅伝」と呼んだ人もいる。原発から流出した放射性物質の危険性を指摘し、その責任を追及するのはいいが、批判の対象が間違ってはいないか。

ネットであれこれ言われたくないと思う気持ちは私にも少しは分かる。ツイッターを見ていると、「福島はフクシマでねぇ福島だ」というタグ（付せんのようなもの）がついた書き込みを時々みつける。福島をフクシマと呼んでほしくない、自分たちはここで暮らしている、よそ者にとやかく言われたくない――。そんな福島の人たちの思いが込められている。〔『毎日新聞』二〇一二年二月一八日〕

カタカナ書きされた地名は、繰り返してはならない問題を告発する表象として機能する一方で、その土地で暮らしつづけようとしている人々に偏見や差別の棘を刺し、被害を増幅させるものと捉えられた。こうした福島の声に寄り添う〈共感共苦〉のコンパッションは、ときに同じようにカタカナ書きされる他者の問題を突き放す。

「フクシマ」という書き言葉が気になる。「ヒロシマ」のような、不幸な事態を象徴する言葉になっている。〔中略〕「知」は感じても「情」は感じられない無機質な記号に見える。〔『毎日新聞』二〇一一年四月六日、傍点筆者〕

原爆投下で奪われた命や被爆者の苦悩はたしかに「不幸な事態」であるが、ヒロシマは、単に「不幸な事態を象徴する言葉」ではなかった。広島の原爆経験を調査してきた根本雅也は、「Hiroshima」を意識した「ヒロシマ」は、反核・平和を唱える普遍性を示すものであり、「普遍主義と地域主義の結びつきを表す用語」であると指摘する〔根本、二〇一八、一一頁〕。さらに、反原爆の立場とは「人が生きることを否定するものに反対する立場」であり、そこにヒロシマのもうひとつの普遍性があると示唆している〔根本、二〇一八、二六二頁〕。

公害・環境汚染を告発してきた水俣病の場合、「ミナマタ」以上に「水俣」という地名が表象するものに葛藤し、苦悩してきた。外部から「水俣病の水俣」とラベリングされ、水俣に住む人々にとって「水俣病よりは水俣のほうが大きい」〔谷川、一九七二、三三頁〕ことが見えなくなってしまうことが問題になってきた。水俣病の病名変更運動を調査・分析してきた向井良人は、水俣病と水俣の日常の関係を多義図形のダブル・イメージのように読み解く。

水俣の日常の中から〈水俣病〉を部分として切り出すことは難しい。では、なにを見てないにを見なければ〈水俣病〉が浮かび上がるか。そこに浮かび上がる〈水俣病〉とは、誰によって枠取りされたものなのか。「〈水俣病〉が像を結ぶのに最適な解像度は」という問いは、現実の中に地図を探すことであり、地図に描かれない現実を探すことである。〔向井、二〇二〇、五八頁〕

水俣市で取り組まれてきた「もやい直し」は、水俣に「水俣病以上の水俣」を上書きしていくような地域づくりの取り組みであった。水俣市立水俣病資料館の「原発事故で世界のフクシマとなった福島に水俣の経験を伝えます。国の対応を求めながらも、自分たちで覚悟し、本物のモノ、マチをつくる大事さを」というメッセージの背後には、たとえば、環境マイスター制度を確立して「安心安全の水俣ブランド」をつくってきた自負がある。「フクシマ」に矮小化されず、福島原発事故に塗りつぶされない、自信と誇りを持てる地域づくりとは、向井の言葉を借りるならば、福島原発事故で枠取りされえない地域の地図を自ら描き、伝える営みであろう。

7　双方向のコンパッション

他者への一方的で不均衡なコンパッションは、他者に受け入れられない場合がある。「経験した者でなければわからない」という言葉は、〈共感共苦〉を拒絶し、〈「共にいる」力〉が幻想にすぎず、他者の問題に踏み込んで当事者性を獲得することが不可能であるかのように感じさせる。

〈共感共苦〉や〈「共にいる」力〉としてのコンパッションは、「共」であることに力点がある。人は相手に関心がない時にコンパッションを抱くことができない［ハリファックス、二〇二〇、三八六頁］。そうであれば、人との出会いや交流の時間、出来事が持つ情報（物語）を共有することは、双方向的なコンパッションの一歩だろう。そのような状況を、柏崎刈羽原発で「原発震災」を経験し、福島原発事故の県外避難者を多く受け入れてきた新潟県の事例から見ておこう。

二〇一一年三月三日、ノーモア・ミナマタ新潟全被害者救済訴訟（第四次訴訟）の和解が成立した。一一日に東日本大震災が発生、福島原発事故による避難者を新潟県は積極的に受け入れた。和解から間もない新潟水俣病被害者も福島原発事故にメッセージを発していた。

たとえば、二〇一一年に新潟水俣病の語り部の話を聞いた生徒は、「水俣病に対する非難と同じようなことが、現在、福島原発問題で起こっていて悲しいとおっしゃっていましたが、どちらも現在進行形の問題で、自分自身も他人事ではすまされないと強く実感しました」という感想を寄せている。[22]新潟水俣病の語り部は、福島原発事故避難者・被害者も、いわれなき偏見や差別にさらされていることを伝えていた。

毎年、秋に実施されている新潟水俣病の「現地調査」には、福島在住あるいは新潟に避難している方の参加を募り、六月に実施されてきた新潟水俣病シンポジウムでは福島原発事故問題を取り上げた。新潟水俣病の被害者が福島を現地調査に訪れることもあった。

二〇一三年七月二三日に、福島原発事故で新潟に避難した人々が原告となって、国と東京電力を被告とする損害賠償請求訴訟を新潟地方裁判所に提起した。[23]同年一二月一一日には、国と昭和電工を被告とするノーモア・ミナマタ第二次新潟全被害者救済訴訟（第五次訴訟）が提起された。原告は、三度の「解決」にもかかわらず、「水俣病被害者の救済及び水俣病問題の解決に関する特別措置法（水俣病救済特別措置法）」（二〇〇九年制定）による救済から漏れた人々であった。

ふたつの裁判原告は交流会などを重ね、二〇一七年に広く参加者を募って第一回「知っていますか　福島原発避難と新潟水俣病　協同のつどい」（「協同のつどい」）を開いた。

そもそものきっかけは、新潟水俣病の被害者や支援をされている方々が、原発避難者の法廷での証言を聞き、避難者の方々の大変な生活を初めて知り、驚かれたことにあります。そして、新潟水俣病と福島原発の被災者は、国策の被害者という点や、差別や偏見に苦しんでいるという点で共通点があることに気づき、お互いの被害と苦しみを理解し合い、連携・連帯を図っていこうということになったものです[24]。

二〇一八年の第二回「協同のつどい」では、新潟県民に呼びかけるかたちで「協同のつどいアピール」が公表された。それぞれの直面する問題を知り、語りあうなかで、「他人事(ひとごと)の問題」は「他人事(ひとごと)ではない問題」になる。自らが直面する問題を学び、考える。自らの問題を他者の抱える問題と関連づける。そうしたプロセスを通して、双方的なコンパッションが行動する主体を相互にエンパワーメントしてきたことが、「協同のつどいアピール」から見えてくる。少々長いが、引用しておこう。

県民の皆さん

私たち新潟水俣病被害者は、昭和電工が阿賀野川に垂れ流したメチル水銀に汚染された魚とは知らずに食べ続けたことにより健康被害を受けた被害者です。

私たち福島原発避難者は、東京電力が起こした原発事故により、生活圏を見えない放射能により汚染され、住んでいる場所を追われた被害者です。

水俣病被害者と原発避難者は、立場は異なりますが、いずれも国の産業振興政策やエネルギー政策といった国策の被害者であり、巨大企業の利益追求と怠慢による犠牲となった者たちです。

にもかかわらず、私たちは、その被害を正しく理解してもらえず、差別や偏見に苦しまされ、時にはいわれのない誹謗や中傷を受けてきました。そして、そのような差別や偏見を生み出し助長し放置したのは、他ならぬ国や加害企業でした。

国は、水俣病の判断基準を改悪し患者を切り捨てる政策を進めてきました。福島原発事故においては、一方的な線引きによって、「自主避難」という用語を生み出し、好んで避難したわけではないのに、避難する必要のない人とのレッテル貼りをしたのです。

私たちは、二〇一七年二月から、お互いの被害を理解し合い語り合う取り組みを重ねてきました。新潟水俣病の被害者たちは、原発事故でふるさとを失い、家族が離ればなれになり、生き甲斐を失い、孤独の中で生活している苦しみの大きさを知りました。福島原発避難者たちは、水俣病被害者の半世紀に及ぶ闘いの歴史を知り、差別と偏見を乗り越え、被害を訴えることの重要性を学ぶことができました。

私たちの裁判は、それぞれ山場を迎えており、近年中に判決を迎えることになります。私たちは、被害者の切実な要求を認め、国と企業の責任をきちんと認める判決を目指し、これからも連携し合い助け合いながら、全力で頑張ります。

県民の皆さんの一層の暖（ママ）かな御理解と御支援を受けながら、一日も早い解決を目指すとともに、国と企業に国民の生命と暮らしを大事にするように求め、皆さんとともに頑張る決意を表明し、アピールとします。[25]

以後、「協同のつどい」は、COVID-19のパンデミックで開催が困難になるまで、半年に一度のペースで五回開催された。福島原発事故避難者と新潟水俣病被害者の話、専門家の講演や弁護士の裁判解説、意見交流といったプログラムで、一般参加も募り、会場では記録集の販売やカンパの呼びかけも行われた。

8　経験の共有はオープンエンドな歴史を紡ぐ

福島原発事故は、被爆者問題や水俣病問題という異なる問題と同一の地平で理解されうるものであった。理解とは、

「自己の体験を出発点に、「感情移入」や「追体験」を介して他者の体験を再構成すること」〔野家、二〇一六、六三頁〕である。

ヒロシマ・ナガサキ、そしてミナマタは過去の問題ではない。問題の起点は過去に置かれるが、いずれも現在進行形のオープンエンドな問題である。ヒロシマ・ナガサキは、フクシマの苦悩のなかに自分たちが抱えてきた「被ばく」をめぐる問題構造が転写されていることを理解し、将来の健康被害に備える手帳の必要性を伝え、核の軍事利用と平和利用を切り分ける姿勢を転換した。ミナマタは、フクシマの今後に自らの地域が抱えてきた困難を投射し、水俣病と正面から向きあうことで、人やモノへの根強い風評被害を水俣だからこその安全・安心に転換してきた経験を伝えてきた。

哲学者の野家啓一は、個々の体験〈思い出〉が歴史へと転生する契機は「言語化」と「共同化」であり、私的な経験は言語化を通して〈共同体的経験〉となり、〈公共的過去〉として歴史を紡ぐと述べる〔野家、二〇〇五、一七二～一七三頁〕。

「共同化」が人と人との間に成立する出来事である限り、それは好むと好まざるとに拘らず倫理的色彩を帯びざるをえない。物語行為は過去とともに未来を「共同化」することによって、われわれに来し方行く末を展望する手がかりを与え、そのことによって現在を生きるわれわれに自己理解の場を提供する。この自己認識の契機こそが、歴史認識に特徴的な「反省的距離化」の働きにほかならないのである〔野家、二〇〇五、一七三頁〕。

歴史の犠牲者への〈共感共苦〉のコンパッションは、歴史を記憶と継承という倫理的、道徳的なものへと導く。ヒロシマ・ナガサキ、そしてミナマタという異なる問題の当事者にとって、福島原発事故の避難者・被害者は、自らが来た受難の道を遅れて辿ろうという人々であり、それは許されないことだった。

他方で、新潟での福島原発事故避難者と新潟水俣病被害者の「協同のつどい」にみられる双方的なコンパッションは、同時期に裁判を起こした原告同士のコミュニケーションを通して〈共同的経験〉を紡ぐものであった。

二〇二一年六月二日、一足先に地裁判決を得た福島原発避難者新潟訴訟は、東京高等裁判所に審理の舞台を移した。新潟水俣病のノーモア・ミナマタ第二次訴訟は、その後を追って地裁判決の獲得を目指している。(26)

付記　本章は科研費（一七KT〇〇六三）の成果の一部である。

注

（1）「第三水俣病」をはじめ各地で水俣病発生疑惑があったが、公式に水俣病が発生したと認められたのは、チッソ（一九〇八年に日本窒素肥料、一九五〇年に新日本窒素肥料、一九六五年にチッソ、二〇一一年に事業譲渡によりJNC設立）を加害源とする水俣病と、昭和電工鹿瀬工場（一九二九年に昭和肥料鹿瀬工場として生産開始、一九三九年に昭和電工鹿瀬工場、一九六五年に鹿瀬電工、一九八六年に新潟昭和）を加害源とする新潟水俣病だけである。

（2）熊本県一七九〇人、鹿児島県四九三人、新潟県七一五人である。

（3）ちなみに、福島県白河市にはNPO法人が運営する「アウシュヴィッツ平和博物館」があり、犠牲者の写真や遺品が展示されている。

（4）フォルジュは、フランスの学校教育における「いじめ」はもとより、ゲーム、テレビ、警察署など、どこにおいても、どんな些細な屈辱や差別であっても許容しないことが、アウシュヴィッツに抗して教えることだと述べている［フォルジュ、二〇〇〇、二八二頁］。

（5）二〇二〇年一〇月に超党派の国会議員連盟（空襲被害者等の補償について立法措置による解決を考える議員連盟）が

まとめた空襲被害者等に対する救済法案は、与党内の調整が進まずに国会への法案提出がなされなかった。

（6）とはいえ、国はその判決の効力を長崎の被爆者に自動的に適用することについては難色を示し、厚生労働省の新救済指針案でも長崎は対象外とされた［『朝日新聞』二〇二二年一月二八日］。

（7）長崎の爆心地から三・三キロ地点の旧制長崎中学校で被爆。当時、一四歳。原爆投下から一五日までに家族六人のうち母と姉弟、四人を亡くし、一九六一年に被爆が原因とみられる肺がんで父を亡くした。二〇二一年逝去。［『朝日新聞』二〇二一年六月二九日、「NHK長崎放送局、二〇一一年四月一九日放送　長崎原爆　一〇〇人の証言三八　山田拓民さんインタビュー」NHK［http://www.nhk.or.jp/nagasaki/peace/shogen/shogen038-1.pdf］（最終閲覧日二〇二一年八月三〇日）］。

（8）広島で被爆。当時、六歳。被爆体験をもとに描かれた『はだしのゲン』［一九九八］は、各国語に翻訳され、海外でも広く読まれている。二〇一二年逝去。二〇一三年に松江市教育委員会が小中学校で『はだしのゲン』の閲覧制限をしたことが問題になった。

（9）日本被団協「日本被団協結成大会（一九五六年八月一〇日）宣言」日本被団協ホームページ［https://www.ne.jp/asahi/hidankyo/nihon/about/about2-01.html］（最終閲覧日二〇二二年一月二日）。

（10）日本記者クラブ「日本記者クラブシリーズ企画「三・一一大震災」田中熙巳日本原水爆被害者団体協議会（日本被団協）事務局長」、二〇一一年八月三三日、九頁［https://s3-us-west-2.amazonaws.com/jnpc-prd-public-oregon/files/2011/08/5f2e39ab8f9b0b728502 9f75b6b1cd2e.pdf］（最終閲覧日二〇二一年七月四日）。

（11）日本記者クラブ（注（10））の参考資料、および日本被団協「要請書」二〇一一年八月三〇日［http://www.ne.jp/asahi/hidankyo/nihon/img/110831yousei.pdf］（最終閲覧日二〇二一年八月六日）。

（12）日本被団協「談話　東日本大震災一〇年を迎えて（日本原水爆被害者団体協議会　事務局長　木戸季市）」二〇二一年三月一一日［https://www.ne.jp/asahi/hidankyo/nihon/seek/img/20210311danwa.pdf］。この「怒り」は、二〇一一年三月の事務局長談話で「「安全神話」を振りまいてきた政府と東京電力が情報を隠し続けていることへの怒り」と表現されている。

(13) 日本記者クラブ、注(10)に同じ、一一頁。
(14) 日本記者クラブ、注(10)に同じ、一一～一二頁。
(15) 日本記者クラブ、注(10)に同じ、一二、一三～一四頁。この時期、福島から県外に避難した人々から、福島ナンバーの車は嫌がらせを受ける、避難先で「放射能がうつる」と言われたなど、既に差別が生まれていた。出来事が持つリスクから遠ざかろうという心理は、差別の生成につながるという側面がある。
(16) 日本被団協、注(12)に同じ。
(17) 水俣病資料館企画展「福島原発事故風評被害――水俣の経験を伝えたい」チラシ（二〇一一年六月）による。
(18) 水俣病の写真を撮ったユージン・スミスとともに水俣に住み込み、原発反対の活動を行ってきたアイリーン・スミスは、この類似点を「水俣と福島に共通する一〇の手口」として、以下のように整理した［『毎日新聞』二〇一二年二月二七日］。

一．誰も責任を取らない／縦割り組織を利用する
二．被害者や世論を混乱させ、「賛否両論」に持ち込む
三．被害者同士を対立させる
四．データを取らない／証拠を残さない
五．ひたすら時間稼ぎをする
六．被害を過小評価するような調査をする
七．被害者を疲弊させ、あきらめさせる
八．認定制度を作り、被害者数を絞り込む
九．海外に情報を発信しない
一〇．御用学者を呼び、国際会議を開く

(19) 水俣病資料館企画展「福島原発事故風評被害――水俣の経験を伝えたい」（二〇一一年六月）展示の吉井正澄のパネルによる。

(20)　注(19)に同じ。

(21)　スリーマイル（一九七九年）、チェルノブイリ（一九八六年）のほか、セベソ（一九七六年、イタリア・ロンバルディア州における農薬工場爆発事故によるダイオキシン汚染）、ボパール（一九八四年、インド・マディヤプラデシュ州における米国企業の化学工場爆発による有毒ガス流出事故）などの地名は、単なる地名ではなく、世界を震撼させた大事故として了解される。

(22)　環境と人間のふれあい館「出張語り部の感想」二〇一一年一一月一一日［http://www.fureaikan.net/guidance/impression_details.php?id=60］（最終閲覧日二〇二二年一月二日）。

(23)　原告は最終的に二三七世帯八〇五人となり、全国最大規模の避難者訴訟になった。

(24)　新潟合同法律事務所「福島原発被害&新潟水俣病第一回協同のつどいが開かれました（二〇一七年一一月六日）」［http://niigatagoudou-lo.jp/］（最終閲覧日二〇二一年八月二六日）。

(25)　知っていますか　福島原発避難と新潟水俣病　協同のつどい実行委員会「協同のつどいアピール」二〇一八年五月一二日。

(26)　東京電力に賠償を命じたが、国の責任は認めない判決であった。

参考文献

石橋克彦［二〇一二］『原発震災――警鐘の軌跡』七つ森書館。

『〈コンパッション〉は可能か?』対話集会実行委員会編［二〇〇二］『〈コンパッション（共感共苦）〉は可能か?――歴史認識と教科書問題を考える』影書房。

環境省編［二〇二一］『令和三年版　環境白書／循環型社会白書／生物多様性白書』環境省。

谷川健一［一九七二］「水俣病問題の欠落部分」石牟礼道子編『水俣病闘争　わが死民』現代評論社、三一〜三七頁。

中沢啓治［一九九八］『はだしのゲン（全七巻）』中央公論社。

根本雅也［二〇一八］『ヒロシマ・パラドクス――戦後日本の反核と人道意識』勉誠出版。

野家啓一［二〇〇五］『物語の哲学』岩波書店。

——［二〇一六］『歴史を哲学する——七日間の集中講義』岩波書店。

ハーシー、ジョン（Hersey, John）、石川欣一・谷本清訳［一九四九］『ヒロシマ』法政大学出版局。

ハリファックス、ジョアン（Halifax, Joan）、マインドフルリーダーシップインスティテュート監訳・海野桂訳［二〇二〇］『Compassion（コンパッション）——状況にのみこまれずに、本当に必要な変容を導く、「共にいる」力』英治出版。

フォルジュ、ジャン＝フランソワ、高橋武智訳、高橋哲哉解説［二〇〇〇］『二一世紀の子どもたちに、アウシュヴィッツをいかに教えるか？』作品社。

堀場清子［一九九五］『禁じられた原爆体験』岩波書店。

向井良人［二〇二〇］「「工場廃水に起因するメチル水銀中毒」を名付ける行為についての試論」水俣病研究会編『日本におけるメチル水銀中毒事件研究二〇二〇』弦書房、九〜八九頁。

山本義隆［二〇二一］『リニア中央新幹線をめぐって——原発事故とコロナ・パンデミックから見直す』みすず書房。

吉岡斉［二〇一一］『新版　原子力の社会史——その日本的展開』朝日新聞出版。

あとがき

本書は、まえがきで述べたように、新潟県委託調査報告書『子育て世帯の避難生活に関する量的・質的調査』の共同執筆者により生まれたものである。本書共著者のお一人、小池由佳さんと私は、二〇一一年以降、新潟にて、ママ茶会という名の避難者交流会を度重ねて開いていた（第七章参照）。二〇一三年以降は、福島避難者に関する新潟記録研究会を共同でたちあげ、支援者の方々へインタビューを行い、二冊（『お母さんを支え続けたい――原発避難と新潟の地域社会』田口卓臣さんとの編著、本の泉社、二〇一四年、『原発避難と創発的支援――活かされた中越の災害対応経験』松井克浩さん、田口卓臣さんとの共著、本の泉社、二〇一六年）を出版していた。このことから新潟県の委託研究にもお声がけいただいたようだった。

しかし、新潟県調査は、受託から四か月で報告書の提出の期限だという。小池さんと私の二人では、到底、手が回らない。原発事故賠償研究で知られる除本理史さん（大阪市立大学）に、放射能汚染や原発事故後の社会調査に造詣の深い藤川賢さんと高木竜輔さんをご紹介いただくことになった。また、新潟水俣病研究でよく知られる関礼子さんに「福島原発避難と新潟水俣病　共同のつどい」で初めてお会いする機会があった。関さんの『鳥栖のつむぎ――もうひとつの震災ユートピア』（関礼子・廣本由香編、新泉社、二〇一四年）に感銘を受けていた私は、ぜひ助けてほしいと懇願した。こうして、環境社会学の気鋭の三名の研究者にご快諾をいただき、また宇都宮大学の同僚で、ともに被災者支援や調査を行いシンポジウムを毎年開催してきた清水奈名子さん、阪本公美子さんにもご参加いただき、スピード感あるスケジュールでの報告書作りが始まった。

新潟でのインタビュー実施に向けた説明会は、ママ茶会以降交流のある菅野正志さん（原告団のお一人）が、避難先の公営住宅で開催してくださった。その後、お連れ合いさまやお子さんたちが美味しい手料理をふるまってくださった。二、三名の研究者でチームを組んで行ったインタビューは、数日に及んだ。お子さんへの聞き取りは、児童福祉を専門とする小池さんに必ず入ってもらった。インタビュー場所は、新潟合同法律事務所にお世話になった。新潟市西区にあった子育て応援施設のどりーむはうすでも、聞き取りを行わせていただいた。縁側のある古民家で、ママ茶会を開催させていただいた場所でもある。インタビューに応じてくださった避難者の方々は、普段はにこやかにされておられても、それぞれに壮絶な経験を重ねられていた。

この時期、小池さんと私は、原発被害救済新潟県弁護団からも相談を受けていた。二三七世帯八〇七名と、避難者訴訟では日本最大級の原告団の弁護士たちは、原告の方々の並々ならぬ不安と喪失に深い憂慮を抱き、どのような分析が可能かを模索しておられた。私たちは協働して、原告の方々の陳述書を、分析可能な量的データに変えた。優れた分析能力を発揮して、このデータを新潟県の委託報告書に含めてくださったのは、高木さん、小池さん、阪本さんである。これらを基盤として、小池さんと私がさらに分析を進めたデータは、本書第三章と第四章においても用いている。

以上の聞き取りデータや量的データをふまえて、私たちは研究会を度重ねて行った。最後にはほぼ徹夜続きで、リレーのように互いに励まし、手を入れあいながら報告書を執筆した。新潟県の担当者の方に、「報告書、とてもよかったです」とお褒めの言葉をいただいたときは、ほっとした。各章の分析記述もさながら、巻末の証言集には数多くの語りが含まれていて、被害の深刻性、普遍性、多様性が伝わる内容になっている。新潟県のホームページから、全文インターネットでアクセスも可能なので、ぜひお読みいただきたい。

この報告書をおさめてから、被害の深刻性をもっと世の中に伝えなくてはという話になったのは、私たちの中では自然の流れだった。しかし、ここから出版までは、さらに四年ほどの月日を要した。時間がかかった理由はいくつかある。一つには、新潟弁護団で専門家証人を依頼され、かかりきりになったこともある。山形の弁護団さんのお手伝いもさせていただき、関西の弁護団さんとの交流もはじまったこともある。この間、避難者の方々や『孤塁 双葉郡消防士たちの三・一一』の取材中だった吉田千亜さんにもお世話になり、避難元を見せていただいたり、大学で毎年シンポジウムを開催したこともある。その後新型コロナウイルス感染症のパンデミックが始まり、学生への生活影響調査や支援、オンライン教育活動の模索他、学務等で忙殺されたこともある。しかし、それだけではない。最大の生みの苦しみは、本書第Ⅲ部にあった。

まえがきで述べたように「構造的暴力」の一つの形態として、原発被害が増幅し、生活剥奪が進みながらも不可視化される状況がある。ここから、いかにして脱することができるのかが第Ⅲ部の主題であった。結論からいえば、この難題に対して本書が到達した手がかりが、〝コンパッション〟（共感共苦）である。「他者の苦痛／苦痛への想像力」をもたらす〈共感共苦〉のコンパッションは、「非人間的な行為の歴史に対し誠実になることで、非人間的行為の再来を防ぐための能力」となりうる（関、本書第一〇章、二八五頁）。第Ⅲ部では、子育て支援、災害経験、被災者支援、戦争や核、環境災害など、異なる角度から、避難者へコンパッション〈共感共苦〉を寄せる方々の記録を記した。そのコンパッションは、今避難の途上におられる方の、次のスピーチにも見出される。

> 私は阪神大震災も中越地震も無関心で他人事でした。そのような考えがこの事故を引き起こしたのかと思います。原発に限らず、世の中に目を向けていれば防げたのかもしれません。新潟では多くの方に寄り添ってもらい、支えてもらっています。新潟の方は、中越地震・中越沖地震で福島には沢山助けてもらった。恩返しをしているだけだ、とよく言われます。こんな大災害は二度と起きてほしくありませんが、困った人がいたら次からは寄り添っているのではと思っています。（宇都宮大学シンポジウム、二〇一九年二月）

避難者の方々のほとんどは、事故前にはそれなりに充足した普通の生活を送っておられたが、事故後に一変した。その後も、日本列島を幾度も災害が襲い、そして新型コロナウイルスのパンデミックである。世界に目を向ければ、ロシアによるウクライナ軍事侵攻がはじまった。誰しも、いつ、何がきっかけで、平穏なくらしが奪われるかわからない世の中である。自然が、国家が、強大な暴力装置が、われわれに牙を向いた時、それに対峙できる可能性は、コンパッションを伴う市民の連帯にあるのではないか。

「福島原発事故が相互交差現象としていかなる衝撃をコミュニティに与えたのかを記録して残すことは、後世に対する現世代の社会的責務」というのは、二〇一三年に新潟記録研究会を立ち上げるために稲盛財団より研究助成をいただいた時、審査員のお一人であった山室信一先生よりいただいた言葉だった。私たちは、その責務を果たせているのだろうか。欧州委員会が、環境に重大な害を及ぼさない持続可能な経済活動のリスト「EUタクソノミー」に、原子力追加を提案しようとしている。しかし原発事故が起きれば、生活への打撃は極めて大きく、環境も重大な害を被ることを私たちは経験している。チェルノブイリと並ぶ規模の原子力災害が、いかに被害を及ぼしたか、私たちは、日本と世界にも、その被害を伝える責務がある。本書で紹介した記録が、歴史を構成する一片として、二度と核被害が繰り返されないように、人々の生活剥奪が起きないように、その手がかりとなればと強く願っている。

本書は、科学研究費補助金（一八KT〇〇〇一）、および宇都宮大学国際学部叢書刊行助成を得て、出版できる運びとなった。学会で編者を見出してくださった日本経済評論社の田村尚紀氏、辛抱強く原稿を待ち丁寧に校正をしてくださった中村裕太氏、企画を通してくださった新井由紀子氏、そして貴重な助言をくださった柿﨑均氏に、心よりお礼を申し上げる。宇都宮大学にて各所で応援をしてくださった教職員の方々や、図表作成等を丁寧に手伝ってくださった研究支援員の内田啓子氏にも深く御礼申し上げる。このほかにも、本書執筆においては、実に多くの組織や個人の方々にお世話になった。そして、多くの避難者の方々にも、勇気をいただき、お世話になった。ここでは全てのお名前を挙げきれないが、お世話になった方々に、感謝と尊敬の意を込めて御礼申し上げる。

二〇二二年三月

髙橋若菜

阪本公美子（さかもと　くみこ）　コラム 1

宇都宮大学国際学部
早稲田大学アジア太平洋研究科（博士：学術）
主要業績：阪本公美子『開発と文化における民衆参加――タンザニアの内発的発展の条件』春風社、2020 年。
阪本公美子他編『日本の国際協力 中東アフリカ編――貧困と紛争にどう向き合うか』ミネルヴァ書房、2021 年。

高 橋 知 花（たかはし　さとか）　コラム 4

東北大学大学院文学研究科
東北大学大学院博士前期課程修了（修士号：文学）（現在、博士後期課程在籍中）
主要業績：高橋知花「里山保全をめざす運動――都市市民たちの実践」長谷川公一編『社会運動の現在――市民社会の声』有斐閣、75-93 頁、2020 年。
高橋知花「過少利用問題とコモンズ――秋田県能代市二ツ井町における森林の利用の取り組み」『社会学研究』第 105 号、87-108 頁、2021 年。

執筆者紹介

髙橋若菜（たかはし　わかな）全体編集　まえがき、第三章、第九章、あとがき

宇都宮大学国際学部
神戸大学大学院博士後期課程修了（博士：政治学）
主要業績：髙橋若菜『越境大気汚染の比較政治学――欧州、北米、東アジア』千倉書房、2017 年。
髙橋若菜編『原発避難と創発的支援――活かされた中越の災害対応経験』本の泉社、2016 年。

藤川　賢（ふじかわ　けん）序章、第二章

明治学院大学社会学部
東京都立大学大学院社会科学研究科博士課程満期退学
主要業績：藤川賢・石井秀樹編『ふくしま復興　農と暮らしの復権』東信堂、2021 年。
藤川賢・除本理史編『放射能汚染はなぜくりかえされるのか――地域の経験をつなぐ』東信堂、2018 年。

清水奈名子（しみず　ななこ）第一章、第四章、第五章、コラム 2、コラム 3

宇都宮大学国際学部
国際基督教大学大学院行政学研究科博士後期課程修了（博士：学術）
主要業績：清水奈名子「被災者の健康不安と必要な対策」（淡路剛久監修『原発事故被害回復の法と政策』日本評論社、2018 年所収）。
清水奈名子・手塚郁夫・飯塚和也「栃木県北部の宅地敷地内における土壌中の放射性セシウム―― 2018 年 12 月の調査結果報告」『宇都宮大学国際学部研究論集』第 48 号、39-46 頁、2019 年。

関　礼子（せき　れいこ）第六章、第八章、第十章

立教大学社会学部
東京都立大学社会科学研究科社会学専攻博士課程単位取得退学（博士：社会学）
主要業績：関礼子『新潟水俣病をめぐる制度・表象・地域』東信堂、2003 年。
関礼子編『“生きる”時間のパラダイム――被災現地から描く原発事故後の世界』日本評論社、2015 年。

小池由佳（こいけ　ゆか）第七章

新潟県立大学人間生活学部
大阪市立大学大学院前期博士課程修了（修士：学術）
主要業績：小池由佳「想いに寄り添い、力を取り戻す」（髙橋若菜・田口卓臣編『お母さんを支えつづけたい――原発避難と新潟の地域社会』本の泉社、2014 年所収）。
小池由佳、伊藤真理子他「包括的な子育て支援体制における電話相談の役割――『子育てなんでも相談センターきらきら』の実践から」『人間生活学研究』第 11 号、45-52 頁、2020 年。